Phantasie als anthropologisches Problem

Studien zur Anthropologie

herausgegeben von Alfred Schöpf

in Zusammenarbeit mit

Alfred Kessler und Peter Prechtl

BAND 1 – 1981

Alfred Schöpf
(Hrsg.)

Phantasie als anthropologisches Problem

Königshausen + Neumann
1981

CIP-Kurztitelaufnahme der Deutschen Bibliothek

Phantasie als anthropologisches Problem / Alfred Schöpf (Hrsg.). – Würzburg : Königshausen und Neumann, 1981.
(Studien zur Anthropologie ; Bd. 1)
ISBN 3-88479-029-3

NE: Schöpf, Alfred [Hrsg.] ; GT

Druck und Bindung: difo-druck, Bamberg – Printed in Germany
ISBN 3-88479-029-3

INHALT

V. Phantasie und Institution

VI. Phantasie und Sozialisation

EINLEITUNG

Über Phantasie sich wissenschaftlich zu äußern, setzt zweifelsohne bereits Phantasie voraus. Nicht nur, daß man in der Lebenspraxis damit Erfahrungen gemacht haben muß, sie ist auch das belebende Element jedes theoretischen Nachdenkens und Redens über sie. Insofern kann man mehr oder weniger phantasievoll über Phantasie reden.

Wenn man sie zum Gegenstand wissenschaftlicher Überlegungen macht, muß sie zum Problem geworden sein, muß die Unterscheidung zwischen bloßer Phantasie und phantasievollem Erleben der Wirklichkeit brüchig geworden sein: Sei es, daß Phantasie zur bedrohlichen Macht wird, mit der man um den Realitätsbezug ringt; sei es, daß eine übermächtig gewordene Realität die Freiheit des Phantasierens zu ersticken droht, so daß man gegen ihre Verarmung kämpfen muß. Haben wir es also mit einer phantastischen Phantasiewelt zu tun, die erst der Realität angeglichen werden muß oder mit einer phantastischen Wirklichkeit, die einer phantasievollen Gestaltung bedarf? Die sicheren Unterscheidungen beginnen sich aufzulösen, Phantasie zeigt ihre Ambivalenz.

Nicht von ungefähr stellt sich das Problem des Imaginären und Realen, des Scheins und der Wirklichkeit, der Unterdrückung und der Freisetzung von Phantasie in der Welt des 20. Jahrhunderts. Für den Menschen der Gegenwart beginnen sich in seinen gesellschaftlichen Beziehungen Wirklichkeiten ins Imaginäre aufzulösen und Phantasien mit Realitätsanspruch zu melden. Erfahrungen der Derealisierung von Wirklichkeit und der Neurealisierung in der Phantasie zeigen unsere Welt im Umbruch. Diese geschichtlichen Erfahrungen klärend zu verarbeiten, ist das Anliegen der in diesem Band vereinigten Aufsätze. In ihnen wird das anthropologische Problem der Phantasie von psychologisch-pädagogischer, von politologischer, von kunsttheoretischer und philosophischer Sicht aus angegangen.

Eine solche Vielzahl wissenschaftlicher Betrachtungsweisen bedarf einer Zusammenschau, die klärend und ordnend die verschiedenen Beiträge zueinander in Beziehung setzt. Dies soll unter der Rücksicht geschehen, daß der wissenschaftliche Ausgangspunkt der jeweiligen Untersuchung umrissen und ihre wesentlichen definitorischen Elemente zum Phantasiebegriff herausgearbeitet werden.

Eine geschichtliche Selbstreflexion der Bedeutung menschlicher Phantasie in der bürgerlichen Welt der Gegenwart vollzieht Kamper. Er zeigt, daß ihre Krise darin besteht, daß durch die Geschichte der neuzeitlichen Wissenschaft hindurch das Reale selbst imaginär wird. Dieser innere Umschlag von Wissenschaft in Magie, von Rationalem in Irrationales ist nur begreifbar, wenn wir unsere Vorstellungen von Realität im Rückgriff auf vor- und außerbürgerliche Erfahrungen revidieren, wenn wir unsere vermeintliche Identität in der Begegnung mit fremden Zeiten und Kulturen um - kehren. In der Differenz von magischer und wissenschaftlicher Welt eröffnet sich dann für Kamper ein dritter Weg der Poiesis, der beide Seiten in einer produktiven Imagination zu verbinden vermag. Geschichtlich ist auch die Reflexion Henckmanns, der die Krise der Phantasie speziell in der Kunst und Ästhetik der Gegenwart aufzeigt. Die Tradition der anthropologisch affirmativen Auffassung von Phantasie sei deshalb zu Ende, weil sich in unserer Zeit die Grenzen des Imaginären und Realen auflösen. Künstlerische Poiesis und ästhetisches Erleben können daher nicht mehr als Ausdruck von Phantasie verstanden werden. Vielmehr gilt es, die Vielschichtigkeit der Phänomene freizulegen. Kunst erscheint als Erfahrungsform in unterschiedlichen ontologischen Ebenen und von verschiedener Auflösungsmächtigkeit gegenüber der alltäglichen Erfahrung. Sie kann dem Menschen eine Selbstbegegnung ermöglichen, die ihn mehr als die Phantasie zu verwandeln vermag.

Die Bedeutung der Phantasie für die menschliche Erkenntnis steht im Mittelpunkt der drei folgenden Beiträge. Die Untersuchung von Pieper fragt in klassisch-transzendentaler Weise nach den Bedingungen der Möglichkeit von Erkennen, Handeln und ästhetischen Urteilen und weist die synthetisierende Bedeutung der Einbildungskraft für diese menschlichen Vermögen nach. Darüberhinaus stellt sie aber auch die Frage nach den Bedingungen der Wirklichkeit der menschlichen Existenz und zeigt die ambivalente Bedeutung der Phantasie für die existentielle Selbstverwirklichung auf, die durch Schweifen der Einbildungskraft ins Unendliche oder durch Ersticken im Endlichen verfehlt werden kann. Die Überlegungen von Prechtl fragen erkenntniskritisch nach den ungenützten Möglichkeiten von Phantasie. Ihre Einengung auf wissenschaftliches Weltbegreifen soll durch Einbeziehung der Erkenntnismöglichkeiten von Mythos und symbolischem Denken erweitert werden. Ihre Reduktion auf triebhafte Äußerungen darf nicht im Gegensatz zur Erkenntnisbedeutung von Phantasie belassen werden. Schließlich soll ihre Einengung auf den Nachvollzug vorgegebener gesellschaftlich-institutioneller Formen zugunsten einer kreativen Fähigkeit des Subjekts überwunden werden. Zeil-Fahlbusch fragt nach der Bedeutung von Phantasie in allen intelligenten Tätigkeiten, von den ererbten biologischen Strukturen bis zu den formalen Operationen unseres Verstandes. Phantasie im weitesten Sinne steht dann für jede kreative Strukturierung der Umweltbeziehung des Menschen. Diese genetisch-epistemologische Sicht der Phantasie soll jedoch durch eine phänomenlogisch-hermeneutische erweitert werden, in der das Eigenrecht der spezifisch anschaulich-symbolisierenden Phantasie gegenüber den sprachlich-abstrakten Fähigkeiten des Menschen festgehalten wird.

Bittners methodischer Zugang zur Phantasie ist psychoanalytischer Art. In Kritik an der einseitig negativen Auffassung von Phantasie als Nichtwirklichem und ihrer Einengung auf sexuelle Wunscherfüllung bei Freud will er eine Vielfalt von Gesichtspunkten in ein umfassendes Konzept der Selbstwerdung integrieren. Die bewußten Phantasien des Ich verdecken nach ihm einen unbewußten imaginativen Wesensgrund des Menschen, der in seiner kreativen Möglichkeit dem Erleben erschlossen werden muß und die Selbstwerdung der Person ermöglicht. Altmann versucht in einem psycho-logischen Zugriff Phantasie als ambivalente Manifestation eines inneren Lebensdranges zu begreifen. Je nachdem, ob sich der Mensch ihm im leiblichen Erleben zuwendet oder sich von ihm distanziert, wird sie die Bedeutung der Steigerung und Entfaltung dieses Lebens oder seiner Schwächung erhalten.

Schöpf begreift Phantasie hermeneutisch im Ausgang vom kommunikativen Verhältnis der Sprache, in der sie semantisch gesehen den Bedeutungshof der Wörter und Gesten inhaltlich bestimmt. Sie wird psychoanalytisch in ihrer Entstehung aus der Dialektik der Befriedigung und Versagung des Wunsches begriffen. Als psychische Tätigkeit ist sie sowohl biologischen Ursprungs, der leiblich gefühlt wird, wie gesellschaftlichen Ursprungs, weil der Wunsch in steter Auseinandersetzung mit dem Wunsch des Anderen ausgeformt ist. Phantasie hat die ambivalente Bedeutung, symbolisierend auf Möglichkeiten künftiger Befriedigung zu verweisen, oder sich selbst als krankmachende Ersatzbefriedigung anzubieten. Kessler radikalisiert den Gedanken der psychoanalytischen Genese der Phantasie aus der Angewiesenheit des Wunsches auf den Wunsch des Anderen. Phantasie wird als ambivalente Anwesenheit des Anderen in seiner Abwesenheit begriffen, aus der sich erst ein Innen und Außen, Imaginäres und Reales ausdifferenzieren. Sie verliert ihre Symbolfunktion und wird zur Ersatzbefriedigung, wenn sie nicht mehr die Wiederkehr des „guten Objekts" verbürgt. Sie stiftet symbolisierend allererst das Reale, wenn sie den Phantasierenden der künftigen Anwesenheit des Anderen versichert. Dies nennt Kessler die Glaubensfunktion der Phantasie.

Ottmann reflektiert die Bedeutung von Phantasie in Abhebung von einer Existenzanalyse der Einzelperson, in der sie nur als aufzuhebendes Durchgangsstadium auf dem Weg zur Handlungsfähigkeit des Subjekts erscheint. Unter dem Blickwinkel einer „empirischen Anthropologie" dagegen wird sie in zweierlei Hinsicht relevant: Einmal in ihrer kommunikativen Struktur des Sich-versetzens in das mögliche Andere und als anschauliche Gesamtversetzung in ein gemeinschafts- und institutionenbildendes Phantasma. Phantasie im letzten Sinn wird in vorgegebene, fraglos geltende Institutionen eingebunden. Diese Verengung hinterfragt Ottmann, indem er die kommunikativ sich austauschende Phantasie des Subjekts mit der die Vorbildlichkeit der Institutionen nachahmenden Phantasie verbinden will. Waschkuhn wendet sich in einer systematisch-politologischen Analyse gegen die Unterbewertung eines subjektorientierten Begriffs von Phantasie und Handlung gegenüber einem rituell-darstellenden in den Institutionen. Er kritisiert den Überhang der Geltung der Institutionen, tragenden kulturellen Normen und des gesellschaftlich-politischen Systems gegenüber der „Produktivkraft Phantasie". Ihre Verfestigung will er durch Einbeziehung des „menschlichen Faktors" in die Systemtheorie überwinden.

Die Beiträge dieses Bandes machen vor allem klar, daß Phantasie ein komplexes Phänomen ist, das vielfach begrifflich definiert und ausgesagt werden kann. Ist sie etwa als die besondere Fähigkeit der Verbildlichung mit ihren symbolischen Verweisen zu bestimmen, oder ist sie das in jeder menschlich-intelligenten Tätigkeit enthaltene kreative Potential (Zeil-Fahlbusch S. 82)? Umgreift sie das wissenschaftliche Erkennen, das symbolische Denken und die magisch-mythische Anschauung (Prechtl S. 69) oder ist sie in der spezifischen Weise der Imagination zu finden, die zwischen Magie und wissenschaftlichem Denken anzusiedeln ist (Kamper S. 26)?

Jedenfalls ist sie eine Fähigkeit, zu etwas Vorgegebenem, Determinierendem konkrete Alternativen zu finden (Henckmann S. 32). Insofern bedeutet sie ein Überschreiten des Gegebenen auf Mögliches hin (Altmann S. 115), ist sie mit der Kategorie der Möglichkeit verwandt (Pieper S. 53), transzendiert sie dasjenige, was der Fall ist (Kessler S. 156).

Aber schon die Bestimmung der Phantasie als Fähigkeit ist fragwürdig. Ist sie nicht eher eine Tätigkeit, eine strukturierende Leistung (Zeil-Fahlbusch S. 83) oder sollen wir sie als Fähigkeit bzw. Vermögen des Menschen auffassen? Ist damit ein einzelnes Vorstellungsbild gemeint oder eine Folge oder ein Fundus von Bildern? Ist darin im anthropologisch weitesten Sinne jede Tätigkeit des Schaffens von Bildern des Möglichen gemeint oder im engeren ästhetischen Sinne nur die produzierte Bilderwelt der Kunst (Henckmann S. 33)? Ferner lassen sich zahlreiche Verfahrensweisen der Phantasie unterscheiden: die kombinierende, die idealisierende, die steigernde, die aktivierende, die irrealisierende, die transponierende, die symbolisierende und die integrierende Leistung der Phantasie (Henckmann S. 42).

Im anthropologischen Sinne wird meist Gehlens Bestimmung der Phantasie als Sich-versetzen in mögliche Wahrnehmungs- und Bewegungsvollzüge, in imaginäre Räume und Zeiten, in andere Personen hervorgehoben (Schöpf S. 131, Ottmann, S. 167). Je nachdem, ob hier mehr die Erinnerung an eingenommene andere Standpunkte oder das tätige Hervorbringen künftiger möglicher Perspektiven im Vordergrund steht, wird sie als reproduktive oder produktive Einbildungskraft bestimmt. Geschieht das Sich-versetzen gegenstandszentriert, sprechen wir von Sachphantasien, vollzieht es sich mitmenschlich orientiert (to take the role of the other), dann sprechen wir von sozialer Phantasie. Steht die Rezeption von Sinneseindrücken im Vordergrund, ist sie eher rezeptiv, geht es um das Hervorbringen von Einsichten, ist sie spontan. Eine poietische Imagination dagegen müßte tätig-leidend und leidend-tätig sein (Kamper S. 22).

Phantasie als Sich-versetzen in andere mögliche Standpunkte und Perspektiven ist die Quelle von Individualität, insofern sich meine einzige Perspektive durchhält. Gleichzeitig ist sie als probeweises Einnehmen möglicher anderer Standpunkte ein kommunikatives Verfahren (Ottmann S. 167), schließt potentiell Allgemeines ein (Schöpf S. 131, Zeil-Fahlbusch S. 93). Das tätige Sichversetzen in mögliche andere Personen ist jedoch nicht die einzige Form sozialer Phantasie. Sie kann auch als darstellend-rituelle Gesamtversetzung (Ottmann S. 168, Waschkuhn S. 185) in ein gemeinsames Phantasma, als Gemeinschafts- und Institutionenphantasie verstanden werden. Schließlich kann die Phantasie den Ursprüngen des eigenen Lebens und seiner Steigerung gelten. Sie erscheint dann als Urphantasie (Prechtl S. 79, Ottmann S. 168, Waschkuhn S. 180), als imaginativer Wesensgrund (Bittner S. 111) oder als Ausdruck des Lebens im Sinne des Willens zur Macht (Altmann S. 117).

Damit berühren wir die Frage, in welchem Maße Phantasien bewußt sind und in welchem Maße sie als unbewußt verstanden werden können. Laplanche/Pontalis definieren Phantasie als „imaginäres Szenarium", in dem das Subjekt anwesend ist (Bittner S. 95). Auch Freud rückt sie in die Nähe des Denkens als eines bewußt-vorbewußten Prozesses, weil in ihr eine Wunschbefriedigung erreichbar ist, „in dem ungetrübten Bewußtsein, daß sie nicht real ist" (Kessler S. 150). Da die unbewußten Repräsentanzen des Seelischen jedoch Bildvorstellungen mit Affekten darstellen, läßt sich der Phantasiebegriff auch auf unbewußte Prozesse (i.S. der Verdichtung, Verschiebung und Verbildlichung) anwenden. Freilich müssen wir dann ein unbewußt-imaginatives Potential von den bewußten Phantasien (Bittner S. 99) unterscheiden. Dient die Phantasie der Wunscherfüllung oder der Selbstwerdung? Bei Freud steht die Bedeutung der erotisch-sexuellen Phantasien im Vordergrund. Die ehrgeizigen Phantasien, die er gelegentlich erwähnt, gewinnen in der psychoanalytischen Theorie des Selbst oder der Narzißmustheorie größere Bedeutung (Bittner S. 101). Ebenso geht Freud vorrangig von einem negativen Verständnis von Phantasie aus: das Wissen darum, daß die Wunscherfüllung nicht wahr ist. Demgegenüber betonen neuere Auffassungen seit Winnicott die positive Bedeutung der Phantasie, daß sie noch nicht wahr sei (Bittner S. 97). Unbestritten ist dagegen ihre Ambivalenz zwischen Irrealisierung und Realisierung in nahezu allen Beiträgen. Phantasie erscheint etwa als Gefühl der Stärke und Fülle, wenn sich der Mensch leiblich erleben kann, als Gefühl der Schwäche und Krankheit, wenn er sich von seinem Leib distanziert (Altmann S. 118). Sie erweist sich in dem Maße als realitätshaltig, als sie symbolische Verweise herstellen kann, in dem Maße als realitätslos und leer, als diese Bezüge durch Spaltung und Verdrängung unterbrochen werden (Schöpf S.

135). Sie bedeutet Verlust der Realität in einer Scheinwelt oder Anweisung auf Erfahrung mit der Realität (Kessler S. 156).

Einen Akzent besonderer Art zum Phantasieproblem setzt der Beitrag von A. Lorenzer, der erfreulicherweise noch in diesen Band einbezogen werden konnte. Im Unterschied zu einem Verständnis der Phantasien in und aus dem Erleben des Subjekts (Bittner S. 98f.) begreift sie Lorenzer als Niederschlag realer gesellschaftlicher Szenen. Er erweitert damit die Erlebnisanalyse zur Sozial-Psychologie. Darüber hinaus will er in die vorindividuelle, biologisch-gesellschaftliche Basis des Erlebens zurückgehen, aus der die Phantasien entstehen. Das primäre Körpergefühl in der Mutter-Kind-Dyade (Schöpf S. 133, Altmann S. 117-118) wird von ihm jedoch so gefaßt, daß der gesellschaftliche Sinn dem Leib eingeschrieben wird. Hier findet eine Akzentsetzung zugunsten des Allgemeinen gegenüber dem Individuellen, der Gesellschaft gegenüber dem Subjekt statt. Lorenzer betont den Vorrang des Kollektiven in diesem unauslotbaren Grund der Phantasie, denn das Kollektiv gibt „die Erlebnisbasis, die körperlichen Aktions- und Reaktionsformeln vor" (S. 219). Er formuliert daher eine Gegenthese zur Auffassung von Phantasie als im Subjekt angelegter, imaginativer Wesensgrund (Bittner S. 110f.), zum imaginären Szenarium i. S. von Laplanche / Pontalis (Vokabular der Psychoanalyse S. 388), aber auch zum Verständnis von Phantasie als imaginatives Sich-versetzen in den Anderen im wechselseitigen Austausch (Schöpf S. 131f., Zeil-Fahlbusch S. 93). Von diesem Ansatz her ergibt sich eine Dreistufigkeit der Phantasie: 1. Die körperlichen Erfahrungsformeln bilden die Stufen der unbewußten Phantasie. 2. Eine Zwischenstellung nehmen die bildhaften Phantasien ein, in denen die körperlichen Engramme in Bildsymbole übersetzt werden. 3. Die bewußten Phantasien sind schließlich dadurch charakterisiert, daß die Körpergestalten mit Wertvorstellungen verknüpft, d. h. sprachlich gestaltet werden.

Die nachfolgenden Beiträge in diesem Band sind thematisch geordnet, je nach dem vorrangigen Sachinteresse, das sie im Auge haben. Dies bedeutet jedoch nicht, daß sie sich nicht in vielfältiger Weise überschneiden und ergänzen würden. Auch besagt die Reihenfolge der Themen keinesfalls eine einfache lineare Abfolge in der Sache. Eher gilt hier wie bei allen komplexen Phänomenen die Hegelsche Einsicht, daß das Ende der Gedankenentwicklung stets wieder in den Anfang mündet.

Alfred Schöpf

Dietmar Kamper

WIEDERVERZAUBERUNG DER WELT?
Zum Problem der Phantasie in der „poetischen" Anthropologie

„Die Welt wird nicht geschaffen von Gott, nicht von der Umgebung, von den ökonomischen Bedingungen, sondern allein durch die Einbildungskraft des Menschen".

Oskar Kokoschka (1974)

Knappe Erläuterung des Themas

Das Problematische an der Phantasie ergibt sich heute aus dem tendenziellen Zusammenfall des Imaginären und des Realen in der menschlichen Erfahrung (Baudrillard, 1978), so daß das quasi selbstverständliche Realitätsprinzip der Moderne fortschreitend außer Kraft gesetzt wird. Anscheinend sind Wunsch und Wirklichkeit, Traum und Leben, Einbildung und Dingwelt dabei, eine andere anthropologische Ordnung einzugehen, was beim Festhalten an den Normen der bürgerlichen Anthropologie wie die schlimme Wiederkehr der „Anarchie", der „Barbarei", der „Wildnis" anmutet. Im aktuellen Fall einer Übermacht des Fiktiven in Kunst, Literatur, Film – aber auch in der wissenschaftlichen Grundlagenforschung, scheint es schließlich überhaupt keine Orientierung mehr zu geben.

Hier täte eine treffende Unterscheidung not: nach der Prüfung einiger Re-Visionen vor- und außerbürgerlicher Erfahrung (anhand einer kleinen einschlägigen Bibliothek) und der genaueren Musterung von Um-Kehrungen vermeintlicher Identität in historischen und interkulturellen Prozessen wird im Folgenden der Versuch unternommen, das „Poetische" der neuen Anthropologie mit Hilfe einer Differenzierung von Magie und Imagination zu entschlüsseln. Während dabei ein Kontinuum der Macht zwischen vor- und außermoderner Magie und moderner Wissenschaft behauptet wird, zeigt sich der Bruch der Normalität, der aufs Neue eine Produktivität der Menschen ermöglicht, gerade im gefürchteten Überhang des Leidens, des „Choks" einer katastrophischen Geschichte (Benjamin, 1965). Erst nach dem dramatischen Untergang der Phantastik, jener säkularen Vermischung von blinder Anschauung und leerem Verstand, die in der fortgeschrittenen Technologie des Lebens kulminiert, kann die Einbildungskraft wieder ihre „poiesis", ihre lebendige Kreativität entfalten. Es soll klar werden, daß eine solche Entfaltung nicht in der Wiederverzauberung der Welt besteht.

1. Die Ambivalenz einer Kritik der Moderne

Bekannt geworden ist Max Webers Diktum von der „Entzauberung der Welt durch Wissenschaft" (Weber, 1959). Das meint das unaufhaltsame Schwinden hieratischer Strukturen in der menschlichen Erfahrung und deren Ersatz durch Konstrukte der Vernunft: „Rationalisierung" heißt hier das Stichwort, Rationalisierung des Denkens *und* der Verhältnisse, bis in die letzten Winkel des Herzens und die äußersten Vorposten gesellschaftlicher Institutionen. Was jedoch vom großen alten Mann der deutschen Soziologie noch mit einer seltsamen Mischung aus Entdeckerfreude und Bedauern ausgesprochen wurde, das lehrt die sensiblen Zeitgenossen inzwischen nichts als das Fürchten. Das Schreckgespenst einer innen und außen restlos entzauberten Welt läßt genau das zurückkehren, was durch das unerhört folgenreiche Unternehmen der europäischen Aufklärung überwunden werden sollte: die Angst vor den Haftbanden unbegriffener Mächte.

Das „Heilige", vor Jahren noch eine klare Umschreibung für „Priestertrug" und „notwendig falsches Bewußtsein", ist dagegen wieder – wie Rudolf Otto es zu Beginn des 20. Jahrhunderts voraussah – zu einem „ens fascinosum" geworden und hat angesichts der Aussichtslosigkeit der Moderne eine Attraktivität zurückgewonnen, die nicht mehr ohne weiteres als regressiv abgetan werden kann. Dabei scheinen sich zwei Strömungen gegenseitig zu verstärken, die man lange Zeit für unüberbrückbar divergent angesehen hatte: ein nach wie vor unaufgeklärter Widerstand der „schweigenden Mehrheit" gegen die rastlose Ausbreitung neuer Technologien und eine radikale Skepsis an der Spitze der Wissenschaften vom Menschen, die ein weiteres Fortschreiten instrumenteller Rationalisierung inzwischen für selbstmörderisch hält. (Was sich unter dem unspezifischen Terminus „Bürgerinitiativen" verbirgt, mag von daher als Spitze eines Eisberges gegen das Fortschrittsschiff „Titanic" interpretiert werden).

Es mehren sich die Stimmen, die aus dem Bruch der Zuversicht stammen, es könnten die Probleme, die sich im Umfeld von Verwissenschaftlichung und Technisierung ergeben haben, durch Wissenschaft und Technik selbst gelöst werden: nach Horkheimers und Adornos Warnung vor der geradezu „mythischen" Zwangsherrschaft der Begriffe in der Lebenspraxis (Horkheimer und Adorno, 1969) neuerdings Blumenbergs These vom bruchlosen Übergang des mythischen in das wissenschaftliche Erkennen, die einem langgehegten und liebgewordenen Topos modernen Selbstverständnisses die Berechtigung abspricht (Blumenberg, 1979). Solche Stimmen sind wahrlich nicht mehr auf die alte Formel vom konservativ-reaktionären Anti-Modernismus zu vereidigen. Es geht vielmehr (nach Nietzsche) um eine progressive Kritik der Moderne, um eine Rückkehr aus Sackgassen, damit so etwas wie Zukunft überhaupt noch möglich ist.

Dieser Bruch des Fortschrittsoptimismus, der Verwertungsapparaturen bürgerlicher Ökonomie, des europäisch-amerikanischen Ethno-Zentrismus, der Strategien totaler Kontrolle, der Logo-Phallo-Kratie „männlicher“ Erkenntnis usf. wirkt sich gegenwärtig in einer eigenartigen Inversion der Wahrnehmung aus, die offensichtlich in mehreren Etappen abläuft und die Betroffenen unterschiedlich weit führt. Es ist wahrscheinlich nur ein kleiner Blickwechsel, aufgezwungen durch irgendeinen Zufall, der „die Sache ins Rollen bringt“, d.h. die ganze bekannte Szenerie der gewohnten Welt verändert und fremd und bedrohlich macht. Gerade die Momente, die bis dahin am meisten der Stützung des umfänglichen Selbstverständnisses einer Herrschaft durch Berechnung dienten (Mikro- und Makrophysik, Medizin, Naturausbeutung, Verkehr, Ökonomie der Zeit usf.), werden wie durch ein kaum merkliches Erdbeben ver-rückt und damit zu Indizien einer schon lange maroden Entwicklung einer lebensgefährlichen, „atemberaubenden“ Übertreibung der Macht. In breiter Form kommt es zu einer unbeliebigen Antwort der „Objekte“, die nicht mehr in die Logik „transzendentaler Subjektivität“ zu übersetzen ist. Gerade die Wirklichkeit als Gegenstand wissenschaftlicher Begriffsbildung geht in „Irrealität“, in „Fiktivität“ über, ohne daß ein Innehalten der Bewegung des Übergangs erkennbar wäre. Keineswegs gibt es ein leichtes Erwachen aus dem Traum einer Selbstvergöttlichung. Vielmehr sträuben sich die meisten zuerst, das gewohnte Sehen aufzugeben und Abstriche an ihrer Perspektive zu machen. Dabei verstricken sie sich umsomehr in pure Realitätsverleugnung, je weiter sie in den Konstrukten abstrakter Weltbewältigung verloren sind.

Wenn aber der erste und der zweite Schritt rückwärts aus der Sackgasse getan sind, scheint es für viele kein Halten mehr zu geben. Statt den Kopf weiterhin auf den Schultern zu tragen, der Umsicht und der nachdenklichen Wachsamkeit wegen, geht es nun Hals über Kopf in die „Alternative“, nicht ahnend, daß das pure Gegenteil der Vernunft von Anfang an zum Konzept einer „Entzauberung der Welt“ dazugehörte. Seit Foucaults Mikroanalysen dürfte bekannt sein, daß die Ordnung des Wissens, jener deutlichste und hartnäckigste Effekt der Macht in Europa sowohl durch Einvernahme als auch durch Ausschluß zustandekam (Foucault, 1969 und 1976). Der Jünger der Irrationalität trägt den Stempel der Aufklärung so gut wie der Vernunftgläubige. Der Bürger und der Anti-Bürger sind seit jeher Typen einer einzigen Anthropologie. So betrachtet macht es keinen Unterschied, ob man auf der Seite der rationalen Kontrolle des Lebens oder auf der des kontrollierten Lebens steht. In der Dimension der Alternative, gleichsam auf der Projektionsfläche des Abstrakten, bleibt es unmöglich, aus dem Ver-rücktwerden der gegenwärtigen Weltgeschichte eine transzendierende Konsequenz zu ziehen.

Eine solche Falle als Signum des Endes der Neuzeit dient den folgenden Überlegungen zur Diskriminante. Bei dem, was man probeweise „Wiederverzauberung der Welt" nennen könnte, gilt es zu beachten, ob und wieweit die entsprechenden Strategien bloß alternativ sind und derart historisch und kulturgeographisch immer schon praktizierten Projektionen aufsitzen. Zwar sind Rückkehrbewegungen zu frühen geschichtlichen Entscheidungen und Exkursionen an den Rand der abendländischen Zivilisation notwendig, aber nicht um da oder dort festzumachen und die geschehene Geschichte und die vollzogene Entbarbarisierung zu überspringen – das Mittelalter ist geschichtlich so unwiederbringlich wie jede untergegangene primitive Kultur – sondern um in der Tiefe die unaufgegangenen „Reste" und die scheinbar fremden „Marginalien" aufzuspüren und auf ihre Zukunftsträchtigkeit hin zu prüfen. Es ist für den Weg ins dritte Jahrtausend unabdingbar, die von der Neuzeit „verworfenen" Bestände der Überlieferung des Menschengeschlechts anders zu sichten. Dieses eminent reichhaltige Archiv des Symbolischen, Imaginären und Realen enthält insofern alle Schlüsselzeichen, die für den Fortbestand eines lohnenden Lebens auf Erden benötigt werden.

Gerade eine progressive Kritik der Moderne kann auf die schwere Arbeit prüfender Erkenntnis nicht verzichten; und es ist keineswegs ausgemacht, daß die Kriterien solcher Prüfung durch ein aufs Ganze gegangenes System ausnahmslos obsolet sind (wie einige Revolten pessimistischer, kritizistischer, regionalistischer, anarchistischer, feministischer Provenienz anzunehmen scheinen). Auch das Denken eines historischen „A-priori" und eines kulturellen „Außen" bleibt ein Denken, obwohl sein Status in Horizont und Methode zunächst unvordenklich, nicht hintergehbar, „originär" ist. Fordere also niemand von den laufenden Dekonstruktionen der Vernunftkonstrukte eine kommensurable „Vernünftigkeit" oder eine homogene „Plausibilität". Die Strategien der „Wiederverzauberung" sind durchweg skandalös und heterogen. Sie stellen für jeden gewohnheitsmäßig Erkennenden jeweils eigenartige Zumutungen dar.

Deshalb dürfte es riskant sein, eine Reihe aufzumachen, obwohl vielfältige Querverbindungen, Allianzen, Bezugnahmen und Absetzungen an der folgenden Probe aufs Exempel einer „poetischen" Anthropologie schon länger beobachtet werden. Es geht mit Hilfe einer Kurzcharakterisierung um die Markierung eines Übergangsfeldes, auf dem sowohl die Realität der obengenannten Falle (vom Ende der Neuzeit) als auch die Erinnerung unterirdisch tradierter Schlüsselzeichen sich abspielt. Berücksichtigt werden nur solche Schriften, die über eine „wissenschaftliche" Wirkung hinausgegangen sind und die für das angezielte Projekt der Wiederverzauberung eine „hohe" Bedeutung haben. Die „Subjektivität" der Auswahl und der Reihenfolge ist gewollt und zugleich lektürebiographisch erzwungen.

2. Re-Visionen vor- und außerbürgerlicher Erfahrung

Der Terminus „poetische" Anthropologie wurde im bisherigen Kontext zuerst von Helmut Heißenbüttel (Heißenbüttel, 1972) für die Anstrengungen Hubert Fichtes gebraucht, der seinerseits lieber von „Ethnopoesie" spricht. Auch ist von „Ethnopoetik" oder „neuem Exotismus" (Wedewer, 1980) die Rede. Hans Jürgen Heinrichs hat die inzwischen schon vertrackten Zusammenhänge mehrfach sehr genau verdeutlicht (Heinrichs, 1977 und in den Einleitungen zu Leiris, 1977 und 1978). Hier wird vorgeschlagen, den Terminus zu erweitern auf alle wissenschaftlichen und künstlerischen Versuche, die ihren „Gegenstand" erst erschaffen müssen, ehe sie ihn beschreiben können – oder die ihn beschreibend erschaffen ... Diese Betonung des „kreativen" Aspektes der Anthropologie, der zunächst noch zwischen projektiver Beschwörung und poetischer Hervorbringung oszilliert, soll dabei sowohl in historischer als auch in ethnologisch-anthropologischer Um-Sicht gelten. Die fällige Kritik bürgerlicher Anthropologie hat nämlich insofern zwei Fronten, als der geschichtliche Bruch zum Mittelalter der eigenen Kultur dieselben Strukturen zeigt wie der kulturelle Bruch zur „Gegenwart" fremder Kulturen. Das wäre zu beachten:

Georges Bataille; Der heilige Eros

Anfangen muß man bei Bataille, der es sehr früh unternommen hat, die bürgerliche Logik der beschränkten Ökonomie durch Hinweis auf bestimmte Gesetzmäßigkeiten des Lebens wie unbeschränkte „Verausgabung" und maßlose „Ausschweifung" zu ersetzen. Hier geht es um die Paradoxien der menschlichen Erotik, die „in der Zustimmung zum Leben bis in den Tod" bestehen und von daher die Macht des simplen auf Vorteil bedachten Tausches und der parasitären Verwertung, die um ihrer selbst willen nie bis zum Äußersten gehen kann, unterlaufen. Sie machen zudem deutlich, daß mit einer Kontinuität des „Wunderbaren" auch im Zeitalter der aufgeblähten Berechenbarkeit gerechnet werden muß.

Norman O. Brown; Love's Body

Norman O. Brown nimmt genau diesen Gedanken auf: den des unentwegten Weiterwirkens einer einzigen Grundkraft auch unter der tiefgreifenden Veränderung durch säkulare Spaltungen und Trennungen. Der Bruch vom Mittelalter zur Neuzeit wird für nicht annähernd mächtig genug gehalten, jene „Einbildungskraft" zu lähmen, die das Mysterium des „Lebens des Geistes" ausmacht. Das Buch versammelt Zitate und Kommentare unter 16 Stichworten und will als Fundgrube benutzt werden.

Mircea Eliade; Schamanismus und archaische Ekstasetechnik

Was Bataille und Brown bezweifeln, weist Eliade in seinem Standardwerk über den Schamanismus nach: daß es Experten der Ekstase gegeben hat und gibt, die ein gesamtgesellschaftliches Vermögen konservieren und praktizieren. Es geht dabei um den symbolischen Austausch mit dem Tod, der ein geregeltes soziales Leben überhaupt erst ermöglicht. Mit einer Fülle von Material wird belegt, daß zur Hierarchie die riskierte Anarchie als conditio sine qua non gehört.

Edmund Wilson; Abbitte an die Irokesen

Das Buch bricht mit der Vergeßlichkeit eines rechthaberischen Kolonialismus dort, wo er wahrscheinlich am weitesten getrieben wurde (nämlich bis zum Vergessen des Vergessens der Gewaltsamkeit): in den Vereinigten Staaten, im normalen Umgang mit den Indianern, die sich noch einmal zu Wort melden. Ein Romancier und Literaturwissenschaftler wird durch einen biographischen Umstand gezwungen, sich „ethnologisch" zu erinnern und kommt durch wachsende Anerkennung seitens der Irokesen sehr schnell an den Punkt, wo einzig eine vorerst ohnmächtige, aber beispielhafte „Abbitte" noch weiterhilft, angesichts der Fähigkeit der Indianer, mit erlittener Gewalt und erduldetem Unrecht bis heute unnachgiebig umzugehen.

Carlos Castaneda; Die Lehren des Don Juan. Ein Yaqui-Weg des Wissens

Dem Autor ist es gelungen, auf die „andere Seite" zu gelangen und somit Wilsons vorläufige Lösung erheblich zu überbieten. Ähnlich angezogen von einer äußerlich betrachteten kaum attraktiven Lebensweise der Yaqui-Indianer wird der junge Anthropologe Castaneda Schüler eines Zauberers, der sich Don Juan nennt, und auf eine von ihm nicht bestimmbare, oft krude Art in ein anderes Universum initiiert. Dabei haben die magischen Praktiken, das für Anthropologen „Unverständliche", zunächst den Vorrang der Aufmerksamkeit; sie leiten jedoch ihrerseits zunehmend zur mühseligen Erfahrung untergegangener Weisheiten des Menschengeschlechts über.

Claude Lévi-Strauss; Traurige Tropen

Lévi-Strauss' berühmtes Buch, Ergebnis einer Revision seiner Feldforschungen auf einer Reise, zwanzig Jahre danach, hält genau die Mitte zwischen den Extremen, zwischen dem Wunsch, um Verzeihung zu bitten und dem Überlaufen auf die Seite der malträtierten „Wilden". Diese Mitte ist die Trauer in der ausweglosen Lage, daß auch das tiefere analytische Verstehen der fremden Kultur eine Weise zerstörerischer Aneignung ist und indirekt ihren Untergang provoziert, daß deshalb jede mögliche Hilfe für die untergehende Kultur nur ihr Verschwinden beschleunigt.

Georges Devereux; Angst und Methode in den Verhaltenswissenschaften

Indem Devereux die Sensibilität von Levi-Strauss und das Gegenübertragungstheorem Sigmund Freuds kombiniert, findet er seine Generalthese, daß jedwede Methode der Realitätsprüfung in den Verhaltenswissenschaften Angst vor den Objekten verrät und demzufolge schon in ihre Konstitution Momente der Wahrnehmungsverfälschung einbaut. Damit verliert die Grenze zwischen den Kulturen ihre Neutralität: es wird einerseits nötig, die erkenntnisbehindernden Projektionen zu revidieren, und andererseits möglich, die vor-wissenschaftliche Phantasietätigkeit der Forschung trotz der Konstruktivität der Vernunft wieder zuzulassen.

Salvador Dali; Die Unabhängigkeitserklärung der Phantasie

Von der künstlerischen Seite her hat Dali – der „kritische Paranoiker" (Gorsen, 1974) –, der mit seiner bis zum Äußersten getriebenen methodischen Schizophrenie das politische Selbstverständnis der Surrealisten sprengte, eine vergleichbare Strategie verfolgt. Durch Mobilisierung von Exotismus und Esoterik ist es ihm gelungen (um den Preis zwar der Lächerlichkeit, von Zeit zu Zeit), die spezifische Macht magischer und imaginärer Erfahrungen der normiertbornierten Empirie der bürgerlichen Vernunft entgegenzustellen.

Carl Einstein; Die Fabrikation der Fiktionen

Typen wie Dali wird Carl Einstein bei seiner fulminanten Intellektuellenschelte im Blick gehabt haben. Ihn interessierte das Willkürliche, das „Rationale" an der Fabrikation von Fiktionen und die schrittweise Usurpation der erlittenen Wirklichkeit durch „abstrakte" Bilder. Das nur im Rohentwurf vorhandene Werk enthält keine Verteidigung der Wissenschaft, sondern ist auf der Suche nach einer Diskriminante, um das Magisch-Imaginäre vom Symbolisch-Wirklichen unterscheiden, die Phantastik des Logischen von der wirklichen Einbildungskraft abheben zu können.

Paul Feyerabend; Erkenntnis für freie Menschen

Feyerabend steht am anderen Ende der Front, blickt aber in dieselbe Richtung: wie ist eine Kritik der wissenschaftlichen Abstraktion mit ihrem Erkenntnismonopol und ihrer Komplizenschaft mit der Macht, ihren formalen Zwangsritualen objektiver Kontrolle und subjektiver Selbstkontrolle möglich? Auch er verweist auf andere, tiefer liegende und verlaufende Traditionsströme, die zur Begrenzung der Wissenschaften zu retten seien, scheint jedoch durch die Art seines Angriffs (gewissermaßen aus dem Innersten des Zyklons) ins Schwarze getroffen zu haben, wie die Massivität der Konterattacken beweist.

Hans Peter Duerr; Traumzeit. Über die Grenzen zwischen Wildnis und Zivilisation

Unterstützung hat Feyerabend bei Duerr gefunden, der mit seinem Buch historische und kulturelle Grenzüberschreitungen auf erstaunlich gelassene Weise unternimmt. Mit Hexendingen und den Angelegenheiten der Wilden in gleicher Intensität (auf der Basis auch extensiver Lektüre) vertraut, geht es ihm um eine Vielfalt von Erfahrungen und Welten in einer Person. Über die Grenze hinauszusein heißt nichts einzelnes mehr, aber alles wunderbar zu finden, auch die wissenschaftliche Tradition. Duerr schafft es, eine Kette von z.T. abstrusen Fremdheiten in die Fülle innerer menschlicher Möglichkeiten zurückzuholen.

Günter Metken; Spurensicherung. Kunst als Anthropologie und Selbsterforschung. Fiktive Wissenschaften in der heutigen Kunst

Um eine andere Wiederaneignung handelt es sich bei den von Metken klug zusammengestellten, vielfältigen Versuchen einer Anthropologie der eigenen vergessenen oder verdrängten Kultur, wie sie von Künstlern wie Boltanski, Poirier, Simonds, Lang, Gerz u.a. unternommen werden. Durch realisierte Fiktionen, kommt das Fingierte und Fiktive der Realität beispielhaft zum Vorschein. Die Spuren verweisen nicht auf eine ohne sie existente Wirklichkeit, sondern evozieren und produzieren das, wovon sie ein Abdruck zu sein vorgeben. Durch diese Inversion mag es gelingen, Archäologie und Ethnologie aus ihrer Gegenstandsbesessenheit zu erlösen.

Rolf Dieter Brinkmann; Rom, Blicke

Als ein besonders gelungenes Beispiel der archäologischen Bestandsaufnahme der fremd gewordenen Moderne darf man das posthum erschienene Buch von Brinkmann ansehen. Hier wird die Chance eines Stipendiums in der Villa Massimo so genutzt, daß auf die perfekten Pläne der Stadt Rom (und andere Gegenden) eine private Geographie gelegt und im vollen Terminkalender eines Stipendiaten eine eigene Zeit (mit der Frau, mit sich) zur Geltung gebracht wird. Die damit d.h. im Medium von Texten, Fotos, Fotokopien vollzogene Entfremdung einer entfremdeten Erfahrung führt nahe heran an das Skandalon einer Geburt der Realität aus bitteren Träumen.

Hubert Fichte; Petersilie

Für Fichte ist die herkömmliche Ethnographie gerade wegen ihrer „Wissenschaftlichkeit" ungeeignet, die spezifische Realität ihres „Gegenstandes" zu erfassen. Sein Gegenmodell: „nicht zu poetisieren, sondern poetisch freizulegen", hat er seit längerer Zeit an manchem Beispiel vor allem aus den afroamerikanischen Religionen erprobt. Das Wort „Petersilie" (spanisch Perejil) wurde 1937 in der Dominikanischen Republik zu einer Losung des Todes gemacht: wer es nicht aussprechen konnte, wurde niedergemetzelt. Fichte ist so an der gegenwärtigen Realität in Santo Domingo, Venezuela, Miami, Grenada usf. interessiert. Er schreibt – unkonventionell bis kategorisch, aber hart an den Ereignissen – und bringt exzessive Collagen aus Reisenotizen, Interviews und religiösen Litaneien zusammen.

Michel Leiris; Phantom Afrika

Anfang der dreißiger Jahre begleitete Leiris den Ethnologen Griaule und gibt hier einen schonungslosen Bericht über die Praktiken der europäischen Ethnologie. Gleichzeitig ist das Buch das Dokument einer großen Enttäuschung, „groß“, weil ihr eine große Selbsttäuschung vorausgeht: Wissenschaft als Jagdbesessenheit, als Identifizierungsritual das nicht trifft, wird mit einem „Phantom-Gegenstand“ konfrontiert, der sich als vergessenes Produkt von Ritualen und Mythen erweist. Nicht nur, daß die originale Wirklichkeit unantreffbar ist, die nachträgliche Entdeckung, die daneben geht, wird ihrerseits als Form der Magie durchschaut. Leiris' Strategie, „aus jedem Holz Feuer zu machen“ gerät unter dieser Ent-täuschung ambivalent.

Antonin Artaud; Die Tarahumaras – Revolutionäre Botschaften

Kurze Zeit nach Leiris' Afrikadurchquerung, nämlich im Oktober 1936, hat Artaud in Mexiko eine andere Initiation erfahren. Sie kostete ihn endgültig die Normalität. Seine Erfahrung war schon vor dem Peyote-Ritus so intensiv, daß die Felsformationen der mexikanischen Hochebene zu sprechen begannen. Später hat er dieselben Botschaften bei den Tarahumaras vernommen: geheime, betreffende, verändernde Zeichen, die ihre abgespaltene Bedeutung wieder einbrachten in einen einzigen Kosmos des Sinnes. Artauds Buch bietet den erschütternden Beweis, daß die volle Rückkehr des Verdrängten nur durch die Schizophrenie hindurch möglich ist.

Im Hinblick auf eine derart im Kreis angelegte Bibliothek (mit 16 Titeln, die sich schier beliebig vermehren ließen) taucht die Frage nach dem inneren Zusammenhang der in ihren Beispielen doch sehr heterogenen „poetischen“ Anthropologie verstärkt wieder auf. (Die Formel von einem anderen, „produktiven“ oder „kreativen“ Umgang mit der Realität dürfte zwar zutreffen, ist jedoch noch zu unbestimmt, um aufschlußreich sein zu können.)

Folgendes ist inzwischen klar: es geht um die mehr oder weniger fortgeschrittene Weigerung, das cartesianische Konstruktionsmodell einer unausgedehnten und außerzeitlichen Subjektivität und einer raumzeitlichen Objektivität weiterhin auf Sachverhalte anzuwenden, die selbst „reflexiv“ sind, d.h. Bedeutungsebenen und Sinnstrukturen darstellen, welche zu dem, was Wissenschaft heißt, zumindest in Konkurrenz stehen, wenn nicht sogar eine überlegene Position einnehmen. Statt sich der Verlängerung einer im wesentlichen „zehrenden", „ausbeutenden", „vernichtenden" Erkenntnisstellung zum Objektiven zu unterwerfen wird auf „Rettung" und „Wiederherstellung", gelegentlich ausdrücklich auf „Heiligung" (mit Hilfe vor-bürgerlicher Überlieferungen) gesetzt. Auch wird die quasi-außergeschichtliche Trennung zwischen der Darstellung der Realität, die ihrerseits nur „verweist", und der dargestellten Realität, auf die „verwiesen" wird, entschieden relativiert: sie ist ein Erfahrungsmodell unter vielen. So betrachtet bestünde das „Poetische" der neuen Anthropologie also einerseits in einer wissenschaftskritischen Aufdeckung der (vergessenen) Normen bürgerlicher Weltaneignung (bis in die Wahrnehmung) und andererseits im fortlaufenden Ersatz dieser normativen Konstrukte durch die Effekte einer tätig-leidenden und leidend-tätigen Einbildungskraft.

Um eine solche Betrachtung fundamentieren zu können, sind weitere und tiefere Überlegungen notwendig: zunächst eine wissenschaftgeschichtliche Exkursion mit typisierender Absicht, dann eine Konstitutionsanalyse der normativ genannten bürgerlichen Anthropologie, beides unter dem Titel der „Um-Kehrung".

3. Um-Kehrungen historischer und kultureller Identität

Unterstellt zwar, daß die Bedingungen für die jeweils eigenartige Veränderung von Wahrnehmungen und die letztlich unvergleichliche Neuartigkeit von Erfahrungen an einem faktischen Auflösungsprozeß liegen, der sich „poetisch" niederschlägt, so lassen sich doch Ressourcen, Trends und Konjunkturen angeben, die die Umrisse der „poetischen" Anthropologie deutlicher hervortreten lassen.

Da ist zunächst der Umkreis des Surrealismus, aber doch eher die Phalanx der frühen Abtrünnigen (Artaud, Bataille, Dali); auch hält sich das von Bataille, Caillois und Leiris 1936 entworfene „College de Sociologie" (Caillois, 1974), das mit durchaus strengen Mitteln auf eine „heilige Soziologie" hinauswollte, als ein verbindlicher Horizont bis heute durch (sowohl Einstein als auch Benjamin unterhielten zu Bataille längere Kontakte!); eher schon oberflächlich stimmt das Etikett „anarchistische Erkenntnistheorie" für Feyerabend, Duerr und (cum grano salis) Brown; Ethnologen (Eliade, Castaneda, Lévi-Strauss, Devereux) und Schriftsteller (Wilson, Fichte, Leiris) verbindet die Kritik an den kolonialistischen Gesten der Ethnologie und die Bemühungen, sie zu unterbrechen; schließlich ist die „Spurensicherung", die nach exotischen Exkursen nun die eigene Kultur in Vergangenheit und Gegenwart archäologisch entschlüsseln will, ein weitreichender Name (Brinkmann u.a.), der allerdings ungenau ist, weil er den Akzent von der Produktivität auf die Nachträglichkeit verschiebt.

Im Blickwechsel von den Ressourcen auf das, was fließt und wie es fließt, fällt auf, daß die einzelnen Ansätze der „Wiederverzauberung" unterschiedlich weitgehen (in Korrespondenz wohl zu den oben skizzierten Stärken der Erschütterung). Nach ihrer methodologischen Wende (Kamper, 1973) hat sich die bürgerliche Anthropologie konsequenterweise der Grenze ihrer Zersetzung genähert, die gegenwärtig von diesseits und jenseits zum Anlaß kaum noch überbrückbarer Auseinandersetzungen wird. Was für die einen der Untergang, ist für die anderen die Rettung. Auf dem Spiel steht eine historische und kulturelle Identität, an der sehr viel hängt, vielleicht jeweils eine Welt. Ob aber widerstrebend oder zustimmend, die herkömmliche Anthropologie, die das „Menschliche" als Unterscheidungsmerkmal benutzt hat, ist dabei, die Beteiligung an der Zerstörung ihres „Gegenstandes" zur Kenntnis zu nehmen. Diese Kenntnisnahme hat verschiedene, typisierbare Varianten:

Der erste Schritt liegt gleichsam in der Konsequenz einer überfallartigen, durchdringenden Hellsicht, daß die wissenschaftliche Gegenstandsvermittlung verheerende Späteffekte hat, also in der kühlen Bilanzierung der Verwicklungen, in denen sich die Anthropologie als Macht-Komplize verfing, und in der minutiösen Kostenrechnung über das Verstehen des Fremden als einer subtilen Vernichtung; dann taucht jene bodenlose Trauer auf, in der die methodischen Gewinne und die sachlichen Verluste noch in der Schwebe bleiben und die Forschung zwischen Sensibilität bis zum Selbstmitleid und Solidarität mit den Opfern schwankt; drittens ist es eine Art „Verkafferung" bzw. „Verhexung", die als Lösung vorschwebt: eine Suspendierung des „Eigenen" und eine Initiation in das mysteriöse „Fremde" seitens der stärkeren „Objekte", die trotz aller Verwundungen noch immer geheimnisvoll lebensfähig sind; als vierter Schritt kann etwas wie ein praktischer Nihilismus angenommen werden, der mit ent-täuschter Selbsttäuschung auskommen muß und sich in der stattgehabten Verwüstung der Welt keinerlei Wiedergutmachung mehr zutraut; schließlich – gleichsam schon nach dem Ende der Subjekt-Objekt-Anthropologie und jenseits jeder Theorie-Praxis-Spaltung – kommt eine poetische Wiederfindung in Betracht, die im Äußersten des Verlustes und ohne Rücksicht auf die „wahre Wirklichkeit" einer „Poiesis" (statt der Technik des Herstellens) dient und von der Anthropologie bzw. Soziologie produktive Aktivitäten (statt der „passiv" verstandenen Beobachtungen der Vernunft) verlangt.

Einer solchen, fünffächerigen Typisierung, die querschnitt- nicht längsschnittorientiert ist, liegt ein übergangenes Problem zugrunde, das nun – indem ein paar Stufen tiefer angesetzt wird – zur Sprache gebracht werden soll. Was Bitterli (1976), Kramer (1977), Defert (1980) u.a. für die unaufhaltsame Rücknahme einer anthropologischen Negativ-Projektion des Bürgertums an den Rändern seiner Kultur aufgewiesen haben, wäre mit dem zusammenzusehen, was Foucault in seiner mikrologischen Geschichte des Wissens entdeckt hat (Foucault, 1975): daß nämlich der Begriff *des* Menschen sich in Unterscheidung zu einem Außer- oder Un-Menschlichen (für welche Unterscheidung wiederum Menschen mit Leib und Seele Matrize sein mußten: Wilde, Hexen usw.) gebildet hat und daß er sich durch das Verschwinden dieser Unterscheidung selbst auflöst – wie eine Zeichnung im Sand. Die Einsicht in die Historizität der bürgerlichen Anthropologie mit ihrem Identitätswahn bedeutet nichts geringeres als das Ende eines säkularen Traumes. Auch der Mensch der Norm, der Subjekt sein soll in seiner Welt, der das bürgerlich angestrebte Herrschaftsmodell über die Natur körperlich und geistig zu realisieren hat, der Selbstkontrolle üben muß, um Arbeitsenergie zur Verfügung zu haben, ist „nur" eine Erfindung.

Dadurch, daß sich längerhin die Differenz zwischen dem Eigenen und dem Fremden nicht halten läßt – denn sie markiert jene verlöschende Grenze –, schwindet die Norm. Dabei tut sich die „Leere des verschwundenen Menschen" auf (Foucault), aber nur für einen entscheidenden Moment: die Projektionsmechanismen der alten Magie sind immer noch mächtig und nirgends so voreilig wie an den „Abgründen des Nichts". Wer ihnen allerdings nicht verfällt, müßte die Chance haben, die variierenden Stationen der Identitäts-Auflösung durch genaue Rekonstruktion der tätigen Normierung von Mensch und Welt zu Beginn der Moderne gleichsam spiegelbildlich zu begreifen. „Wildnis", „Heidentum", „Zauberei" oder *der* Mensch gegenüber den Trollen, Elfen, Teufeln, und Hexen einerseits, den Wilden, Ungeheuern, Halbaffen, Fabeltieren andererseits wären die Stichworte des Themas, unter dem die Wiederkehr des ausgeschlossenen Fremden Revue passieren kann.

Am Ende dürfte klar sein, daß sich aus der Relativierung der „wirklichen Wirklichkeit" als einer phantasiegeborenen Fiktion für die Einbildungskraft ein anderer historischer Stellenwert ergibt. Sie wäre gegen ihre Verleugnung im Zeitalter der Vernunft der „wahre Schoß der Geburten", die Urgestalt menschlicher Produktivität, der Ort des Aufgangs und des Untergangs von Geschichten und Kulturen.

„Fremd" ist nämlich keine Geschichte und Kultur auf Erden, es sei denn die eigene. Die intime Einheit des Menschengeschlechts ist nicht mehr ernsthaft zu bestreiten. Lediglich jene Abgrenzungsmanie wissenschaftlicher Begriffsbildung, die auf der hypothetischen Grundlage einer Magie der Aneignung verfährt, hat noch die Verwirrungen um sich, welche die Betroffenen in die Dunstkreise ihrer Undurchschaubarkeit bannt. Demgegenüber scheint von nun an die Hauptarbeit der Humanwissenschaften in der entgegengesetzten Richtung zu verlaufen: in der Aufklärung über die verworrenen Wirkungen der Aufklärung, im beweglichen Begreifen der hart gewordenen Begriffe und im neuen Umgang mit der Phantasie, die unter der Ägide der Vernunft nur ein kümmerliches Dasein fristete, doch offensichtlich trotzdem wirksam blieb.

4. Die Unterscheidung der Einbildungskraft

Die Annahme, daß durch die Geschichte der neuzeitlichen Wissenschaft hindurch das Reale selbst imaginär wird, findet eine Stütze in Baudrillards These von den „Simulacra“, den schleichend eingeschmuggelten Ersatzgöttern in einer radikal menschlichen Welt (Baudrillard, 1978). Die Unabwendbarkeit einer Auflösung der Normen in (totale Geltung beanspruchenden) Simulationen sieht Baudrillard im Beispiel jenes Eingeborenenstammes der „Tasaday“, der kürzlich ein eigenartiges Schicksal hatte: unmittelbar nach seiner Entdeckung wurde auf Bitten von Ethnologen und Naturschützern behördlicherseits jeder Kontakt mit ihm untersagt und unmöglich gemacht. In solcher Art „Rettung“ und „Wiederverzauberung“ triumphiert nach Baudrillard die Simulationsstrategie endgültig.

Soweit es bei dem Vorfall um die „Gewissensberuhigung“ der genannten Allianz ging, ist der Einschätzung Baudrillards zuzustimmen. Doch hängt die pure Identifikation der Fiktionen mit den Simulacra noch zu sehr an den Normen des Realen, die im Schwinden begriffen sind. Auch bleibt das herangezogene Phantasiekonzept dürftig und undifferenziert. Vor allem ist es mit Baudrillard unmöglich, aus dem Verfall der Geschichte der Bourgeoisie herauszukommen. Dabei wird es ohne Rekurs auf die verdrängte Einbildungskraft zunehmend rätselhafter, wie die Menschheit überhaupt in die Moderne hineingekommen ist.

Man kann nämlich das Problem der trotz ihres Ausschlusses wirksamen Einbildungskraft an der Unterscheidung von Magie und Imagination verdeutlichen. Beide beruhen zwar auf einem Vorrang des Imaginären vor dem Realen und wollen das als Wirklichkeit erfahrene „mixtum compositum“ der Welt nicht als unüberbietbar akzeptieren. Während jedoch die Magie ohne eine dritte Größe auszukommen versucht und nur ihren Veränderungswillen mit dem Widerstand der Materie konfrontiert, untersteht die Imagination dem Unbeliebigen einer „symbolischen Ordnung“ (Lacan, 1973 und 1974). Sie ist unendlich mehr Leiden als Tun und lediglich um solchen Preis produktiv.

Damit sind das Dis-Kontinuum der Macht, der Bruch der Normalität, der „Choc“ des plötzlichen Verrücktwerdens als die Bedingungen genannt, unter der jener (von Kokoschka formulierte) Sachverhalt der erschaffenden Phantasie einzig gilt: erst der Zusammenbruch der Konstruktionen magischer *und* wissenschaftlicher Weltbewältigung setzt die Produktivität frei. Das ist der Inbegriff einer nach-katastrophischen Geschichte (Benjamin, 1965).

Zwar war auch in den großen Geheimlehren der Magie klar, daß Zauberei nur ein notwendiger Umweg sein kann: der gesuchte Stein der Weisen ist der „innere Mensch“ ... aber dieses „Ende“ wurde bei der Herauslösung der neuzeitlichen Wissenschaften aus den spätmittelalterlichen Projekten buchstäblich

„vergessen". Und genau in derart äußerlichen, „endlosen" Formen ist Magie durch Wissenschaft hoffnungslos überboten worden. Deshalb wäre ein ernsthaftes Wiederanknüpfen an vor-bürgerliche Praktiken von Hexerei, Schamanismus, Beschwörung usf. zum Zwecke des Machtgewinns bloß lächerlich. Gleichzeitig ist die Spaltung der Einbildungskraft in einen magischen und einen imaginären Anteil irreversibel geworden. In Rücksicht darauf muß das prüfende Erkennen den Unterschied, der existiert, genau treffen. Die Phantastik, die an den Horizonten des modernen Lebens gegenwärtig wieder sichtbar wird, ist abzuheben von der Einbildungskraft in den Fundamenten der menschlichen Erfahrung.

Auf der Ebene der Rationalität und ihrer bloßen Kehrseite, des Irrationalen, findet sich überall und immer nur die Magie der Bilder und mit ihr eine unaufhaltsame Selbstfesselung des sich emanzipierenden Willens zur Macht in den transzendentalen Voraussetzungen seines Willens. Die aktuellen Haftbanden der Bilderflut sind nicht das Gegenteil, sondern die Verdopplung der Herrschaft als Knechtschaft, die der abstrakte Verstand heraufgeführt hat. Erst jene auf einen „dritten Weg" verpflichtete Imagination, die den Zwang der Alternative überhaupt wahrzunehmen gestattet, leitet in den Produktionsprozeß zurück, in dem die Menschen ihre Verhältnisse erschaffen. „Poetische" Anthropologie *nach* dem Bruch des Empiriemonopols der Wissenschaften vom Menschen hat also mit Zauberei (sei es auch bloß im Sinne der Sprachmagie) nichts mehr zu tun. Sie ist eine Realisation der Phantasie, ein Leben aus der grundlegenden Einbildungskraft („l'imagination fondatrice"), welche die Differenz des Realen und des Imaginären erst aufzumachen gestattet.

Deshalb geht es nicht um „Wiederverzauberung der Welt". Überhaupt ist die Idee der Welt sosehr mit dem Bürgertum verbunden (und mit der Norm *des* Menschen), daß es wohl notwendig ist, diesen Focus liebgewordener Konnotationen eines Überall und Immer zu suspendieren. Diese „Welt" ist durch Magie und Wissenschaft aufgeteilt und geographisch, kulturell, ideologisch, politisch derart mit Macht besetzt, daß die Phantastik nun schon ausgreifen muß, bis ins zeitlose Weltall, um noch „Material" für ihre Traktate zu finden. (Nicht zufällig, eher ironischerweise heißt solche Literatur „science fiction").

Die Gegenwart der Phantasie, die sich – nach dem Stillstand der Weltgeschichte – aus erfahrungsfähiger Anschauung und selbstmächtigem Verstand ergibt, braucht nicht viel: nur ein wenig eigene Zeit. Es geht mithin um nichts Größeres als darum, Zeit zu gewinnen. Zeit ist der schönste Name der Einbildungskraft und gegenüber dem zu Tode beherrschten Weltraum das offene Geheimnis der Wildnis im innersten Kern der Zivilisation.

Literatur

Artaud, Antonin: Die Tarahumaras – Revolutionäre Botschaften, München 1975

Bataille, Georges: Der heilige Eros, Neuwied 1963

Baudrillard, Jean: Agonie des Realen, Berlin 1978

Benjamin, Walter: Geschichtsphilosophische Thesen in: ders. Zur Kritik der Gewalt und andere Aufsätze, Frankfurt/M. 1965

Bitterli, Urs: Die ‚Wilden' und die ‚Zivilisierten', München 1976

Blumenberg, Hans: Arbeit am Mythos, Frankfurt/M. 1979

Brinkmann, Rolf Dieter: Rom, Blicke, Reinbek 1979

Brown, Norman O.: Love's Body, München 1977

Caillois, Roger: Programme pour collège de sociologie in: ders., Approches de l'Imaginaire, Paris 1974

Castaneda, Carlos: Die Lehren des Don Juan. Ein Yaqui-Weg des Wissens, Frankfurt/M. 1973

Dali, Salvador: Die Unabhängigkeitserklärung der Phantasie und Erklärung des Menschen auf seine Verrücktheit – Gesammelte Schriften, hrsg. von Axel Matthes und Tilbert Diego Stegmann, München 1974

Defert, Daniel: Colonies perdues. Mondes à trouver in: Magazine littéraire No 1964, Sept. 1980

Devereux, Georges: Angst und Methode in den Verhaltenswissenschaften, München 1973

Duerr, Hans Peter: Traumzeit. Über die Grenze zwischen Wildnis und Zivilisation, Frankfurt/M. 1978

Einstein, Carl: Die Fabrikation der Fiktionen. Gesammelte Werke in Einzelausgaben, hrsg. von Sibylle Peukert, Reinbek 1973

Eliade, Mircea: Schamanismus und archaische Ekstasetechnik, Frankfurt/M. 1980

Feyerabend, Paul: Erkenntnis für freie Menschen (veränderte Ausgabe), Frankfurt/M. 1980

Fichte, Hubert: Petersilie. Die afroamerikanischen Religionen Santo Domingo, Venezuela, Miami, Grenada, Frankfurt/M. 1980

Foucault, Michel: Die Ordnung der Dinge. Eine Archäologie der Humanwissenschaften, Frankfurt/M. 1974

Foucault, Michel: Wahnsinn und Gesellschaft. Eine Geschichte des Wahns im Zeitalter der Vernunft, Frankfurt/M. 1969

Foucault, Michel: Überwachen und Strafen. Die Geburt des Gefängnisses, Frankfurt/M. 1976

Gorsen, Peter: Der „kritische Paranoiker", Kommentar und Rückblick in: S. Dali: Gesammelte Schriften, München 1974

Heinrichs, Hans-Jürgen: Exotismus und Ethnopoetik bei Michel Leiris in: Akzente Heft 3, Juni 1977

Heißenbüttel, Helmut: Zur Theorie der Moderne. Aufsätze und Anmerkungen 1964 – 1971, Neuwied/Berlin 1972

Horkheimer, Max – Adorno, Theodor W.: Dialektik der Aufklärung. Philosophische Fragmente, Frankfurt/M. 1969

Kamper, Dietmar: Geschichte und menschliche Natur, München 1973

Kramer, Fritz: Verkehrte Welten. Zur imaginären Ethnographie des 19. Jahrhunderts, Frankfurt/M. 1977

Lacan, Jacques: Schriften I und II, Olten 1975 und 1975

Leiris, Michel: Phantom Afrika. Tagebuch einer Expedition von Dakar nach Djibouti 1931 – 1933, hrsg. von Hans-Jürgen Heinrichs, Frankfurt/M. 1980

Leiris, Michel: Das Auge des Ethnographen. Ethnologische Schriften II, Frankfurt/M., 1978

Leiris, Michel: Die eigene und die fremde Kultur. Ethnologische Schriften. Hrsg. Hans-Jürgen Heinrichs, Frankfurt/M. 1977.

Lévi-Strauss, Claude: Traurige Tropen, Köln 1960

Metken, Günter: Spurensicherung. Kunst als Anthropologie und Selbsterforschung. Fiktive Wissenschaften in der heutigen Kunst, Köln 1977

Weber, Max: Wissenschaft als Beruf. Berlin 1959

Wedewer, Rolf: Neuer Exotismus, in: das Kunstwerk 5 XXXII 1980

Wilson, Edmund: Abbitte an die Irokesen. Mit einer Studie „Die Mohawk im Stahlhochbau" von Joseph Mitchell, München 1974

Wolfhart Henckmann

PHANTASIE UND KUNST

Aspekte eines vieldeutigen Themas

1. Noch im 19. Jahrhundert war es gang und gäbe, das Thema „Phantasie und Kunst" zu behandeln; man erinnere sich nur an Solger, Weiße, Hegel, Fr.Th. Vischer, Köstlin, E.v. Hartmann, Dilthey, W. Wundt und viele andere.[1] Einschlägige historische Untersuchungen verfolgen das Thema über die Poetiken des 18. und 17. Jh.s bis hin zu Pseudo-Longinus, Quintilian, Philostrat und anderen Denkern und Dichtern der Antike.[2]

Im 20. Jh. wird es jedoch überraschend still um das Thema. Natürlich gibt es noch Volkelt und Croce und andere Ästhetiker, die vom 19. Jh. leben, Nachklänge bei Kainz, ein Konkretisierungsversuch bei Adorno, eine umständliche Analyse bei Sartre[3] – aber bei Hartmann, Heidegger, Gadamer, Kuhn, bei Bense,

1. Solger, K.W.F.: Erwin. Vier Gespräche über das Schöne und die Kunst (1815). Mit e. Nachw. hg. v. W. Henckmann. München 1971. S. 137 ff. Weiße, Chr.H.: System der Ästhetik als Wissenschaft von der Idee der Schönheit (1830). Hildesheim 1966. § 10 ff. – Chr.H. Weiße's System der Ästhetik nach d. Collegienhefte letzter Hand. Hg. v. R. Seydel. Leipzig 1872. S. 6 ff. – Hegel, G.W.F.: Vorlesungen über die Ästhetik (1835/38). Nach d. 2. Aufl. hg. v. F. Bassenge. Frankfurt/M. o.J. (Reg.) – Vischer, Fr.Th.: Ästhetik oder Wissenschaft des Schönen (1846/57). 2. Aufl. hg. v. R. Vischer. München 1922/23. Bd. 2., S. 356 ff. – Köstlin, K.: Ästhetik. Tübingen 1869. S. 568 ff. – Hartmann, E.v.: Philosophie des Schönen. Leipzig o.J. (1887). S. 568 ff. – Carrière, M.: Ästhetik. 3., neu bearb. Aufl. Leipzig 1885. Bd. 1, S. 435 ff. – Dilthey, W.: Die Einbildungskraft des Dichters. Bausteine für eine Poetik (1887). In: Ges. Schriften Bd. 6. Stuttgart/Göttingen 1962. S. 103 ff. – Wundt, W.: Völkerpsychologie. Eine Untersuchung der Entwicklungsgesetze von Sprache, Mythus und Sitte. Bd. 3: Die Kunst. 2., neu bearb. Aufl. Leipzig 1908. S. 3 ff.

2. Schweitzer, B.: Der bildende Künstler und der Begriff des Künstlerischen in der Antike. Mimesis und Phantasia. In: Neue Heidelberger Jahrbücher. NF 1925, S. 28-132. – Bundy, M.W.: The Theory of Imagination in Classical and Mediaeval Thought. Urbana (Ill.) 1927. – Herrmann, H.P.: Naturnachahmung und Einbildungskraft. Zur Entwicklung der deutschen Poetik von 1670 bis 1740. Bad Homburg v.d.H. 1970. – Die Artikel „Einbildung, Einbildungskraft" (Bd. 2, 1972, Sp. 353-356) und „Imagination" (Bd. 4, 1976, Sp. 217-220) in dem von J. Ritter hg. Historischen Wörterbuch (Darmstadt 1971 ff.) sind recht lückenhaft.

3. Volkelt, J.: System der Ästhetik. 3 Bde. (1905-1914) 2., neu bearb. Aufl. München 1925/27. – Croce, B.: Ästhetik als Wissenschaft vom Ausdruck und allgemeine Sprachwissenschaft. Nach d. 6. erw. ital. Aufl. übers. v. H. Feist u. R. Peters. Tübingen 1930. –

den Semiotikern und Strukturalisten ist es fehl am Platz, allenfalls noch Gegenstand begriffsgeschichtlicher Pflichtübungen.

Falls sich der Befund bestätigen und verallgemeinern ließe – nicht nur für die deutsche, sondern die westliche Tradition der ästhetischen Theorie überhaupt, dann müßte es sich verbieten, das Thema einfach naiv und blauäugig anzugehen, als handelte es sich um ein zeitlos substantielles Problem, sondern man müßte sondieren, warum es sich heute nicht mehr stellt.

Der Befund läßt sich jedoch durch zwei spontane Überlegungen sogleich in Frage stellen:

1) das Thema ist nur deshalb ausgefallen, weil sich die Forschung des 20. Jh.s in ihren idiosynkratischen Bewegungen anderen Themen zugewandt hat (z.B. der sozialen und politischen Relativierung der Kunst, der Kunst als Wahrheitsgeschehen und anderen). Sobald sie dieser Themen überdrüssig geworden ist, wird sie sich wieder der Phantasie zuwenden;

2) das Thema ist nur bei oberflächlicher Betrachtung nicht mehr akut. Genauer betrachtet verbirgt es sich entweder hinter anderen, allgemeineren Fragestellungen oder hinter anders formulierten Themen: z.B. hinter „Kunst als Spiel" (Gadamer, „Entlastungsfunktion der Kunst" (Gehlen), „Kunst als intuitive Erkenntnis" (Maritain), „Kunst als festliche Vergegenwärtigung des Lebenssinns" (H. Kuhn), „Kunst als Vorschein einer humanen Welt" (Bloch), „Kunst als Ersatzbefriedigung sexueller Triebe" (Freud) usw.

Solche Überlegungen lassen dennoch ein Unbehagen zurück. Denn erstens verläuft die Wissenschaftsgeschichte nicht ganz so idiosynkratisch und irrational, wie es Th.S. Kuhn wollte, sondern im Medium verantwortlichen Denkens, so daß das Vernachlässigen bestimmter Themen oder das Bevorzugen anderer Themen allgemeine Gründe haben muß; und zweitens bedeutet die Einordnung eines Problems in neue Zusammenhänge oder auch nur in eine neue Terminologie eine neue Sichtweise. Wenn also von Phantasie und Kunst nicht mehr so spontan und unbedenklich die Rede ist wie noch im 19. Jh., dann ist mehr über diese Entwicklung als über die Restbestände einer Vorstellungsweise aus Großmutters Zeiten nachzudenken. Womit ein erster Aspekt unseres Themas umrissen wäre.

2. Man muß „Phantasie" vielleicht nicht zu wörtlich nehmen. Für diesen Begriff sind inzwischen andere aufgekommen und leisten Ersatzdienste: Einbildungskraft (echt deutsch), Imagination (lateinische, italienische, französische, englische Tradition), Intuition (Maritain, Croce), Illusion, Vision, Kreativität, Schöpferkraft, Fiktionalität und andere (welche andere?).

Kainz, Fr.: Vorlesungen über Ästhetik. Wien 1948. – Adorno, Th.W.: Ästhetische Theorie. 3. Aufl. Frankfurt/M. 1977. S. 256 ff. – Sartre, J.P.: Das Imaginäre. Phänomenologische Psychologie der Einbildungskraft. Dt. v. H. Schöneberg. Frankfurt/M. 1971.

Aber Ersatz ersetzt immer durch etwas anderes. Wer mit Ersatz umgehen muß, kennt sehr bald die Unterschiede; später nicht mehr. Dann verzichtet er auf das Original, hat sich an den Ersatz gewöhnt oder leidet verstört noch eine Zeitlang am Verzicht – trifft das auch auf Wörter zu, wo doch jeder sprechen kann wie er will und kann? Er kann es nicht, er paßt sich vielmehr an die Veränderungen der Umgangssprache und der Wissenschaftssprache an, wenn er nicht fossil wirken möchte, sondern rezent. Wenn es Anfang des 20. Jh.s rezent gewesen sein sollte, das schöne, seit dem 14. Jh. im Deutschen beheimatete Wort „Phantasie" aufzugeben, vordergründig deswegen, weil es zu vieldeutig geworden war – Klagen darüber finden sich genug[4] –, dann hat sich die Verständigungssituation durch die Einführung der anderen Ausdrücke trotzdem nicht verändert: es ist ein Merkmal des gesamten Wortfeldes von Phantasie, vieldeutig zu sein. Und wenn durch die Verwendung vieldeutiger Ausdrücke nicht gerade eine unmißverständliche, eindeutige Verständigung ermöglicht wird, so doch wenigstens eine vieldeutige (happy and fruitful misunderstanding).

Happy and fruitful – beim Sprechen über Phantasie tritt leicht ein Rückkoppelungseffekt ein: man bleibt nicht bei einem kritisch beherrschten Begriff, sondern ist erst zufrieden oder happy, wenn der Begriff „tief" oder „vielsagend" geworden ist, wie man es von der durch ihn bezeichneten Tätigkeit annimmt. So wie Platon einen Dichter erst dann als wahrhaften Dichter anerkennt, wenn er von der „theia mania", dem göttlichen Wahnsinn erfüllt ist und ohne kritische Kontrolle ausspricht, was der Gott ihm zu sagen eingibt, so kann ein Denker von der Phantasie nur dann einen angemessenen Begriff gewinnen, wenn sein Denken von der Phantasie erfüllt oder beflügelt ist, nicht von der mehr oder weniger entwickelten Phantasie eines beliebigen Denkers, sondern von „der" Phantasie – was immer das sein mag. Man soll also Phantasie nicht zu wörtlich nehmen, sondern produktiv, inspirativ, erfinderisch – nicht „über" sie reden, sondern „durch" sie. Daß die Phantasie nicht notwendigerweise der kontradiktorische Gegensatz von rationalem Denken, sondern selbst in den rationalsten Wissenschaften wie der Mathematik und Physik ein notwendiges Organ der wissenschaftlichen Praxis ist, wird gerade von den Großen dieser Wissenschaften, von den erfinderischen Geistern immer wieder einbekannt.[5]

Akzeptiert man nicht nur den Rückkoppelungseffekt, sondern auch die Notwendigkeit einer wechselseitigen Ergänzung von Phantasie und Denken, dann zeigt sich das Verschwinden des Themas „Phantasie und Kunst" aus der Diskus-

4. Z.B. bei Groos, K.: Der ästhetische Genuß. Giessen 1902. S. 23. – Volkelt, System a.a.O. Bd. 3, S. 52.

5. Vgl. Ribot, Th.: Die Schöpferkraft der Phantasie. Bonn 1902. S. 163 ff. – Rubinstein, S.L.: Grundlagen der allgemeinen Psychologie. Übers. aus d. Russ. Berlin 1958. S. 407 ff.

sion der Ästhetiker in einem ganz anderen Licht: es ist das Symptom einer selbstverschuldeten Phantasielosigkeit, selbstverschuldet, weil sich die Ästhetiker durch das Reden über Phantasie um diejenige Phantasie gebracht haben, die erforderlich gewesen wäre, besser, anregender, erfinderischer über Phantasie zu reden. Selbstverschuldet auch deshalb, weil die Ästhetiker die Ehe zwischen Phantasie und Denken nicht auf dem Prinzip der Gleichberechtigung aufgebaut haben, sondern der besseren Hälfte besserwisserisch, nörgelnd, kontrollierend auf die Finger gesehen haben: wie konnte sie dabei ihre eigenen so bewundernswerten Fähigkeien entfalten?

3. Andererseits ist es den Ästhetikern gar nicht so zu verargen, wenn sie auf die Phantasie schließlich verzichtet haben, denn auch die moderne Kunst, von der sie sich mehr und mehr umgeben sahen – das Reproduktionswesen trug erheblich dazu bei –, verlangte auch nicht gerade diktatorisch und unmißverständlich nach der Anerkennung der unveräußerlichen Rechte der Phantasie. Die Dichter sind nicht mehr die seraphischen Sänger, sondern Sprachingenieure, Maler kalkulieren das Gleichgewicht zwischen Farben und Formen in abstrakten Kompositionen, das Theater wendet alle Mittel der Verfremdungstechnik an, um den Zuschauer in die Haltung eines illusionslosen, neugierigen, kritischen Pragmatikers zu manövrieren – es gehört schon viel Phantasie dazu, in solchen Machenschaften das Wirken der schöpferischen Phantasie zu sehen, und sollte es einem schließlich doch gelungen sein, dann hört man von den Künstlern selbst, z.B. von Benn oder Thomas Mann, daß alles nur Studium, Erinnerung, Konstruktion, Montage gewesen, nichts dem Zufall oder der Phantasie überlassen geblieben sei.

Es scheint, daß in dem Maße, in dem die Phantasie Anerkennung und Wirkungsmöglichkeiten findet in Naturwissenschaft und Technik, in Politik und Wirtschaft, Freizeit und Touristik, sie aus dem Kunstbereich ausgewandert, den Künstlern suspekt geworden ist. Vielleicht aber wirkt sie sich nur auf eine andere Weise aus. Wenn man Phantasie einmal als die Fähigkeit definiert, zu etwas Vorgegebenem, Determinierendem konkrete Alternativen zu finden, dann mußte die Kunst als Alternative zum Gewohnten und Gewöhnlichen in dem Maße „phantasielos" werden, als die wirklichkeitskonstituierenden Machenschaften „phantastisch" wurden: Phantasie in der Kunst wirkt sich als erfindungsreiche Verdrängung und Verschleierung derjenigen Phantasie aus, die sich bunt und abwechslungsreich, verführerisch und voller Versprechungen im Alltag manifestiert, Natur und gesellschaftliches Leben verändert hat. Partizipanten der Kulturindustrie muß deshalb ein Thema wie Kunst und Phantasie auf einen reinen Widerspruch hinauslaufen; fruchtbar dagegen wäre ihnen ein Thema wie „Phantasie und Politik" (und Freizeitgestaltung; und künstlerische Erziehung; und Technik; und Wirtschaft; und zwischenmenschliche Kommunikation; und so weiter), doch wird man den Verdacht nicht los, daß hinter Glamour und Animation der eintönige Rhythmus von Produktions- und Jahrmarktsmaschinen arbeitet, von Maschinen, die inzwischen selbst phantasiefähig geworden sind, computergesteuert; der Schritt zur Computerkunst ist bekanntlich vor schon bald einer Generation vollzogen worden.[6] Der Suche nach der Phantasie in einer „phantasielosen" Kunst liegt letztlich nichts anderes als die Identitätskrise der Phantasie zugrunde.

4. Phantasie ist nicht (immer) diffus und vage, sondern tendiert zu prägnanten, plastischen Gestaltungen, so daß das Denken über sie durch Unterscheidungen sie nachzuahmen hätte. Vielleicht erweisen sich Rubrizierungen der folgenden Art als hilfreich.

Von „Phantasie" spricht man in verschiedener Hinsicht: man kann erstens die „Phantasietätigkeit" meinen, d.h. die Tätigkeit des Bewußtseins, der Seele oder des Geistes, einen Strom von Bildern hervorzubringen und zugleich wahrzunehmen. Man kann zweitens mit Phantasie das Vermögen zu einer solchen Tätigkeit meinen, das bei den einzelnen Menschen und Künstlern unterschiedlich stark entwickelt ist – ob es einen völlig phantasielosen Menschen gibt, sei dahingestellt. Man kann drittens unter Phantasie das Phantasiebild, das Phantasma meinen, d.h. die noematische Seite der Phantasietätigkeit. Man kann viertens den Fundus meinen, aus dem die Phantasiebilder auftauchen, entweder heraufzitiert durch das phantasierende Ich oder sich dem Ich aufdrängend, sein Wahrnehmungsfeld okkupierend. Fünftens versteht man insbesondere in der Ästhetik des späten 19. Jh.s unter Phantasie eine bestimmte Sphäre von eigentümlicher objektiver Gegebenheit, die Phantasie- oder Scheinwelt der Kunst, die zur wirklichen Welt zwar ontologisch defizient wirkt, dennoch eine Art von vollgültiger, plastischer Realität simuliert und zugleich als solche dekuvriert – Schiller sprach von aufrichtigem Schein, Konrad Lange von selbstbewußter Täuschung, von durchschauter Illusion.[7]

Die fünf unterschiedenen Bedeutungen lassen sich zwanglos in eine genetische Reihe bringen. Sie beginnt mit dem Phantasievermögen, das durch die Tätigkeit aus dem Fundus die Phantasiebilder in einer eigentümlichen Objektivität vorstellt. So betrachtet bleiben alle verschiedenen Aspekte des Phantasiebegriffs innerhalb des individuellen Bewußtseins. Das Wissen um die Phantasie anderer Menschen läßt sich nur nach Maßgabe zweier Voraussetzungen entwickeln: erstens nach Maßgabe der Mitteilbarkeit all dessen, was zum Phantasieleben gehört, zweitens nach Maßgabe der eigenen Erfahrungen, die man mit der Phanta-

6. Moles, A.A.: Kunst und Computer. Köln 1971. – Franke, H.W.: Kunst contra Technik? Wechselwirkungen zwischen Kunst, Naturwissenschaften und Technik. Frankfurt 1978.

7. Lange, Konr.: Das Wesen der Kunst. Grundzüge einer illusionistischen Kunstlehre. 2. Aufl. Neue Bearb. in einem Bd. Berlin 1907.

sie gemacht hat. Dabei ist von grundsätzlicher Bedeutung, daß die Phantasie und deshalb auch die persönlichen Erfahrungen mit ihr niemals etwas Abgeschlossenes sind, sondern Tätigkeiten und Verhaltensweisen, die immer wieder neu hervorgebracht und innerhalb gewisser Grenzen ausgerichtet, ausgebildet, erweitert, verändert werden können. Mitteilungen, die andere von ihrem Phantasieren machen, sind deshalb nicht bloß Berichte, Protokolle, sondern zugleich Orientierungen und Anleitungen für die eigene Phantasietätigkeit. Die Anerkennung der „imitatorischen" Funktion der Phantasie ist eine der wichtigsten Voraussetzungen für die Entwicklung einer Theorie der Phantasie.

Von der Anerkennung der imitatorischen Funktion der Phantasie aus betrachtet wäre die Untersuchung der phantasielosen Kunst auf Symptome einer verborgenen Phantasietätigkeit hin so zu interpretieren, daß grundsätzlich vorausgesetzt würde, daß Phantasie zur Produktion von Kunstwerken gehöre, daß sie aber nicht in der Weise tätig sein muß, wie man es von sich her gewöhnt ist, sondern daß man erst durch die Werke diejenigen Tätigkeiten erlernen, durch innere Nachahmung einüben müßte, die sich dann als sinnvolle Erweiterungen der bereits vertrauten Phantasietätigkeiten und -techniken ansprechen ließen – oder auch nicht. Die Negation, sei sie auch noch so erfinderisch, von aller vertrauten Phantasietätigkeit noch als Phantasie bezeichnen zu sollen, stellt allerdings eine arge Zumutung dar; welchen Sinn könnte es haben, so zu verfahren?

5. Versuchen wir's mit einer Abschweifung in die Sphäre der Künstlerästhetiken, d.h. der Schriften, in denen Künstler nicht als Bildner, sondern als Redner auftreten, noch dazu als Redner über ihre eigenen Werke, Intentionen, Verdienste; und vertrauen wir darauf, daß die Künstler wissen, wovon sie sprechen, und daß diese Schriften in der Tat ein wesentlicher Bestandteil der modernen Kunst seien; nach Gehlens Auffassung ist die semantische Dimension von der Kunst in die Kommentarliteratur hinübergewandert und muß nun durch die Rezipienten wieder in die Werke hineingetragen werden[8]; so stellen die Werke etwas wie die Regale dar, in die man die Kommentarliteratur einordnet. Diese ziemlich skurrile Mitwirkung der Rezipienten an den Werken wird von seiten der Künstler aber tapfer insofern unterstützt, als sie ja selbst einiges zur Kommentarliteratur beitragen – vertrauen wir also darauf, daß die Künstler wissen, wovon sie sprechen und was sie tun.

André Masson, der französische Maler, der in den 20er Jahren zu den Surrealisten zählte, dann aber von André Breton exkommuniziert wurde, weil er eigene Wege gegangen war, hat in einem Vortrag am Collège philosophique 1958 eine grundsätzliche Unterscheidung angesprochen: die zwischen der Phantasie des

8. Gehlen, A.: Zeitbilder. Zur Soziologie und Ästhetik der modernen Malerei. 2. neu bearb. Aufl. Bonn 1965. S. 162 ff. Gehlen weiß natürlich sehr gut zwischen der kritischen Kommentarliteratur und dem „kosmischen Jargon", dem „Ansingen" zu unterscheiden.

Malers (des Künstlers überhaupt?) und der Phantasie des Betrachters (Rezipienten?): „Ein Gemälde ist das Produkt einer Phantasie: des Malers. Es wendet sich an eine andere Phantasie: die des Betrachters."[9] In dieser Kommunikationsstruktur hat er das Wesen der modernen Malerei gesehen: das Gemälde transportiert keine Semantik, sondern Energien, und diese Energien bezeichnet er als Phantasie („imagination"), d.h. mit ein und dem gleichen Begriff, obwohl er – und um diese Unterscheidung geht es uns – zwischen der des Malers und der des Betrachters grundsätzlich unterschieden hat.

Zur Sicherung der Unterscheidung wäre auf die unterschiedliche Funktion hinzuweisen, die das Gemälde für die beiden Arten von Phantasie hat. Beim Maler ist das Gemälde das Ziel und Ende der Phantasietätigkeit, beim Betrachter der Anfang. Beim Maler verläuft die Phantasietätigkeit konkretisierend, beim Rezipienten entfaltend. Beim Maler ist das Werk ein Mittel, eine andere Phantasie anzusprechen, beim Rezipienten ist das Werk ein Mittel, seine eigene Phantasietätigkeit zu aktivieren, lebendig zu halten.

Dies mag genügen, um den grundsätzlichen Unterschied zu verdeutlichen; im übrigen ist er noch so abstrakt, daß noch einiges zu seiner Differenzierung und Rechtfertigung gesagt werden muß – vorausgesetzt, daß eine Rechtfertigung überhaupt möglich ist. Denn es läßt sich denken, daß der Unterschied der beiden Phantasien gegenüber der im Begriff der Phantasie ausgedrückten Gemeinsamkeit irrelevant wäre. Schon im 18. Jh. hat man von der produktiven Phantasie des Künstlers und der reproduktiven Phantasie des Rezipienten gesprochen: die Phantasie des Rezipienten ist nur graduell unterschieden von der des Künstlers, sie vermag zwar nicht selbst hervorzubringen, aber sie vermag das Hervorgebrachte aus seiner produktiven Struktur heraus zu reproduzieren – produktive und reproduktive Phantasie konvergieren also im Werk, werden in ihm identisch. Für Masson gibt es eine solche Konvergenz offenbar nicht. Die Phantasie ist für ihn etwas schlechthin Individuelles, jede ist in ihrer Tätigkeit absolut frei („Freiheit" ist für ihn deshalb synonym mit „Phantasie")[10], das Entscheidende ist nur, daß sie tätig ist, ein Energien emittierender Stern im Kosmos, ein „Effusionist", wie er sich selbst bezeichnet hat.[11]

9. Masson, A.: Des nouveaux rapports entre Peinture et Regardant. In: Mercure de France 334 (1958), S. 193-207, hier S. 195 f. Dt. in: Masson: Eine Kunst des Wesentlichen. Essays. Wiesbaden 1961. S. 42-60, hier S. 45.

10. „Phantasie (imagination), die sich an Phantasie wendet. Ja, noch einmal, eine Freiheit, die eine andere Freiheit wachruft. Freiheit des Malers. Freiheit des Betrachters. Freiheit für den Betrachter, zu denken: ‚Das sagt mir etwas' oder ‚sagt mir nichts'. Freiheit für den Künstler, nichts zu verstehen von dem, was er schafft." Masson 1961 a.a.O. S. 47; Mercure de France a.a.O. S. 197.

11. „Der lyrische Erguß, wie ich ihn verstehe, hat es darauf abgesehen, immer das auszudrücken, was der gewöhnliche Mensch das Unaussprechliche nennt.
Ich nehme mir vor, aus einem unerforschten Zentrum einen ursprünglichen Lichtschimmer

Die scheinbar so gleichartige Unterscheidung zwischen der älteren (produktive – reproduktive Phantasie) und der modernen Entgegensetzung (Phantasie des Malers – des Betrachters) verdeckt also den Unterschied zwischen einem geschlossenen und einem offenen Kommunikationssystem Kunst, zugleich zwischen einer grundsätzlich anderen Funktionsweise des Werkes. In der älteren Konzeption war eine dritte Auffassung von Phantasie erforderlich, nämlich die ontologische Konzeption der Phantasie als gegenüber der Wirklichkeit abgesetzte Modalität von objektivem Sein, als Welt des ästhetischen Scheins, die gegenüber den Produzenten und Rezipienten volle Verbindlichkeit, eine Art von ästhetischer Notwendigkeit besaß. In der modernen Auffassung löst sich die ontologische Dimension zu einem bloßen Transmissionsinstrument auf, eine andere Phantasie ganz für sich in Aktivität zu versetzen. Benn sprach einmal vom monologischen Charakter des modernen Gedichts[12]; Masson erweitert dieses Konzept dadurch, daß er die Werke als Generatoren von lauter individuellen Monologen auffaßt, als „Maschinen zum Träumen".[13]

6. Bleiben wir zunächst bei der Phantasie des Malers und versuchen wir sie zu differenzieren, so gewinnen wir bei Masson nur recht wenig. Wird das Gemälde als Produkt der Phantasie bezeichnet, dann scheint der gesamte Schaffensvorgang mit allen seinen verschiedenen Überlegungen und Tätigkeiten unter einen Begriff subsummiert zu werden. Phantasie als Begriff für den gesamten künstlerischen Schaffensprozeß – solche Auffassungen kennen wir aus dem 19. Jh.[14], selbst Liebermann hat sie noch übernommen.[15] Liebermann hat aber sehr wohl zwischen Phantasie als einer neuen Sichtweise der Natur und Realität einerseits und Phantasie als handwerklicher Tätigkeit andererseits unterschieden, so eng beide auch aufeinander angewiesen sind und sich gegenseitig konkretisieren, bis das Werk als Produkt der Phantasie realisiert ist. Bei Massons Phantasiebegriff spielt dagegen die handwerklich-technische Seite keine Rolle, so sehr er auch mit Materialien und Techniken experimentiert hat – das surrealistische Erbe schlägt hier noch voll durch; schon in den 20er Jahren hat er sich der „automatischen" Malweise überlassen: absolute Ausschaltung jeglicher technischer Kontrolle über den Entstehungsprozeß eines Gemäldes, willenloses Instrument für den Ausdruck der Bilderflut, die aus den Tiefen der Seele emportaucht – wenn früher darüber hin- und herdebattiert wurde, ob die Phantasietätigkeit willent-

erstehen zu lassen, statt die Formen und Farben der sogenannten Außenwelt um ihrer selbst willen darzustellen ..." Masson 1961 a.a.O. S. 21.

12. Benn, G.: Probleme der Lyrik (1951). 7. Aufl. Wiesbaden 1961.

13. Masson 1961 a.a.O. S. 46.

14. Z.B. E. v. Hartmann: Philosophie des Schönen a.a.O. S. 569.

15. Liebermann, M.: Die Phantasie in der Malerei. Schriften und Reden. Hg. u. eingel. v. G. Busch. Frankfurt/M. 1978.

lich zu lenken ist oder ein der subjektiven Kontrolle entzogener anonymer Vorgang, dann gehört Masson eindeutig und radikal zu den Vertretern der Unwillkürlichkeit des Phantasiegeschehens. Mit guten Gründen ist früher auch herausgestellt worden, daß die Phantasie, gleichgültig in welchem Maße sie unter die Kontrolle und die Einflußnahme des kritischen Verstandes fällt, an die Persönlichkeitsstruktur des jeweiligen Künstlers gebunden sei[16] – von solchen anthropologisch realistischen Ansichten findet sich bei Masson keine Spur; im Gegenteil hat sich ihm unter dem Einfluß des Zen-Buddhismus die Überzeugung nur noch weiter verfestigt, daß sich der Künstler von allen Hemmnissen seines Ich-Bewußtseins befreien müsse, daß seine vorangegangenen Erfahrungen, seine Lebensführung, seine geistigen Interessen vom Phantasiegeschehen völlig fernzuhalten seien.

Es ist nur konsequent, wenn Masson jeglichen Bezug der Malerei zur gesellschaftlichen Wirklichkeit leugnet. Der Künstler sei wesensmäßig asozial, in vollständiger Weltabgewandtheit hingegeben dem überwirklichen, transzendenten Bilderstrom – platonisch genug spricht Masson von der „poetischen Begeisterung", in die der Künstler gerät, von einem Dämon, der ihn heimsucht und inspiriert, von einem Zustand entrückten Staunens, in dem sich die Schöpfung in einem neuen, ursprünglichen, unverfälschten Licht zeigt. Die Künstler erscheinen ihm als die letzten Bewahrer der „Tiefe" im Zeitalter der Industriegesellschaft, die Kunst fungiert als Religionsersatz.[17]

Einem solchen ekstatischen Phantasiebegriff vermag kein auf Begründung und Rechtfertigung bestehendes Denken mehr zu folgen, und eine Metamorphose in delirierendes Assoziieren und ein leichtfertiges Hüpfen von Mythologem zu Phantasma, von Phantasma zu Metapher, von Metapher zu Mythologem weist es radikal ab. Die Selbsternennung zum Priester einer Privatreligion erscheint ihm vielmehr symptomatisch zu sein für die Identitätskrise der Phantasie in der modernen Kunst oder sogar nur für die Okkupation der von der Industriegesellschaft bereitgestellten Freiräume für fit erhaltende Phantasiegymnastik.

7. Unter der Voraussetzung einer anthropologisch integrierten Phantasie, die nicht haltlos ins Absolutabsolute auswuchert, ließen sich eine Reihe von Kompositionsmöglichkeiten zwischen Phantasie, Verstand und anderen Vermögen des menschlichen Geistes denken. Sie beruhen auf einem Begriff von Phantasie,

16. Vgl. Segal, J.: Über das Vorstellen von Objekten und Situationen. Stuttgart 1916. – Stern, W.: Allgemeine Psychologie auf personalistischer Grundlage. 2. unveränd. Aufl. Den Haag 1950. – Rubinstein, S.L. a.a.O. (Anm. 5).

17. Im zit. Artikel schreibt Masson: „Von verbrauchten Religionen, von Riten, die, angesichts dieser Reduktion des gegenwärtigen Menschen auf zwei Dimensionen, fast ausnahmslos unverständlich geworden sind, haben wir die geheime oder unerkannte Mission, zu bewahren, was abgeschafft scheint: nämlich alles Tiefe. Die Künstler sind die Mönche des industriellen Zeitalters." (a.a.O. S. 51 f.)

wonach diese von der Erfahrung ausgeht, weil sie in ihr kein Genüge findet, und bessere Erfahrungs- und Lebensmöglichkeiten, vielleicht auch nur andere oder gar schrecklichere entwirft, die letztlich alle, wie Brecht es von der Kunst verlangt[18], beitragen zur Bewältigung der schwierigen Lebenskunst.

Die Phantasie kann sich z.B. als Kombination von partiellen Schönheiten zu einer Gesamtschönheit, die es in der Wirklichkeit nicht gibt und vielleicht gar nicht geben kann, auswirken. Die Göttin der Schönheit wird von antiken Künstlern aus den schönsten Teilen der schönsten Jungfrauen Krotons zusammengesetzt, doch die Regel der Auswahl und der Zusammensetzung liegt allein in der Phantasie der Künstler. In die abstrakte Kunst unserer Tage versuchsweise übertragen: Vasarely bietet einen Rahmen für die beliebige Anordnung von 64 farblich aufeinander abgestimmten kleinen Quadraten als Bild an, verzichtet also bewußt auf eine Entscheidung, welche Kombination die beste sei – Phantasie?

Phantasie ist als Idealisierungsverfahren möglich: von der Wirklichkeit werden diejenigen Teile weggelassen, die dem Ideal z.B. eines gerechten Regenten, der wahren Mütterlichkeit, einer tugendhaften Jungfrau usw. nicht entsprechen. Im 20. Jh. ist ein solches Verfahren ebenso propagiert wie verketzert worden (als Sturm im Wasserglas: der Züricher Literaturstreit).[19]

Phantasie als Steigerung: bestimmte Seiten der Wirklichkeit, bestimmte Grundzüge werden zu einer prägnanten Anschauung verstärkt, intensiviert, einseitig hervorgehoben – die Skala der Möglichkeiten reicht vom Charakterdrama über die Karikatur bis zum Grotesken, mit gesellschaftskritischer Spitze z.B. bei George Grosz, wo als Regel der Steigerung das politische Engagement entscheidend ist.

Phantasie als Aktivierung bestimmter Vermögen des Geistes – z.B. der Farbwahrnehmung durch die Gemälde von Josef Albers[20], des kriminalistischen Spürsinns und Kombinationsvermögens, aber auch als Aktivierung und Einübung von schwierigen Weisen des Menschseins – der Christlichkeit durch die Romane von Graham Greene, der humanen Verantwortlichkeit bei Heinrich Böll usw. Die Regel für diese Formen von Phantasietätigkeit liegt teils in gattungsspezifischen Ansprüchen, teils in der Einstellung des Künstlers zur Welt.

18. „Alle Künste tragen bei zur größten aller Künste, der Lebenskunst." B. Brecht: Gesammelte Werke in 20 Bdn. Frankfurt/M. 1967. Bd. 16, S. 702.

19. Der Streit ging aus von E. Staigers Rede über „Literatur und Öffentlichkeit" vom 17.12.1966. Vgl. die Dokumentation in: Sprache im technischen Zeitalter H. 22 (1967) und H. 26 (1968).

20. Josef Albers sprach einmal von „Sehen mit Phantasie": „Abgezielt wir dabei auf die Entwicklung der schöpferischen Fähigkeiten, die sich in Entdeckung = Erfindung äußern – den Kriterien des Schöpferischen oder der Vielseitigkeit, als Beweis der Phantasie." Albers: Interaction of Color. Grundlegung einer Didaktik des Sehens. Köln 1970. S. 112, Vgl. S. 16, 74.

Phantasie als Irrealisierung der gewohnten Wirklichkeit entzieht der Erfahrungswelt die wirklichkeitskonstituierenden Gesetzmäßigkeiten und ersetzt sie durch andere Mächte, oder sie läßt unauffällige Wirklichkeitselemente auf einmal exuberante Funktionen annehmen – die phantastische Literatur, der phantastische Film entwickeln immer neue Modelle einer irrealen oder surrealen Wirklichkeit.[21]

Phantasie als Transposition versetzt die Wirklichkeit in andere Raum-Zeit-Dimensionen, z.B. in der Art von H.G. Wells' Zeitmaschine, von Science Fiction oder Utopien, von Idyllen oder aber den „längeren Gedankenspielen" als Imponiergehabe gegenüber einer spröden Geliebten wie in Arno Schmidts Roman „Mare Crisium".

Wenn man noch andere Verfahrensweisen erwähnen wollte – Typisieren, Symbolisieren, Transfigurieren z.B. von Leonardos Mauerrissen in Landschaften, von sturmgetriebenen Wolkenformationen in sich jagende Dämonen usw., dann hätte man genügend heuristische Mittel, in einer Kunstwelt wie der modernen, die sich so bilderlos und spröde gibt, ein vielfältiges Wirken der Phantasie zu entdecken. Es kommt nur darauf an, sich die richtigen heuristischen Mittel zu beschaffen oder zu entwerfen – alles andere ist Sache der hermeneutischen Subsumtion. Phantasie, auf diese Weise domestiziert und in produktive Kunstarbeit eingespannt, entwickelt eine beruhigend und erfreulich große Vielfalt von Aspekten – von Identitätskrise keine Spur –: woran liegt es, daß einen das Unbehagen vor soviel Versatilität nicht verläßt? Vielleicht, weil man sich bei dem Versuch ertappt, Becketts „Glückliche Tage" wörtlich zu nehmen: „Winnie, zum Zenit starrend: ‚Wieder ein himmlischer Tag.' Pause."[22] Die Schwierigkeiten der Lebenskunst sollten vielleicht nicht in die Hände von Lebenskünstlern gelegt werden, die noch aus aussichtslosen Lagen ihr Quentchen happiness zu gewinnen, die Lage aber nicht zu ändern wissen. Weil Phantasie in alle ihre Tätigkeiten die Rückversicherung einer fundamentalen Affirmation, einer unerschütterlichen anthropologischen Gesundheit einbringt, sollte man sich hüten, dort von Phantasie zu sprechen, wo es, auch in der Kunst, um sehr viel Radikaleres geht, nämlich um die schlichte Bestandsaufnahme dessen, was der Mensch inzwischen aus sich und seiner Welt gemacht hat, und zwar mithilfe seiner Phantasie. Wenn sich die Kunst solchen Aufgaben stellt, dann muß sie über die phantasievolle Wirklichkeit hinausgehen, und es versteht sich von selbst, daß sie auf diesem Weg die Phantasie hinter sich läßt.

8. Ganz ähnlich wie mit der künstlerischen Phantasie verhält es sich mit der Phantasie des Betrachters, des Rezipienten. Es darf als allgemein zugestanden

21. Vgl. Thomson, Chr.W.; Fischer, J.M. (Hg.): Phantastik in Literatur und Kunst. Darmstadt 1980.

22. Beckett, S.: Dramatische Dichtungen. Bd. 2. Frankfurt 1964. S. 151.

gelten, daß die Phantasie des Rezipienten nicht ein passives Organ ist, das sich mit dem erfüllt, was ihm gereicht wird, sondern daß sie aktiv die angebotenen Materialien zu Gebilden formt. Schon Vischer hat Mitte des 19. Jh.s die Aktivität der Rezipientenphantasie nachdrücklich hervorgehoben, und auch noch heute sieht man sich veranlaßt, sie als „gelenktes Schaffen" in der Rezeptionsästhetik[23] oder als völlig freigesetzte Tätigkeit bei den Propagatoren des „offenen Kunstwerks" darzulegen.[24]

Geht man der Phantasietätigkeit des Rezipienten etwas detaillierter nach, zeigt sich auch hier ein erfreulich vielseitiges Bild:

So wird von Kunstwerken vielfach eine „ergänzende" Phantasieleistung verlangt. In der darstellenden Malerei, die den „fruchtbaren Augenblick" vergegenwärtigt, muß der zeitliche Prozeß rekonstruiert werden, aus dem der Augenblick herausgegrifen worden ist. In Prosa und Musik müssen die vorausgegangenen Partien mitgewußt, mitvorgestellt werden, damit der jeweilige Entfaltungsmoment nicht isoliert und nichtssagend wirkt; die Leitmotiv-Technik erleichtert diese Vergegenwärtigungsaufgaben. Die in Dichtungen dargestellte Welt will überhaupt in der Phantasie aufgebaut werden, die Handlungsräume im Film sollen als Realität und nicht als Kulisse gesehen werden, und wenn Walllenstein gedenkt, einen langen Schlaf zu tun und hinter die Bühne geht, dann weiß auch ein wenig phantasiebegabter Zuschauer, daß ihn dort der Tod erwartet.

„Transponierende" Leistungen erbringt die Phantasie des Rezipienten, wenn z.B. Beethovens Eroica von einem entsprechend gebildeten Hörer in den Kampf um Troja übersetzt wird, wie es M. Deutinger getan hat[25], oder wenn eine Symphonie nur als Anregungsmittel für Ideenassoziationen rein privater Natur dient. Die Vorstellungen, die von Programmusik hervorgerufen werden, können dagegen mehr der ergänzenden Phantasie zugeordnet werden. Inwiefern Synästhesien der Phantasie zugerechnet werden können, sei dahingestellt.

Von einer „künstlerisch-technisch" verfahrenden Phantasie des Rezipienten kann man dann sprechen, wenn die Form eines Werkes auf andere formale Möglichkeiten hin betrachtet und innerlich getestet wird, inwiefern die gewählte Form eine bessere Wahl darstellt als andere. Diese Art von Phantasietätigkeit bezieht sich nicht nur auf die gewählten Materialien, sondern auf alle Dimensionen des Formungsprozesses, auf die Erschließung von Lücken, von tauben, unartikulierten Stellen usw. Hierher gehören auch Fortsetzungs- und Ergänzungsversuche zu unvollendeten oder teilweise zerstörten Werken, auch persiflierende Werke wie Vischers Dritter Teil zu Goethes Faust oder Fälschungen großer

23. Vgl. Iser, W.: Der Akt des Lesens. Theorie ästhetischer Wirkung. München 1976.

24. Eco, U.: Das offene Kunstwerk. Frankfurt 1973.

25. Vgl. Vf.: Das Wesen der Kunst in der Ästhetik Martin Deutingers. Ein Beitrag zur romantischen Kunstphilosophie. München 1966. S. 46.

Meister. Von einem so weit ausgedehnten Begriff der Rezipienten-Phantasie ist es nicht mehr weit zu Künstlern mit einer „epigonalen“ Phantasie und was sollte einen hindern, diesen Schritt zu tun?

„Einfühlende“ Phantasie erbringt ein Rezipient, wenn er sich in dargestellte Personen zu versetzen weiß und ihre Verhaltensweisen von einem Standpunkt aus betrachtet, als hätte er sie selbst durchzuführen. Hiermit sind nicht so sehr die spontan erfolgenden Identifikationen oder das von Lipps oder Volkelt[26] dargelegte unmittelbare Einfühlen, sondern diejenigen Akte gemeint, die erforderlich sind, um sich in eine ungewöhnliche, unangenehme oder aus moralischen Gründen abgelehnte Lebens-, Fühl- und Denkweise zu versetzen. Es handelt sich hierbei um Experimente, wieweit man fähig ist oder es für sinnvoll hält, sich in – von der eigenen Position aus betrachtet – exzentrische, extreme Formen menschlichen Daseins zu versetzen und in ihnen etwas von menschlicher Gemeinsamkeit anzuerkennen.

„Hermeneutische“ Phantasie muß ein Rezipient aufbringen, wenn ihm an der Erschließung der Sinndimensionen von Werken gelegen ist. Hierzu wird er sich, sobald Schwierigkeiten auftreten, nur unter der Voraussetzung bereitfinden, daß sie sich als objektiv berechtigt und erforderlich erweist bzw. zu erweisen verspricht. Er muß annehmen können, daß ihm der Künstler in allen Sinndimensionen auf irgendeine Weise vorangegangen ist, er also nach vielerlei Bemühungen nicht nur den Affen seiner selbst findet, der nachmacht, was er ihm selbst vorgemacht hat. Was voraussichtlich der Fall wäre, wenn die Phantasie des Betrachters so funktionieren würde, wie Masson es sich vorstellt, also ohne einen ernstzunehmenden Dialogpartner, völlig narzißtisch.

9. Die – in den Augen wohl vieler – anspruchsvollste Leistung erbringt die Phantasie auf seiten des Produzenten wie des Rezipienten durch das, was man ihre integrative Funktion nennen könnte. Verbindet sie nicht Anschaulichkeit, also etwas den Sinnen Analoges, mit Bedeutungen, die dem Verstand oder der Vernunft angehören? Wenn man sich den Menschen als dualistisch zerrissenes Wesen denkt, das zwischen den Ansprüchen seiner Sinnlichkeit und seiner Vernunft hin und herschwankt, dann zeigt die Synthese von Sinnlichkeit und Bedeutung, wie die Phantasie sie vollbringt, die prinzipielle Möglichkeit einer harmonischen Existenz in dieser Welt, eine Möglichkeit, auf die jüngst noch Marcuse sein sozialpolitisches Programm gestützt hat.[27] Aber dazu bedarf es nicht un-

26. Lipps, Th.: Ästhetik. Psychologie des Schönen und der Kunst. 2 Bde. Hamburg 1903/6. – Volkelt a.a.O. (Anm. 1), Bd. 1.

27. „Die Phantasie wird produktiv, wenn sie zwischen Sinnlichkeit auf der einen Seite und theoretischer wie praktischer Vernunft auf der anderen vermittelt und in diesem Einklang der Vermögen (in dem Kant das Zeichen der Freiheit erblickte) den Umbau der Gesellschaft leitet.“ Marcuse: Versuch über die Befreiung. Frankfurt/M. 1969. S. 62 (Ed. Suhrkamp 329). Sehr viel nüchterner einige Jahre später in: Konterrevolution und Revolte.

bedingt der Kunst oder der Phantasie, und bekanntlich hat weder die klassische Kunst Athens noch Weimars eine auch nur entfernt ausreichende gesellschaftsverändernde Macht entwickeln können. Freilich, für eine realitätsenthobene utopische Phantasie reicht die Phantasie-Synthese aus, das eine wie das andere gehört ja in die Phantasie-Welt. Aus der vorgestellten Harmonisierung und der harmonischen Vorstellungstätigkeit braucht nur noch die reale Harmonie und die friedliche Koexistenz aller Menschen zu werden – ein ganz kleiner Schritt nur, zumindest für einen Phantasten.

10. Kombinierende, idealisierende, steigernde, aktivierende, irrealisierende, transponierende, symbolisierende, integrierende usw. Verfahren der Phantasie – diesen und den ihnen entsprechenden oder widersprechenden Phantasietätigkeiten des Rezipienten korrespondieren bestimmte Bilder, Werke, Prozesse, die eine eigentümliche emotive und kognitive Wirkung hervorrufen können, wenn sie nicht ins Imitieren des Phantasieverfahrens gerät, sondern vom Bild erfaßt wird. Es entfaltet sich zwar durch seine Phantasietätigkeit, aber auf einmal kann die Distanz zum gegenständlich Vorgestellten fortfallen – magisch steht das Bild vor dem apollinisch erstarrten Blick; was entfernt wirkte, wird hinterrücks durchsichtig auf ihn selbst; statt etwas von irgendetwas mitgeteilt zu bekommen (anschauliche Informationen), tritt er auf überraschende, unvertraute Weise vor ein fremdes Bild, das er als das eigene anzuerkennen gezwungen ist. Hier verschwindet die wirklichkeitskonforme anthropologische Rückversicherung und Affirmation. Nur kurze Augenblicke einer solchen Selbstbegegnung können ausreichen, um einem das gewohnte Leben mitsamt seiner erfahrungsumformenden Phantasie ein für allemale marode erscheinen zu lassen.

Oder aber man erfährt sich einverwoben in eine lange Folge von Formungs- und Entformungsprozessen, als ein plastisches Material, das keinen Einfluß auf das Geschehen hat, mit dem aber alles gemacht werden kann; auch hier gibt es keine Möglichkeit zu einer inneren reservatio.

Bei solchen Erfahrungen hört das normale Vergnügen an der Phantasie auf; vielleicht sogar die Phantasie selbst. Salvador Dali hat deshalb, trotz des Slogans „Emanzipation der Phantasie", es sich verbeten, das eigentliche Kunstgeschehen mit „Phantasie" zu bezeichnen; er zog den Begriff der Inspiration vor[28], der aber nicht weniger durch unpassende Assoziationen verdorben ist.

Frankfurt/M. 1972. Bes. S. 95 ff. Vgl. die ästhetisch-utopischen Gedanken von P. Schneider: Die Phantasie im Spätkapitalismus und die Kulturrevolution. In: Kursbuch 16 (1969), S. 1-37.

28. „Stellen wir immerhin diese Art neuer Imagination in verschiedenen anti-künstlerischen Phänomenen fest. Den witzigen filmischen Gag, zum Beispiel; die reine Inspiration hingegen ist das Gegenteil der Imagination; denn Imagination heißt immer Eingreifen, Agieren. Die Imagination ist etwas, das man in einer mehr oder weniger inspirierten Weise fabriziert. Die Imagination ist der Springbrunnen, dessen Gewalt unserem Willen gehorcht.

11. Der Begriff der Phantasie verschleiert, daß die Kunstwerke sich auf unterschiedlichen ontologischen Ebenen konstituieren, von unterschiedlicher Auflösungsmächtigkeit gegenüber der täglichen Erfahrung sind, wie sie auch die Schichtungen innerhalb der einzelnen Werke verschleiert. Sie nivelliert alles in eine einzige Ebene, in einen einzigen, allenfalls unterschiedlich emotional nüancierten Tätigkeitsablauf, der im Raum der seelischen Erfahrungsmöglichkeiten keine große Resonanz erzeugt.

12. Die im Vorstehenden kurz erläuterten Aspekte des Themas Phantasie und Kunst gingen von dem Befund, also von etwas determinierend Vorgegebenem aus, daß unser Thema im 20. Jh. auffallend wenig Resonanz gefunden hat. Es blieb dahingestellt, ob sich der Befund bestätigen lasse oder nicht – dies spielt für die Überlegungen keine entscheidende Rolle. Selbst wenn sich herausstellen sollte, daß der Befund, objektiv betrachtet, nicht oder zumindest nicht in einer symptomatischen Bedeutung gegeben ist, daß ihm, subjektiv betrachtet, nur eine Idiosynkrasie, eine Einbildung zugrundeliege, die weniger analysiert als assoziativ variiert wurde, so mag sich dem Leser etwas von der Ambivalenz und Vieldeutigkeit mitgeteilt haben, die der Phantasie eigentümlich ist, trete sie nun im Zusammenhang mit der Kunst oder mit der Reflexion auf. Mehr brauchte vielleicht nicht gezeigt zu werden, damit deutlich werde, daß das Thema auf vielfältige Weise behandelt werden kann, ohne daß dadurch das Fragezeichen hinter der Themenstellung verschwindet.

Die Inspiration hingegen ist etwas Unwillkürliches, ein Geysir, der plötzlich am stillsten Strand ausbricht und seinen salzigen und kochenden Strahl zu einer unvorhergesehenen Höhe der Leidenschaft aufrichtet." S. Dali: Unabhängigkeitserklärung der Phantasie und Erklärung der Rechte des Menschen auf seine Verrücktheit. Ges. Schriften. Hg. v. A. Matthes u. T.D. Stegmann. München 1974. S. 84.

Annemarie Pieper

EINBILDUNGSKRAFT UND PHANTASIE

Die Imagination als transzendental- und existentialanthropologisches Vermögen

Die Imagination – in der Bedeutung von Einbildungskraft oder Phantasie – ist ein menschliches Vermögen, dessen eigentümliche Leistung allenfalls in der Ästhetik, in der theoretischen und praktischen Philosophie jedoch eher beiläufig thematisiert wurde. Dies ist umso verwunderlicher, als sich bei näherem Zusehen herausstellt, daß der Imagination unter den zentralen menschlichen Vermögen eine ausgezeichnete Stellung zukommt, insofern ohne ihre vermittelnde Tätigkeit nicht nur jedwede künstlerische Produktivität, sondern auch menschliches Denken, Wollen und Fühlen unmöglich wäre. Diese These soll im folgenden im Kontext zweier philosophischer Modelle – des transzendentalen und des existentiellen Ansatzes – erläutert werden, wobei gezeigt werden soll, daß diese beiden Modelle sich nicht gegenseitig ausschließen, sondern ergänzen.

SCHELLING bestimmt im neunten seiner „Philosophischen Briefe über Dogmatismus und Kritizismus" Einbildungskraft als das „wunderbare Vermögen", „sich durch völlige Selbsttätigkeit in völlige Passivität zu versetzen".[1] Mit dieser paradoxen Formulierung versucht er gleichsam im Vorübergehen das offene Kantische Problem des Zusammenhangs von theoretischer und praktischer Vernunft zu lösen, indem er zwischen die beiden grundlegenden menschlichen Tätigkeiten – Wissen und Handeln – eine dritte, vermittelnde einschiebt, die dort auf den Plan tritt, „wo das Erkennen aufhört, und das Realisieren noch nicht begonnen hat"[2], und durch die Besonderheit ihrer Funktion den Übergang von der Theorie zur Praxis ermöglicht.

> „Die Einbildungskraft ist, als verbindendes Mittelglied der theoretischen und praktischen Vermögen, analog der *theoretischen* Vernunft, insofern diese von Erkenntnis des *Objekts abhängig* ist, analog der *praktischen*, insofern diese ihr Objekt selbst *hervorbringt*. Die Einbildungskraft *bringt aktiv* ein Objekt dadurch *hervor*, daß sie sich in völlige Abhängigkeit von diesem Objekt – in völlige *Passivität* – versetzt."[3]

1. Friedrich Wilhelm Joseph von Schellings sämmtliche Werke, hg. v. K.F.A. Schelling, Abt. 1, Bd. 1, Stuttgart und Augsburg 1856, S. 332
2. Ib.
3. Ib.

In Kantische Termini übersetzt bedeutet dies: Die Einbildungskraft ist abhängig von der Natur als dem Inbegriff des durch die Sinne vermittelten Anschauungsmaterials; aber diese Abhängigkeit ist keine faktische, sondern eine frei gewählte: In einem Akt der Spontaneität ergreift die Einbildungskraft das ihr Vorgegebene, nicht um es als das zu bestimmen, was es ist – das wäre Aufgabe des Verstandes –, auch nicht um es auf seine Gesolltheit hin zu überprüfen – das wäre Aufgabe der Vernunft –, sondern um es mit jener Idee zu vergleichen, vermittels derer die Einbildungskraft es sich als durch eine Handlung realisiert vorstellt. Das durch Wissen bereits Konstituierte, aber noch nicht durch ein Handeln Realisierte ist somit nach Schelling originärer Gegenstand der Einbildungskraft, im Hinblick auf den sie sich zugleich als aktiv und passiv erweist, insofern sie ihn einerseits selbsttätig als Produkt eines Handelns in der Idee vorwegnimmt, andererseits diese ideale Projektion an dem ihr durch das Wissen Vorgegebenen orientiert sein läßt.

Diesen gleichen Sachverhalt thematisiert auch SCHILLER in seinen Briefen „Über die ästhetische Erziehung des Menschen“, die Schelling zum Zeitpunkt der Abfassung seiner „Philosophischen Briefe“ bereits gekannt hat. Im 24. Brief führt Schiller aus:

> „Auf den Flügeln der Einbildungskraft verläßt der Mensch die engen Schranken der Gegenwart, in welche die bloße Tierheit sich einschließt, um vorwärts nach einer unbeschränkten Zukunft zu streben; aber indem vor seiner schwindelnden *Imagination* das Unendliche aufgeht, hat sein Herz noch nicht aufgehört im Einzelnen zu leben, und dem Augenblick zu dienen.“[4]

Auch Schiller charakterisiert jene durch das freie Spiel der Einbildungskraft eröffnete Mitte zwischen Stoff und Form, Sinnlichkeit und Moralität als einen Zustand, der zugleich ein „Zustand der höchsten Ruhe und der höchsten Bewegung“ ist.[5] Anders jedoch als Schelling, für den der Spielraum der Einbildungskraft ein Übergangsstadium auf dem Weg zur Handlung, zur Realisierung der imaginativ vorweggenommenen Wirklichkeit durch praktische Vernunft als der höchsten Form menschlicher Tätigkeit im Sinne freier Selbstverwirklichung ist, sieht Schiller im Spiel die höchste Form des Menschseins, denn „der Mensch spielt nur, wo er in voller Bedeutung des Worts Mensch ist, und *er ist nur da ganz Mensch, wo er spielt*“.[6] Nicht das Ethische stellt die Spitze menschlichen Selbstseins dar, sondern das Ästhetische: Produkt der Einbildungskraft in Gestalt des Spieltriebs ist Schönheit, eine Schönheit, die alle einander bekämpfenden, den Menschen zerreißenden, seine Identität bedrohenden Gegensätze in sich versöhnt und im Gleichgewicht hält. Während der Sieg der Moral in der

4. Friedrich Schiller: Über die ästhetische Erziehung des Menschen, Stuttgart 1975, S. 101 f.

5. Ib. S. 64

6. Ib. S. 63

sittlichen Selbstbestimmung der autonomen praktischen Vernunft nur durch Unterdrückung der sinnlichen Natur – im Triumph des Formtriebs über den Stofftrieb – möglich ist, verhilft die Kunst im Medium der Einbildungskraft beiden, die Ganzheit menschlichen Seins begründenden Momenten zu ihrem Recht und setzt damit „den Menschen sowohl physisch als moralisch in Freiheit".[7]

Obwohl Schelling und Schiller zu unterschiedlichen Beurteilungen der vermittelnden Funktion der Einbildungskraft gelangen, wissen sie sich doch beide dem transzendentalen Denkansatz KANTs verpflichtet, der der Mittlerrolle der Einbildungskraft zentralen Stellenwert zumißt, allerdings weder im Sinne eines die Tätigkeit der praktischen Vernunft vorbereitenden Übergangsvermögens (Schelling) noch im Sinne eines alle Theorie und Praxis übergreifenden Strebevermögens (Schiller). Die Einbildungskraft ist in Kants Philosophie eine synthetisierende Funktion der Urteilskraft, und zwar in besonderem Maß der theoretischen Urteilskraft. In der „Kritik der reinen Vernunft" weist Kant der Einbildungskraft ihren Ort zwischen Anschauung und Verstand an:

> „Einbildungskraft ist das Vermögen, einen Gegenstand auch ohne dessen Gegenwart in der Anschauung vorzustellen. Da nun alle unsere Anschauung sinnlich ist, so gehört die Einbildungskraft, der subjektiven Bedingung wegen, unter der sie allein den Verstandesbegriffen eine korrespondierende Anschauung geben kann, zur Sinnlichkeit; sofern aber doch ihre Synthesis eine Ausübung der Spontaneität ist, welche bestimmend, und nicht, wie der Sinn, bloß bestimmbar ist, mithin a priori den Sinn seiner Form nach der Einheit der Apperzeption gemäß bestimmen kann, so ist die Einbildungskraft sofern ein Vermögen, die Sinnlichkeit a priori zu bestimmen, und ihre Synthesis der Anschauungen, den Kategorien gemäß, muß die transzendentale Synthesis der Einbildungskraft sein."[8]

Das Produkt dieser zwischen sinnlichem Anschauungsmaterial und abstrakt-unsinnlichem Verstandesbegriff vermittelnden Tätigkeit der Einbildungskraft bezeichnet Kant als „Schema". Menschliche Erkenntnis als gehaltvolles Wissen ist nur aufgrund des schematisierenden Verfahrens der Einbildungskraft

7. Ib. S. 57. – Hölderlin, der sowohl Schillers als auch Schellings „Briefe" kannte, faßte den Plan, „Neue Briefe über die ästhetische Erziehung des Menschen" zu schreiben, in denen er Schellings Primat des Praktischen verwarf und im Anschluß an Schiller der Einbildungskraft – dem „ästhetischen Sinn" – den Vorrang zuerkannte. „In den philosophischen Briefen will ich das Prinzip finden, das mir die Trennungen, in denen wir denken und existiren, erklärt, das aber auch vermögend ist, den Widerstreit verschwinden zu machen, den Widerstreit zwischen dem Subject und dem Object, zwischen unserem Selbst und der Welt, ja auch zwischen Vernunft und Offenbarung, – theoretisch, in intellectualer Anschauung, ohne daß unsere praktische Vernunft zu Hilfe kommen müßte. Wir bedürfen dafür ästhetischen Sinn." Hölderlin hat diesen Plan nicht ausgeführt. (Friedrich Hölderlin: Briefe, hg. v. A. Beck, in: Sämtliche Werke, Bd. 6,1, Stuttgart 1954, S. 203)

8. Immanuel Kant: Kritik der reinen Vernunft, B 151 f.

möglich, denn die Verstandestätigkeit ist isoliert für sich betrachtet ein bloßes Denken ohne Inhalt (Begriffe ohne Anschauungen sind leer), so wie die Anschauung isoliert für sich betrachtet ein bloßes Aufsicheinwirkenlassen einer regellosen Mannigfaltigkeit ist (Anschauungen ohne Begriffe sind blind). Die Einbildungskraft bringt Gedachtes und Angeschautes in ein „Bild", indem einerseits der Begriff anschaulich gemacht, d.h. als auf eine bestimmte Klasse von empirischem Material bezogen vorgestellt wird, und andererseits das durch die Anschauung Gegebene begrifflich aufgearbeitet, d.h. nach typischen Merkmalen strukturiert und als repräsentativ für eine bestimmte Klasse von empirischem Material vorgestellt wird. Vermittels des Schemas werden somit zwei völlig ungleichartige Elemente in der Einheit eines Bildes aufeinander bezogen und einander so weit angenähert, daß eine objektive Erkenntnis in Form eines synthetischen Urteils entspringt. Diesen Vorgang der theoretischen Urteilsbildung im Schematismus der Urteilskraft beschreibt Kant auch als „Anwendung der Kategorie auf Erfahrungen" bzw. umgekehrt als „Subsumtion" der Erscheinungen unter die Kategorie.[9]

Wie es der Einbildungskraft gelingt, die heterogenen Tätigkeiten von Anschauung und Verstand zu schematisieren, ist für Kant „eine verborgene Kunst in den Tiefen der menschlichen Seele, deren wahre Handgriffe wir der Natur schwerlich jemals abraten, und sie unverdeckt vor Augen legen werden".[10] Wenn sich also diese Kunst auch letztlich dem analysierenden Zugriff entzieht, weil jede Analyse die synthetisierende Tätigkeit der Einbildungskraft immer schon voraussetzt[11], so erlaubt doch das Produkt dieser Tätigkeit – das Schema und die vermittels des Schemas gewonnene Erkenntnis – Rückschlüsse auf das Verfahren der Einbildungskraft. Entsprechend seiner Unterscheidung zwischen empirischer und reiner Erkenntnis (synthetischen Urteilen a posteriori und a priori) stellt Kant die Einbildungskraft entweder als rezeptives oder spontanes

9. KrV B 178

10. KrV B 181 f.

11. Auch Fichte geht in seiner Wissenschaftslehre vom Schweben der Einbildungskraft aus, die auf ein Zusammengesetztes zielt. In der „Transzendentalen Logik" hat er den Kantischen Ansatz dahingehend radikalisiert, daß er versuchte, das Wissen im ganzen von seinem Ursprung her genetisch zu konstruieren. „*Konstruktion* ist nun die Anleitung, durch Einbildungskraft den Begriff zu erfinden, daß die Evidenz sich einstelle." Konstruieren heißt für Fichte „sich einbilden", und da dieses Sicheinbilden ebensosehr ein Anschauen, ein Ersehen im Sinne von „hervorgehen sehen aus seinem Grunde", wie ein Denken ist, wird ihm alles, was ist, zum Bild, und das philosophische Nachdenken zum Bilden. „Die Erscheinung schaut sich hin als nach dem Gesetze ein Bild ihrer selbst. Kann dieses Bilden sich wieder bilden in einem neuen Bilden ... und so ins Unendliche fort? Nein, denn es geht eben auf im *absoluten Sichbilden* ... es ist in es hineingelegt ein Gesetz, daß es Bild sei seiner selbst." (Johann Gottlieb Fichte: Ausgewählte Werke in sechs Bänden, hg. v. F. Medicus, Bd. 6, Darmstadt 1962, S. 204, 155, 409, 209)

Vermögen dar, je nachdem ob die Elemente, die sie zur Einheit eines Bildes verbindet, überwiegend sinnlicher oder nichtsinnlicher Natur sind.

„Sofern die Einbildungskraft nun Spontaneität ist, nenne ich sie auch bisweilen die *produktive* Einbildungskraft, und unterscheide sie dadurch von der *reproduktiven*, deren Synthesis lediglich empirischen Gesetzen, nämlich denen der Assoziation, unterworfen ist.“[12]

Hat die Einbildungskraft es mit empirischen Begriffen zu tun, deren Materie aus der Anschauung stammt, so verfährt sie reproduktiv, d.h. sie bedient sich eines Schemas, das sie nicht aus sich selber hervorgebracht hat, sondern der Erfahrung entnimmt, etwa wenn sie einen einzelnen wahrgenommenen Baum auf den Begriff des Baumes bezieht. Hat die Einbildungskraft es dagegen mit reinen Verstandesbegriffen zu tun, so verfährt sie produktiv, d.h. sie bringt ein „reines“ Schema hervor, in welchem das dem Begriff korrespondierende materiale Moment nicht aus der Anschauung genommen ist, sondern aus der Einbildungskraft selbst stammt, die im Hinblich auf mögliche Erfahrung überhaupt dem Begriff eine „transzendentale Materie“[13] unterstellt, die die empirische Materie gleichsam vertritt und insofern eine gegenständliche Erkenntnis a priori begründet. Eine solche reine Materie, die a priori als Stellvertreter für Empirisches schlechthin fungieren kann, beinhalten die reinen Anschauungsformen Raum und Zeit, die die konstitutiven Bedingungen dafür sind, daß überhaupt etwas vermittels des äußeren oder inneren Sinns angeschaut werden kann. Die Leistung der produktiven Einbildungskraft besteht somit nach Kant darin, daß sie die Kategorien in die Zeit (als der umfassenderen der reinen Anschauungsformen) hinein schematisiert und damit dem an sich selber leeren Begriff „eine Beziehung auf Objekte, mithin eine Bedeutung“ verschafft.[14] So erhält z.B. die Kategorie der Substanz durch das „Bild“ der Beharrlichkeit objektive Bedeutung: „Das Schema der Substanz ist die Beharrlichkeit des Realen in der

12. KrV B 152 f. – Kants immanente Differenzierung der Einbildungskraft in ein produktives und ein reproduktives Vermögen war für die Poetik der englischen Romantik und ihre Lehre vom Unterschied zwischen „imagination“ und „fancy“ von großer Bedeutung. Vor allem Coleridge beschreibt die Phantasie als ein rezeptives Vermögen („an aggregative und associative power“), das subjektive Wahrnehmungen, Eindrücke und Gefühle willkürlich aneinanderreiht. Dieses durch die Phantasie gesammelte und aufbewahrte Material wird durch die schöpferische Imagination („The imagination, or shaping or modifying power ... reveals itself in the balance or reconciliation of opposite or discordant qualities“) so ins Objektive, Allgemeingültige transformiert, daß daraus ein überzeitliches, überindividuelles Kunstwerk hervorgeht. (Samuel Taylor Coleridge: Biographia Literaria or Biographical Sketches of My Literary Life and Opinions, ed. by G. Watson, London/New York 1956, S. 160)

13. KrV B 182

14. KrV B 185

Zeit, d.i. die Vorstellung desselben, als eines Substratum der empirischen Zeitbestimmung überhaupt, welches also bleibt, indem alles andere wechselt."[15]

Hat die Einbildungskraft im Rahmen der „Kritik der reinen Vernunft" erkenntnisbegründende Funktion, insofern sie durch ihre Produktion von Schemata Anschauungsmaterial und Verstandesbegriff in Form eines Bildes miteinander vermittelt und damit die theoretische Urteilskraft in den Stand setzt, synthetisch zu urteilen, spielt die Einbildungskraft im Kontext der „Kritik der praktischen Vernunft" keine Rolle, weil die praktische Urteilskraft es nicht mit Verstandesbegriffen zu tun hat, denen ein sinnliches Äquivalent entsprechen muß, sondern mit einem Vernunftbegriff – dem Begriff des Sittlichen –, der sich nicht schematisieren läßt.

> „Dem Gesetz der Freiheit (als einer gar nicht sinnlich bedingten Kausalität), mithin auch dem Begriffe des Unbedingt-Guten kann keine Anschauung, mithin kein Schema zum Behuf seiner Anwendung *in concreto* untergelegt werden. Folglich hat das Sittengesetz kein anderes die Anwendung desselben auf Gegenstände der Natur vermittelndes Erkenntnisvermögen als den Verstand (nicht die Einbildungskraft), welcher einer Idee der Vernunft nicht ein *Schema* der Sinnlichkeit, sondern ein Gesetz ... unterlegen kann, und dieses können wird daher den *Typus* des Sittengesetzes nennen."[16]

Anders also als die theoretische Urteilskraft bedarf die praktische Urteilskraft der vermittelnden Tätigkeit der Einbildungskraft nicht, d.h. um die Sittlichkeit menschlicher Handlungen beurteilen zu können, muß alles Sinnliche (hier in Gestalt von subjektiven Bedürfnissen, Neigungen, Interessen etc.) als Bestimmungsgrund gerade ausgeschlossen und die Maxime der Handlung daraufhin betrachtet werden, ob sie auch dann von jedermann bejaht werden könnte, wenn man sie sich als ein Naturgesetz, unter dem jeder unausweichlich steht, vorstellt.

Die ästhetische Urteilskraft schließlich ist wiederum wie die theoretische auf die Einbildungskraft angewiesen, jedoch nicht in erkenntnisbegründender Absicht, sondern zur Konstitution eines Geschmacksurteils. Im Kontext der „Kritik der Urteilskraft" hat die Einbildungskraft ihren Ort wie in der „Kritik der reinen Vernunft" zwischen Anschauung und Verstand, die sie miteinander vergleicht. „Wenn nun in dieser Vergleichung die Einbildungskraft (als Vermögen der Anschauungen a priori) zum Verstand (als Vermögen der Begriffe) durch eine gegebene Vorstellung unabsichtlich in Einstimmung versetzt und dadurch ein Gefühl der Lust erweckt wird", so wird der auf diese Weise vorgestellte Gegenstand nicht objektiv bestimmt, d.h. als wahr erkannt, sondern subjektiv (von jedem Subjekt) als zweckmäßig, d.h. als schön beurteilt.[17] Nur dort, wo die Einbildungskraft Lust im Sinne von interesselosem Wohlgefallen erzeugt,

15. KrV B 183
16. KpV A XLIV f.
17. KU C XLIV f.

ist sie als „Urheberin willkürlicher Formen möglicher Anschauungen" vollständig frei und schöpferisch tätig[18], weil sie „ohne Begriff schematisiert"[19] bzw. „den Begriff selbst auf unbegrenzte Art ästhetisch erweitert".[20] Ist die Einbildungskraft in der transzendentalen Rekonstruktion des Erkenntnisurteils nur bezüglich der Anschauungsformen frei (Freiheit vom Gesetz der Assoziation), bezüglich der Begriffe jedoch dem Zwang der Verstandesgesetze unterworfen, weil diese das Prinzip des schematisierenden Verfahrens sind, so ist sie in der transzendentalen Genese des Geschmacksurteils auch hinsichtlich der Verstandesbegriffe frei, weil sie sich bei der Hervorbringung des Schönen ausschließlich vom freien Spiel ihrer Kräfte leiten lassen kann. Die Freiheit der Einbildungskraft ist jedoch keine autonome Freiheit: sie gibt sich nicht selbst ein Gesetz. Ihre Freiheit besteht vielmehr darin, unter gar keinem, weder einem eigenen noch einem fremden Gesetz zu stehen. Da sie aber im ästhetischen Schematismus Anschauliches auf der einen Seite und Gesetzmäßigkeit überhaupt auf der anderen Seite bildhaft miteinander vermittelt, kann Kant die Besonderheit dieses Verfahrens als „eine Gesetzmäßigkeit ohne Gesetz, und eine subjektive Übereinstimmung der Einbildungskraft zum Verstande ohne eine objektive" beschreiben[21], denn im ästhetischen Urteil wird lediglich der Anspruch erhoben, daß die an einem Gegenstand empfundene Schönheit Ausdruck einer subjektiven Gemütsbestimmung, aber keine objektive (und als solche kategorial faßbare) Eigenschaft dieses Gegenstandes ist. Während also das erkenntnistheoretische Schema einen Begriff bzw. ein Gesetz durch bildhaft-anschauliche Übersetzung versinnlicht und damit dem Verstand ein Muster an die Hand gibt, wie er zu wahren Urteilen über das empirisch Gegebene gelangen kann, stellt das ästhetische Schema bildhaft-schöpferisch etwas dar, für das es kein begriffliches Korrelat gibt. Gleichwohl signalisiert es – im Abweis der Zuständigkeit des Verstandes – eine harmonische Übereinstimmung zwischen den Vermögen der Anschauung und des Denkens insgesamt und ermöglicht damit dem Geschmack ein begründetes Urteil über das Schöne.

Dieser kurze Überblick über den Stellenwert der Einbildungskraft im Zusammenhang einer transzendentalen Analyse der menschlichen „Seelenvermögen" macht bereits deutlich, daß Einbildungskraft eine unverzichtbare „Bedingung der Möglichkeit" von grundlegenden Tätigkeiten ist, durch die sich der Mensch als Mensch auszeichnet. Ohne die vermittelnde Funktion der Einbildungskraft kann der Mensch nach Kant weder erkennen noch genießen; er wäre dualistisch gespalten in ein Sinnen- und ein Verstandeswesen, die beziehungslos nebeneinanderstünden und eine nur in der Synthesis der Erfahrung herstellbare

18. KU C 69
19. KU C 146
20. KU C 194
21. KU C 69

Identität verhinderten. Für Schelling kann der Mensch ohne Einbildungskraft nicht sittlich handeln; Theorie und Praxis blieben zwei unzusammenhängende und als solche völlig sinnlose menschliche Tätigkeiten.[22] Und Schillers Konzeption zufolge könnte der Mensch ohne Einbildungskraft gar nicht Mensch sein; er wäre ein bloßes Bündel unkoordinierter Triebe, die sich gegenseitig bekämpften. Aus transzendentaler Sicht stellt sich somit der menschliche Seinsvollzug als stark eingeschränkt, wenn nicht gar als völlig unmöglich dar, wenn von der Einbildungskraft als synthetisierendem, vermittelndem oder koordinierendem Vermögen abstrahiert wird, d.h. Einbildungskraft muß als konstitutiv für den Begriff des Menschseins gedacht werden.

Doch wie verhält es sich mit der Wirklichkeit menschlichen Seins, wie stellt sich die notwendige Bedingung der Möglichkeit des Menschseins im Zusammenhang mit Bedingungen der Wirklichkeit dar? Oder anders gefragt: Ist die Einbildungskraft nicht nur eine notwendige, sondern auch eine hinreichende Bedingung des menschlichen Seinsvollzugs? Diese Fragen gehen über den transzendentalphilosophischen Ansatz hinaus und verlangen nach einer Antwort, wie sie insbesondere in der Existenzphilosophie exemplarisch gegeben worden ist. Vor allem KIERKEGAARD war es, der die Bedeutung der Phantasie nicht nur in erkenntnistheoretischer, ethischer, ästhetischer und religiöser Hinsicht reflektiert, sondern ihre Gefahr schmerzhaft in seiner eigenen Existenz erfahren und durchlitten hat.

> „Christlich betrachtet ist (trotz aller Ästhetik) jede Dichterexistenz Sünde, die Sünde: daß man dichtet statt zu sein, daß sich jemand zum Guten und Wahren durch Phantasie verhält, anstatt das zu sein, was er ist, existentiell danach zu streben, es zu sein."[23]

Dieser dem Philosophen nicht weniger als dem Dichter drohenden Gefahr des Sichverlierens in einer der Wirklichkeit entrückten Gedankenwelt versuchte Kierkegaard dadurch zu begegnen, daß er nahezu sein gesamtes philosophisches Werk nicht unter seinem eigenen Namen veröffentlicht, sondern pseudonyme Verfasser als Autoren vorgeschoben hat, aus deren Selbstverständnis heraus die jeweilige Schrift entstanden ist. Diese durch die Zwischenschaltung von Pseudonymen erzeugte Distanz zwischen sich und seinem Werk ermöglicht es Kierke-

22. Eine besondere Rolle spielt die Einbildungskraft in den späteren, insbesondere in den naturphilosophischen Schriften Schellings. Bereits in der „Antikritik" vom 26. Okt. 1796 heißt es: „Die Bildersprache der Physik, wodurch eine *schematisirende* Einbildungskraft den Zusammenhang der Naturerscheinungen versinnlicht ..." (Intelligenzblatt der Allgemeinen Literatur-Zeitung, Nr. 165, Jena und Leipzig, 10.12.1796, S. 1408)

23. Die Krankheit zum Tode (KT). Zitiert wird nach: Sören Kierkegaard: Gesammelte Werke, übers. v. Emanuel Hirsch, Düsseldorf 1950 ff. Die etwas altmodisch klingende Übersetzung von Hirsch wurde unter Heranziehung der Ausgabe von H. Diem und W. Rest, dtv 6070, München 1976, korrigiert.

gaard, verschiedene, durch die jeweiligen Verfasser repräsentierte Existenzmöglichkeiten als von seiner persönlichen Existenzweise getrennte Modi des Existierens darzustellen, die zugleich den Leser dazu provozieren sollen, sein eigenes existentielles Selbstverständnis kritisch zu überprüfen. Zwar hat Kierkegaard, soweit sich dies anhand der biographischen Notizen in seinen Tagebüchern feststellen läßt, eine größere Affinität zu bestimmten Pseudonymen – so z.B. zu Johannes Climacus, dem erklärten Nichtchristen, der durch ein Gedankenexperiment an den ewige Seligkeit verheißenden Sprung in den Glauben heranzuführen sucht („Philosophische Brocken", „Abschließende unwissenschaftliche Nachschrift zu den Philosophischen Brocken"); zu dem Ästhetiker A, der sich in witzig-ironischer Selbstreflexion über seine verzweifelte Langeweile zu erheben bemüht („Entweder/Oder" I); zu Johannes de Silentio, dem Ritter der unendlichen Resignation, dem es nicht gelingt, die absurde Tat Abrahams nachzuvollziehen („Furcht und Zittern") –, doch enthalten auch und gerade die dialektischen Gegenpositionen – vertreten von Anticlimacus, dem dezidierten Christen, der sich zum Kritiker alles falsch verstandenen Christentums berufen fühlt („Die Krankheit zum Tode", „Einübung im Christentum"); des Ethikers B, eines klugen, nüchtern abschätzenden, manchmal anscheinend etwas spießigen Gerichtsrats, der den Sinn der moralischen Selbstbestimmung zu erläutern trachtet („Entweder/Oder" II) – von Kierkegaard als erstrebenswert erachtete Ziele. Gleichwohl hat sich nicht nur Kierkegaard ständig gegen eine vorschnelle Identifizierung mit den von ihm erfundenen Verfasserfiguren gewehrt, sondern auch die Pseudonyme selber betonen unablässig, daß die von ihnen mittels Phantasie und Reflexion entwickelten Zusammenhänge bereits eine Verfremdung des existentiellen Lebensvollzugs darstellen und es mithin ein Mißverstädnis wäre, wenn der Leser den weitgehend abstrakten und verwissenschaftlichten Gegenstand ihrer Ausführungen für die Sache selber hielte, die es lediglich intellektuell nachzuvollziehen, gleichsam als eine Art Denksport zu betreiben gilt. Vielmehr soll das Dargestellte als Möglichkeit begriffen werden, deren Distanz zur Wirklichkeit nur dadurch aufgehoben werden kann, daß der Leser als der einzelne, individuelle Mensch, der er ist, diese Möglichkeit in der zum Existenzvollzug verdichteten Einheit seines Denkens, Fühlens, Wollens und Handelns als *seine* Möglichkeit ergreift und existentiell realisiert oder als für ihn nicht realisierbar zurückweist.

Eng mit der Kategorie der Möglichkeit ist bei Kierkegaard die Tätigkeit der Phantasie verknüpft, auf deren existentialanthropologische Bedeutung vor allem Anticlimacus in seiner Schrift „Die Krankheit zum Tode" eingeht. Gleich an den Beginn der Abhandlung setzt er jene berühmt gewordene anthropologische Formel, in der menschliches Sein als Verhältnissein bestimmt wird.

> „Der Mensch ist Geist. Aber was ist Geist? Geist ist das Selbst. Aber was ist das Selbst? Das Selbst ist ein Verhältnis, das sich zu sich selbst verhält, oder ist das im

Verhältnis, daß das Verhältnis sich zu sich selbst verhält; das Selbst ist nicht das Verhältnis, sondern daß das Verhältnis sich zu sich selbst verhält."[24]

Menschliches Sein im Sinne geistigen Selbstseins meint nicht eine statische Beziehung zwischen gegensätzlichen Momenten; so verstanden wäre der Mensch nach Anticlimacus bloß „eine Synthese von Unendlichkeit und Endlichkeit, von Zeitlichem und Ewigem, von Freiheit und Notwendigkeit"[25], aber er wäre kein Selbst. Um er selbst zu sein, muß er sich tätig zu den seine Existenz konstituierenden Gegensätzen verhalten und in diesem Sichverhalten sich zugleich zu sich selbst zu verhalten. Der Mensch ist somit keine ursprüngliche Einheit, sondern ein Werdender, ein Existierender, der die Einheit seines Seins und damit sein Selbst je und je hervorbringen muß, indem er sich im Verhältnis zum Verhältnis verhält, d.h. indem er die Gegensatzstruktur seines Seins bejaht und insofern als etwas anerkennt, das er selbst gesetzt hat und daher auch selbst wieder aufzuheben vermag.

Der Akt des Sichselbstsetzens als ursprüngliche Selbstbestimmung, durch die der einzelne er selbst wird, ist jedoch kein absoluter Akt. Der Mensch ist nicht im Sinne einer causa sui schlechthinniger Urheber seines Seins; vielmehr steht sein Selbstseinkönnen unter einer Bedingung, die er nicht selbst gesetzt hat, und insofern ist sein Selbst ein „abgeleitetes, (von einem Anderen) gesetztes Verhältnis".[26] Durch diesen „Anderen" – dem Anticlimacus später den Namen „Gott" gibt – wird die Freiheit des Menschen an eine ihm unverfügbare Bedingung geknüpft, ohne daß dadurch seine Autonomie aufgehoben würde: Jemand wird nur dadurch er selbst, daß er sich selbst un-bedingt will. Aber er kann sich selbst nur unbedingt wollen als der, der er ist – und er ist ein von Gott gesetztes Verhältnis. Ohne Gott *kann* der Mensch nicht er selbst *sein*; ohne freie Bejahung seiner selbst *ist* er nicht er selbst. Die Bedingung der *Möglichkeit* (als notwendige Bedingung) seines Selbstseins liegt somit außerhalb seiner selbst in Gott, wohingegen die Bedingung der *Wirklichkeit* (als hinreichende Bedingung) seines Selbstseins in ihm selbst, in der Aktualität seiner freien Selbstbestimmung liegt. Anticlimacus drückt diesen Sachverhalt folgendermaßen aus: „im Sich-zu-sich-selbst-verhalten und im Es-selbstsein-wollen gründet sich das Selbst durchsichtig in der Macht, die es setzte."[27]

Die das individuelle menschliche Sein konstituierende und realisierende Verhältnisstruktur ist somit eine dreifache: Sichverhalten zu sich selbst, zum Grund seiner selbst (Gott) und zum anderen seiner Selbst (Welt, Mitmenschen). Dabei handelt es sich jedoch nicht um drei verschiedene Verhaltensweisen, die nacheinander oder in paralleler Koordination durchgespielt werden, sondern

24. KT 8
25. Ib.
26. KT 9
27. KT 10

um drei nur reflexiv voneinander abtrennbare Strukturmomente eines und desselben Sichverhaltens. Diese „das Selbst" als Subjekt hervorbringende Bewegung (des Erkennens, Wollens, Fühlens und Handelns) auf sich zu ist jedoch keine direkte, unmittelbare Tätigkeit, sondern wird durch das dieser Bewegung Entgegenstehende, sich der Integration in die Selbstwerdung Widersetzende gebrochen. Die Brechung erfolgt zum einen von seiten jenes Gott genannten übermenschlichen Wesens, das es dem einzelnen verwehrt, ausschließlich sich selbst als Urheber seiner selbst zu verstehen, zum anderen von seiten jener zur Objektivität verfestigten Welt der Menschen und Dinge, die der einzelne nicht ausschließlich als Produkt seiner selbst zu verstehen vermag. Gleichwohl wird der Mensch nach Anticlimacus nur er selbst, wenn es ihm gelingt, das Nichtselbsthafte selbsthaft zu machen, Unendliches und Endliches, Mögliches und Notwendiges in der Innerlichkeit seiner Subjektivität so aufeinander zu beziehen, daß er sich diese Gegensätze aneignet, d.h. in der Einheit seines existentiellen Selbstvollzugs als aufgehoben setzt – somit *sich* im Verhältnis zum Verhältnis verhält. Indem er Gott als den sein Sein ermöglichenden Grund anerkennt und zugleich die Welt nicht bloß als eine ihm fremde, entgegenstehende Objektivität, sondern als ein geschichtliches Geschehen auffaßt, an dem er mitbeteiligt und durch das er schuldig geworden ist, wird er selbst als dieses bestimmte Individuum, das er nunmehr wissentlich, willentlich und gefühlsmäßig in seinem Handeln bejaht.

Ein Selbst werden heißt: sich selbst als Einheit von Verschiedenem, ja Heterogenem bestimmen und geschichtlich je und je konkretisieren. Das Selbst existiert nicht anders als in der Bewegung des Sichverhaltens, des in sich reflexen Selbstverhältnisses, durch das sich das In-dividuum in wörtlicher Bedeutung als ein Un-geteiltes, als eine in sich, durch sich und mit sich vermittelte Verhältniseinheit konstituiert. Konsequenterweise bezeichnet Anticlimacus den nicht geglückten oder mißlungenen Selbstvollzug als Ver*zwei*flung, denn anstatt sich zur Einheit mit sich selbst als Individuum zusammenzuschließen, entzweit sich das Selbst, wenn ein Mensch nicht er selbst sein will, sei es daß er nicht der sein will, der er ist, sei es daß er ein anderer als der sein will, der er ist.

Anticlimacus versucht das Phänomen der Verzweiflung als die Grundform der in sich zerrissenen Existenz durch eine Analogie zu verdeutlichen: durch die Analogie der Krankheit. Wie die Krankheit eine Art Störung des Gleichgewichts im Funktionsablauf des gesunden menschlichen Organismus darstellt, so bedeutet die Verzweiflung ein Mißverhältnis in der in sich reflexen Verhältnisstruktur individuellen Selbstseins. Anders jedoch als bei einer Krankheit, die man sich auch ohne eigene Schuld schlicht zugezogen haben kann, ist der Verzweifelte selber der Urheber seiner Verzweiflung. Das Mißverhältnis resultiert aus einem Fehlverhalten zu sich selbst: jemand *will* nicht er selbst sein, d.h. er leugnet entweder die Bedingtheit seines Seins durch Gott und damit das Gottesverhältnis als den tragenden Grund seines Selbstverhältnisses, oder er weigert sich, seine Vergangenheit als seine zur Faktizität verobjektivierte Tat anzuerkennen. In beiden Fällen schließt er mit der religiösen oder geschichtlichen Dimension seiner Existenz etwas aus, das zur Selbst-Konstitution im Sinne eines Verhältnisses, das sich zu sich selbst verhält, unverzichtbar ist.

Was die Verzweiflung weiterhin von einer gewöhnlichen Krankheit unterscheidet, ist dies, daß sie eine „Krankheit *zum* Tode" ist, eine „ohnmächtige Selbstauszehrung"[28], in der sich das Selbst weder endgültig los wird („stirbt") noch neu gewinnt („gesundet"), denn der Verzweifelte kann sich selbst nur loswerden kraft des Selbst, das er ist, aber ständig verneint. Aufgrund dieser in jedem Moment seines Existierens erneut zu vollziehenden Verneinung seiner selbst wird er nicht er selbst. Und selbst wenn es im gelänge, sich in einem radikalen Akt der Selbstverleugnung ein für allemal los- und ein anderer zu werden, würde er nicht er selbst, da er sich ja entschieden hat, ein anderer als er selbst (ein anderes Selbst) zu sein. Die paradoxe und qualvolle Situation des Verzweifelten ist die, daß er trotz aller Anstrengungen als ein selbst-loses Selbst existiert bzw. als ein Verhältnis, das sich nicht zu sich selbst verhält, also gerade nicht existiert, weil der Akt der Selbstsetzung immer zugleich durch eine gegenläufige Bewegung sabotiert und auf diese Weise der ursprüngliche Seins- und Identitätsvollzug im Ansatz abgebrochen wird.

In seiner Analyse der verschiedenen Formen der Verzweiflung kommt Anticlimacus des öfteren auf die Bedeutung der Phantasie zu sprechen, denn es zeigt sich, daß sowohl ein Zuviel als auch ein Zuwenig an Phantasie zur Verzweiflung führt, die Phantasie also eine wichtige Rolle im Prozeß der Selbstwerdung des Individuums spielt. Dieser Prozeß ist jedoch nicht linear als eine fortlaufende Entwicklung aufzufassen, sondern dialektisch als ein Verhältnis, d.h. als ein Geschehen, das immer zugleich auf sich zurückkommt. Selbstwerden ist ein stets von neuem zu vollziehender Freiheitsakt und als solcher zugleich ein Akt der Selbstbindung. Menschliche Freiheit ist für Anticlimacus nicht als absolute, sondern nur als gebundene, sich an das Selbst bindende Freiheit denkbar.

> „Das Selbst ist aus Unendlichkeit und Endlichkeit gebildet. Aber diese Synthese ist ein Verhältnis, und ein Verhältnis, das, wenn auch abgeleitet, sich zu sich selbst verhält, das ist Freiheit. Aber Freiheit ist das Dialektische in den Bestimmungen Möglichkeit und Notwendigkeit."[29]

Freiheit im Sinne der Selbstrealisierung ist nur wirklich, wenn der Existierende die einander (begrifflich) ausschließenden Gegensätze von Unendlichkeit und Endlichkeit bzw. Möglichkeit und Notwendigkeit durch die Anstrengung seines Sichverhaltens in ein Verhältnis bringt und sich selbst als den Träger die-

28. KT 14
29. KT 25

ses Verhältnisses setzt, d.h. erkennend, wollend und fühlend hervorbringt. Kommt jedoch das Verhältnis als Selbstverhältnis nicht zustande, weil das Selbst eines der sein Sein konstituierenden Momente negiert, so verfehlt sich das Selbst und verzweifelt. Anticlimacus unterscheidet zwei Grundformen der Verzweiflung. Die erste ist die „Verzweiflung der Unendlichkeit", die daraus resultiert, daß das Selbst die Endlichkeit als das die Unendlichkeit Begrenzende, Konkretisierende nicht anerkennt und sich im Unendlichen verliert. „Die Verzweiflung der Unendlichkeit ist daher das Phantastische, das Grenzenlose."[30] Die Phantasie ist jenes Medium, das es dem Menschen ermöglicht, sich selbst zu transzendieren; geschieht dieser Überschritt jedoch nicht um des Selbst willen und in ständigem Rückblick auf das Selbst, so führt dieses „eine phantastische Existenz in abstrakter Unendlichmachung oder in abstrakter Isolation, ständig seines Selbst ermangelnd, von dem es sich mehr und mehr entfernt."[31]

> „Das Phantastische verhält sich freilich am nächsten zur Phantasie; aber die Phantasie verhält sich wiederum zu Gefühl, Erkenntnis, Willen, so daß ein Mensch phantastisch Gefühl, Erkenntnis, Willen haben kann. Die Phantasie ist überhaupt das Medium des Unendlichmachenden; sie ist keine Fähigkeit wie die anderen Fähigkeiten – wenn man so will, ist sie die Fähigkeit instar omnium. Welches Gefühl, welche Erkenntnis, welchen Willen ein Mensch hat, beruht doch schließlich und letztlich darauf, welche Phantasie er hat, das will besagen darauf, wie sie sich reflektieren, das heißt auf der Phantasie."[32]

Die Phantasie ist somit nach Anticlimacus jenes ausgezeichnete Grundvermögen, das in allen übrigen Tätigkeiten des Menschen als der Motor wirksam ist, der über das Beschränkte, Begrenzte hinaustreibt, doch so daß die Schranken so weit wie möglich hinausgeschoben, die Grenzen erweitert, aber nicht schlechthin übersprungen werden. Die Erkenntnis-, Willens- und Gefühlskräfte eines Menschen bestimmen sich nach dem Maß seiner Phantasie. Wird die Phantasie jedoch selbst maßlos, so entarten auch die von ihr abhängigen menschlichen Tätigkeiten und werden „phantastisch". So fundamental die Phantasie für die Gesamtheit menschlichen Selbstseins ist, so „unmenschlich" (selbst-los) ist für Anticlimacus die phantastisch entgrenzte, sich immer mehr von ihren Bedingungen entfernende und damit zunehmend abstraktere, ungeschichtlichere Existenz. Wenn Gefühl, Erkenntnis und Wille phantastisch werden[33], so bedeutet dies, daß das Selbst nicht mit sich als fühlendes, erkennendes, wollendes zurückkommt, sondern sein Fühlen, Erkennen und Wollen unendlich verströmt und dabei zugleich „*sich* verflüchtigt", weil der Halt, der feste Bezugspunkt, an den alle menschlichen Tätigkeiten in ihrem Sinn gebunden sind, aus den Augen gerät.

30. KT 26 ff.
31. KT 28
32. KT 26 f.
33. KT 53 f.

Kierkegaards Werk ist voll von Gestalten und Figuren, die eine solche „phantastische" oder – nach der Terminologie von „Entweder/Oder" – „ästhetische" und insofern verzweifelte Existenz führen. So ist z.B. Don Juan das personifizierte Prinzip sinnlichen Begehrens; aber dieses Begehren findet keine wirkliche Erfüllung, Don Juan treibt es von Frau zu Frau, ohne daß er je eine unüberbietbare Befriedigung empfände. Sein Fehler besteht darin, daß er sich nicht konkret einer individuellen Frau zuwendet, sondern abstrakt-phantastisch die Frau überhaupt begehrt, die er naturgemäß in keiner einzelnen Frau antrifft, und somit gezwungen ist, immer weiter zu suchen, obwohl er sich auf diese Weise immer mehr von sich selbst entfernt, ohne in seinem maßlosen Begehren seinem Phantasiegebilde von der Frau überhaupt auch nur im geringsten näher zu kommen.[34]

Auch die Existenz eines Philosophen kann phantastisch sein, dann nämlich, wenn er sich unendlich in seiner Theorie verliert und darüber sich selbst vergißt als denjenigen, der der Urheber der Theorie ist. Auf Hegel anspielend, drückt Anticlimacus diesen Irrtum folgendermaßen aus:

> „Ein Denker führt einen gewaltigen Bau auf, ein System, ein das ganze Dasein und die Weltgeschichte und so weiter umfassendes System – und betrachtet man sein persönliches Leben, so entdeckt man zu seinem Erstaunen dies Furchtbare und Lächerliche, daß er selbst diesen ungeheueren, hochgewölbten Palast persönlich nicht bewohnt, sondern eine Scheune nebenan oder eine Hundehütte oder höchstens die Portierwohnung."[35]

Ein drittes Beispiel für das Mißverständnis der phantastisch sich selbst negierenden Existenz ist im religiösen Bereich die Haltung des Mystikers, der ebenfalls sich selbst verliert, indem er danach strebt, in einem direkten Verhältnis zu Gott sich selbst zu erhöhen und alles Endliche hinter sich zurückzulassen. „Der Mystiker wählt sich selbst abstrakt, daher darf man sagen, er wähle sich fort und fort aus der Welt heraus; die Folge aber davon ist, daß er sich selbst nicht wieder in die Welt zurückwählen kann."[36]

Allen drei Beispielen ist gemeinsam, daß die Phantasie dem Gefühl, der Erkenntnis, dem Willen ein Unbedingtes als „Objekt" vorspiegelt, das sich dem menschlichen Zugriff immer wieder entzieht und den einzelnen jeweils in seiner emotionalen, kognitiven, voluntativen Tätigkeit so ausschließlich in Anspruch nimmt, daß er letztendlich im Begehren, Denken, Wollen dieses Objekts vollständig aufgeht, d.h. sich selbst aufgibt. Dies bedeutet jedoch ein Mißverständnis der Phantasie wie des Unbedingten gleichermaßen. Der Unbedingtheitsanspruch, den der einzelne aufgrund seines Hervorgegangenseins aus der göttlichen Freiheit an sich selbst richtet, ist nicht objektiv, sondern nur subjektiv

34. Vgl. dazu Entweder/Oder I 47 - 145: „Die unmittelbaren erotischen Stadien oder das Musikalisch-Erotische"

35. KT 41

36. E/O II 265

einlösbar. Jede Verdinglichung des Unbedingten in einem absoluten Objekt setzt einen unüberbrückbaren Hiatus zwischen Bedingtem und Unbedingtem, an dem der Mensch verzweifeln muß. Daher ist die Phantasie allein nicht das geeignete Medium zur *Realisierung* des Unbedingten, denn die Phantasie bringt kraft ihrer produktiven Tätigkeit das Unbedingte in ein Bild, macht es anschaulich und stellt es somit objektiv vor. Nun hängt es davon ab, ob der einzelne dieses Phantasiegebilde als eine Projektion seines eigenen Unbedingtheitsanspruchs in ein absolutes Objekt durchschaut oder nicht. Ist dies nicht der Fall, so verzweifelt er an der Unmöglichkeit, selbst absolutes Objekt zu werden bzw. sich mit dem absoluten Objekt zu vereinigen. Nur wer im absoluten Objekt sich selbst als Urheber wiedererkennt und dieses als ein Phantasieprodukt entlarvt, in dem sich der Unbedingtheitsanspruch des Menschen verbirgt, vermag die Objektivität dieses scheinbar unerreichbaren, unüberbietbaren Ziels aufzulösen und in das subjektive Geschehen individuellen Existierens zurückzuverwandeln. Das Unbedingte ist mithin nach Kierkegaards Verständnis niemals ein dem menschlichen Streben objektiv vorgegebens Ziel – dies wäre im Gegenteil eine zutiefst unmenschliche Annahme –, sondern die Qualität des Strebens selber, das aus sich heraus das Ziel allererst bestimmt: ein Selbst zu werden. Ein Selbst werden aber heißt: sich unbedingt zu sich selbst verhalten und alles Bedingte in die Unbedingtheit dieses Selbstverhältnisses einbeziehen. So verstanden erweist sich das Unbedingte nicht als ein Objekt, sondern als die dem menschlichen Existenzvollzug als Selbstverwirklichung zugrundeliegende Freiheit (die sich wiederum Gott verdankt). Solange die Phantasie ihre schematisierende Tätigkeit im Kontext eines existentiellen Selbstvollzugs ausübt, indem sie das Denken, Fühlen und Wollen eines Individuums unter dem unbedingten Anspruch des Selbstwerdens in ein der jeweiligen Situation (dem Bedingten) angemessenes, mit dieser sich veränderndes Bild bringt, so lange existiert der einzelne als ein Verhältnis, das sich im Verhältnis zu sich selbst verhält. Löst sich die Phantasie jedoch von der Existenz ab und projiziert die Unbedingtheit emotionalen, kognitiven und voluntativen Strebens in ein durch menschliches Handeln prinzipiell nicht tangierbares, unveränderliches Objekt, so resultiert daraus ein phantastisches Verhältnis, das sich nicht zu sich selbst verhält, weil es auf etwas schlechthin Nichtselbsthaftes fixiert ist.

Von der Verzweiflung der Unendlichkeit, die gewissermaßen aus einem Zuviel an Phantasie hervorgeht, unterscheidet Anticlimacus die Verzweiflung der Endlichkeit[37], die umgekehrt durch ein Zuwenig an Phantasie gekennzeichnet ist. Die Beschränkung auf das Endliche, Bedingte hat „Begrenztheit, Borniertheit"[38] zur Folge, d.h. auch hier wird der einzelne nicht er selbst, sondern eine

37. KT 29 ff.
38. KT 29

Zahl, eine Nummer in der unterschiedslosen Masse jener, die HEIDEGGER das „Man" nennt. Dies hat seinen Grund darin, daß bei dieser Form der Verzweiflung der Unbedingtheitsanspruch quantitativ mißverstanden wird in dem Sinn, daß Existieren soviel heißt wie: das fühlen, denken und wollen, was alle fühlen, denken und wollen. Das Wagnis des Selbstwerdens, der freien Selbstbestimmung wird dabei auf ein Minimum reduziert, der Spielraum des Möglichen, den die Phantasie im Hinblick auf die Wirklichkeit eröffnet, eingeengt. Prototyp einer solchen (Nicht-) Existenz ist für Anticlimacus der „Spießbürger".

> „Spießbürgerlichkeit ist Geistlosigkeit ...; aber Geistlosigkeit ist auch Verzweiflung. Der Spießbürgerlichkeit fehlt jede Bestimmung durch Geist, und sie geht im Wahrscheinlichen auf, worin das Mögliche sein bißchen Platz findet ... Ohne Phantasie, wie der Spießbürger immer ist, lebt er in einem gewissen trivialen Inbegriff von Erfahrungen, davon wie es zugeht, was da möglich ist, was wohl zu geschehen pflegt, ob der Spießbürger im übrigen Bierzapfer oder Staatsminister ist. ... Aber Phantasie hat der Spießbürger nicht, will sie nicht haben, verabscheut sie."[39]

Führt eine überschießende Phantasie dazu, daß sich das Selbst in einer unendlichen Bewegung auf ein absoultes Objekt zu abstrakt verflüchtigt, so hat ein Mangel an Phantasie die Konsequenz, daß das Selbst im Sichbestimmenlassen durch das Man untergeht. Beiden Formen von Verzweiflung ist somit gemeinsam, daß keine Selbstverwirklichung stattfindet; die Wirklichkeit des existentiellen Selbstvollzugs eines Individuums bleibt aus – im einen Fall, weil es den (grenzenlosen) Bereich des Möglichen nicht zur Wirklichkeit hin überschreitet, im anderen Fall, weil es im (begrenzten) Bereich des Faktischen verhaftet bleibt und ebenfalls den Überschritt auf die Wirklichkeit hin nicht wagt. Erst wenn Mögliches und Faktisches in einem Streben, das die Qualität der Unbedingtheit hat, so aufeinander bezogen werden, daß eines das andere be- bzw. entgrenzt, wird der auf diese Weise Existierende wirklich er selbst, insofern er den abstrakten Vorentwurf möglichen Selbstseinkönnens (seine Zukunft) im Hinblick auf sein faktisches So-und-nicht-anders-(geworden)-Sein (seine Vergangenheit) konkretisiert und als die Wirklichkeit (Gegenwart) seines individuellen Selbstseins hervorbringt.

Auch für Kierkegaard, so läßt sich zusammenfassend sagen, ist Phantasie der Name für jenes vermittelnde Grundvermögen, ohne das jede menschliche Tätigkeit (wie insbesondere Fühlen, Denken, Wollen) nicht als ein sinnvolles, in sich einheitliches Geschehen reflektiert werden könnte, wenn Bedingtes und Unbedingtes unmittelbar und beziehungslos nebeneinander stünden. Phantasie wird somit auch von Kierkegaard als Bedingung der Möglichkeit des menschlichen Seinsvollzugs im ganzen gedacht, und insoweit besteht kein – oder allenfalls ein terminologischer – Unterschied zum transzendentalanthropologischen Ansatz beim Begriff der Einbildungskraft. Kierkegaards weitergehendes Interesse

39. KT 38

gilt jedoch der Frage, welche Rolle die Phantasie im wirklichen Seinsvollzug des Menschen spielt, inwieweit sie also nicht nur eine notwendige Bedingung der *Möglichkeit*, sondern auch und vor allem eine hinreichende Bedingung der *Wirklichkeit* individuellen Selbstseins ist. Kierkegaard beantwortet diese Frage, indem er seine Analyse des *Begriffs* der Existenz durch exemplarische Schilderungen bestimmter Lebensweisen ergänzt und zeigt, daß Existieren (im Sinne von: man selbst werden) und Phantasie voneinander unabtrennbar sind, einander wechselseitig bedingen. Der Prozeß der Selbstwerdung gelingt nur nach Maßgabe des Findens der richtigen Mitte zwischen einem Zuviel und einem Zuwenig an Phantasie. Beide Extreme verfehlen das Selbst – das eine, weil es über das Selbst hinausschießt, das andere, weil es hinter ihm zurückbleibt. Nur der existiert wahrhaft als Mensch – und das heißt bei Kierkegaard; als er selbst –, der sich im Hinblick auf das Unbedingte zum Bedingten bzw. im Hinblick auf das Bedingte zum Unbedingten verhält und dabei der Phantasie die Aufgabe des Findens und Ins-Bild-Bringens der jeweils angemessenen Mitte zuweist. Wie das Existieren seine objektive Entsprechung im Bild der Phantasie hat, so hat die Phantasie ihre subjektive Entsprechung im Existenzvollzug, und subjektives und objektives Korrelat zusammengenommen machen die Wirklichkeit des Selbst in geschichtlicher Konkretion aus.

Peter Prechtl

PHANTASIE – EINE UNGENÜTZTE MÖGLICHKEIT

Die Vorstellung, die ungenützte Möglichkeit der Phantasie könne im Bereich der Erkenntnisformen liegen, müßte nicht lange auf das gehörige Echo Unverständnis warten. Für die einen drohte die Erkenntnis damit in „Sylvester-Faselei“[1] abzugleiten, den anderen stünde die Bedrohung bzw. der Verlust ihres letzten alternativen Lebensraumes durch die egg-heads vor Augen. Aber gerade der euphorische Gebrauch von „Phantasie“ als der Lebensform jenseits jeden zweck-rationalen Weltbezugs drängt einem die Frage nach den „erkenntniskritischen“ Möglichkeiten der Phantasie auf. Eine positive Antwort darauf könnte nicht ohne Folgen bleiben für eine philosophische Anthropologie.

Wenn die Phantasie nicht mehr den Bereich des Irrealen, des Phantastischen zuzurechnen ist, worin besteht der Realitätsgehalt und worin unterscheidet sie sich von der bloßen Wahrnehmung? In einem ersten Schritt versuche ich dieser Frage auf indirektem Wege nachzugehen. Cassirer hat mit seiner „Philosophie der symbolischen Formen“ einer bestimmten Fragerichtung den Weg gewiesen. Vom Weltbegreifen führt er über in ein „Weltverstehen“.[2] Die Erweiterung des Theoriebegriffs über die Gestaltungen des wissenschaftlichen Weltbildes der sogenannten exakten Wissenschaften hinaus auf die Gestaltungen des „natürlichen Weltbildes“ und des „mythischen Weltbildes“ erschloß die These von den verschiedenen Strukturformen der Wirklichkeitserfassung mit je eigentümlicher und selbständiger Prägung. Die Mehrdimensionalität der geistigen Welt artikuliert sich in Sprache, Mythos und Kunst.[3] Einerseits sind sie Möglichkeiten der Wirklichkeitserfassung, andererseits (objektivierte) Träger von Phantasie. Der Cassirerschen Frage nach der Funktion dieser drei Denkarten schließt sich die Frage der „Funktion“ der Phantasie an. Als Problemhorizont soll sie weitergeführt werden in den Darstellungen von Phantasie bei Scheler und bei Gehlen.

1. siehe Titel eines Beitrages von Hans Albert zu Feyerabend, in: Hans Peter Duerr (ed.), Versuchungen – Aufsätze zur Philosophie Paul Feyerabends Bd. I, Frankfurt 1980

2. Ernst Cassirer, Philosophie der symbolischen Formen, Bd. III: Phänomenologie der Erkenntnis, Darmstadt 1964, S. 16

3. ebd., S. 64

I. Cassirer – „Philosophie der symbolischen Formen"

Formen der Wirklichkeitserfassung

Cassirer weiß sich mit Kant eins, daß der Gegenstand wissenschaftlicher Erkenntnis nicht als ein nacktes Ansich unabhängig von den wesentlichen Kategorien der Naturerkenntnis anzusehen ist, sondern sich erst in seiner jeweiligen Form durch diese Kategorien konstituiert. Mit dieser Einsicht wurde der Anspruch aufgegeben, die Wissenschaft oder die „Erkenntnis" könne eine „unmittelbare" Erfassung und Wiedergabe des Wirklichen bieten. Selbst die Objektivierung der Wissenschaft ist ein Vermittlungsprozeß. In der Konsequenz dieser Ansicht liegt dann, daß die Bestimmung des Erkenntnisgegenstandes immer nur durch das Medium einer eigentümlichen logischen Begriffsstruktur erfolgen kann. Einer Verschiedenheit der Medien fügt sich demzufolge eine verschiedene Konstituierung des Subjekts, d.h. ein verschiedener Sinn gegenständlicher Zusammenhänge an.[4]

Diese Einsicht des Vermittlungscharakters jeder Objekterkenntnis macht Cassirer auch für andere „Gestaltungsweisen" des Menschen geltend. Neben der Form der „intellektuellen Synthesis", die sich im System wissenschaftlicher Begriffe darstellt und auf die Einfügung des Besonderen in eine universelle Gesetzesform gerichtet ist, lassen sich noch andere Weisen der „Objektivierung" finden, die die Subsumtion eines Individuellen unter ein Allgemeines auf anderem Wege als dem der logischen Begriffsbildung bewerkstelligen.

„Jede echte geistige Grundfunktion hat mit Erkenntnis den einen entscheidenden Zug gemeinsam, daß ihr eine *ursprünglich-bildende* (Hervh. v. m.), nicht bloß eine nachbildende Kraft innewohnt. Sie drückt nicht bloß passiv ein Vorhandenes aus, sondern sie schließt eine selbständige Energie des Geistes in sich, durch die das schlichte Dasein der Erscheinung eine bestimmte ‚Bedeutung', einen eigentümlichen ideellen Gehalt empfängt. Dies gilt für die Kunst, wie es für die Erkenntnis gilt; für den Mythos wie für die Religion. Sie alle leben in eigentümlichen Bildwelten, in denen sich nicht ein empirisch Gegebenes einfach widerspiegelt, sondern die sie vielmehr nach einem selbständigen Prinzip hervorbringen. Und so schafft auch jede von ihnen sich eigene symbolische Gestaltungen, die den intellektuellen Symbolen, wenn nicht gleichartig so doch ihrem geistigen Ursprung nach ebenbürtig sind."[5]

Der Vielfalt der Erscheinungen korrespondiert nun eine Mannigfaltigkeit und Verschiedenheit der Erkenntnisfunktionen. Die Verschiedenheit der Auffassungsweisen findet ihre Entsprechung in den unterschiedlichen Weisen der „Objektivierung", des „Wirklichen". Gemeinsam ist diesen „Erkenntnisweisen"

4. ders., Philosophie der symbolischen Formen, Bd. I: Die Sprache, a.a.O., S. 6 f.
5. ebd., S. 9

des symbolischen Denkens, des mythisch-religiösen Denkens und der künstlerischen Anschauung die Verdichtung des Gestaltungsmoments zu einem „objektiven Sinnzusammenhang" und einem „objektiven Anschauungsganzen".[6] Um das Moment der Aktivität dieses Gestaltungsprozesses zu betonen, spricht Cassirer nicht von einer Gestaltung *der* Welt, sondern von einer Gestaltung *zur* Welt.[7]

So drückt sich in den Inhalten der Kultur eine ursprüngliche Tat des Geistes aus. Der Inhalt des Kulturbegriffs läßt sich nicht von den Grundformen und Grundrichtungen des „geistigen Produzierens" lösen: „Das ‚Sein' ist hier nirgends anders als im ‚Tun' erfaßbar."[8]

Beispielsweise gibt es nur aufgrund der ästhetischen Phantasie und Anschauung ein Gebiet ästhetischer Gegenstände; dasselbe gilt für den mythisch-religiösen Bereich.

Cassirer kommt es nun nicht auf eine Darstellung der verschiedenen Einzelinhalte von Kultur, sondern auf ein allgemeines Formprinzip an. Seiner philosophischen Ansicht nach müßte es möglich sein, die genannten verschiedenen Denkrichtungen auf einen einheitlichen Mittelpunkt, auf ein ideelles Zentrum zu beziehen. Dieses Zentrum ist nicht in einem gegebenen Sein zu finden, sondern in einer gemeinsamen „Aufgabe" zu suchen. „Die verschiedenen Erzeugnisse der geistigen Kultur, die Sprache, die wissenschaftliche Erkenntnis, der Mythos, die Kunst, die Religion werden so, bei all ihrer inneren Verschiedenheit, zu Gliedern eines einzigen großen Problemzusammenhangs, – zu mannigfaltigen Ansätzen, die alle auf das eine Ziel bezogen sind, die passive Welt der bloßen Eindrücke, in denen der Geist zunächst befangen scheint, zu einer Welt des reinen geistigen Ausdrucks umzubilden."[9] Cassirers philosophische Intention richtet sich auf die „innere Form" von Sprache, Mythos, Kunst und wissenschaftlicher Erkenntnis als das „bedingende Gesetz ihres Aufbaus".[10]

Es zeichnet sich ab, daß die phänomenologische Betrachtungsweise Cassirers eine verobjektivierende Tendenz annimmt. Die phänomenologische Perspektive nimmt die verschiedenen kulturellen Erscheinungen als „objektiven Geist" hin, sie fragt nach dem jeweils bedingenden Gesetz ihres Aufbaus, nach der spezifischen Strukturierung der Welt, den jeweiligen Formprinzipien. Die Frage nach der Funktion und der gemeinsamen Aufgabe von symbolischem, mythischem Denken und ästhetischer Anschauung wird nur nach der Seite der verobjektivierten Ausdrucksformen hin, in denen die Welt gestaltet wird, thematisiert. Die implizit vorhandene andere Seite derselben Fragerichtung bleibt unberücksichtigt.

6. ebd., S. 11
7. ebd.
8. ebd.
9. ebd., S. 12
10. ebd.

Vorläufig würde ich diesen anderen Aspekt so formulieren: Im Unterschied zum wissenschaftlich-theoretischen Denken ist den genannten anderen Denkformen „Phantasie" als wesentliches Moment eigen. Welche Funktion hat es für den Menschen sich der phantasiehaften Denkformen zu „bedienen"?

Man kann mit einer epistemologischen Antwort, die auf den unterschiedlichen „Wahrheitsgrad" dieser Denkweise im Vergleich zum wissenschaftlichen Erkennen hinweist, oder auch einer historisierend-erkenntniskritischen Antwort, die auf die verschiedenen kognitiven Entwicklungsstufen in der Bewältigung der Welt abhebt, diese Frage abtun. Beides akzeptiert Cassirer gerade nicht, da er dem quantitativen Unterschied, der Parole des „Mehr" oder „Weniger" der Objektivationen die Mehrdimensionalität der geistigen Welt, die *spezifische*, nicht – quantitative Differenz innerhalb der möglichen Objektivationsstufe entgegenhält.[11]

Ich möchte diese gestellte Frage auch in der Formulierung noch offener gestalten: Welche Funktion, Bedeutung, Sinn oder Wert hat es für den Menschen, wenn er sich „phantasiehafter" Denkformen bedient?

Damit vollziehe ich bereits die Wendung von einer „Kritik der Kultur" als „Geisteswissenschaft" hin zu einer Thematisierung der Phantasie als anthropologisches Problem. Daß die Frage nicht zu Unrecht an die Phänomenologie der symbolischen Formen gestellt ist, will ich bei der Darstellung der verschiedenen Formen des „Weltverstehens" zeigen.

Cassirers Anspruch ist es, die transzendentale Fragestellung Kants in modifizierter Form über das rein wissenschaftliche Weltbegreifen auf alle „Richtungen des Weltverstehens"[12] auszudehnen. Er suchte dies in der Vielgestaltigkeit des Weltverstehens, in seiner Gesamtheit und der inneren Unterschiedenheit seiner Äußerungen zu erfassen. Von daher gewann er auch die Einsicht, daß das „Verstehen" der Welt kein bloßes Aufnehmen, „kein Wiederholen eines gegebenen Gefüges der Wirklichkeit" ist, sondern eine „Aktivität des Geistes" in sich schließt.[13]

In der sinnlichen Anschauung liegt nicht nur die Möglichkeit des exakten Begreifens und der Systematisierung der Erfahrung, sondern auch die Möglichkeit anderer Formen des „Begreifens" mit anderer Prägung und Sinnrichtung, z.B. die symbolischen und mythischen „Begriffe". Allen ist ein jeweils spezifischer Charakter und eine bestimmte Bedeutsamkeit eigen.[14] Die Bildwelt des Mythos, die Lautgebilde der Sprache und die begrifflichen Zeichen der exakten Erkenntnis bestimmen je eine eigene Dimension der Darstellung.[15] Die Grundform des

11. ders., a.a.O., Bd. III, S. 64
12. ebd., S. 16
13. ebd., S. 16f.
14. ebd., S. 17f.
15. ebd., S. 56

symbolischen Erfassens und symbolischen Gestaltens besitzt eine andere Prägung als die Form des begrifflich abstrakten Denkens.

Wirklichkeit als Welt der Ausdrucksphänomene

Die Wirklichkeit konstituiert sich nicht aus einer bestimmten *Dingwelt*, die uns gegenübersteht, sondern durch eine „lebendige Wirksamkeit" die wir erfahren.[16] Wenn sich nicht in bestimmten Wahrnehmungs*erlebnissen* ein Ausdrucks-Sinn zeigte, „bliebe das Dasein für uns stumm".[17] Allein aus der bloßen Sach-Wahrnehmung könnte Wirklichkeit nicht gefolgert werden. Der Zugang zur Wirklichkeit ist für uns nicht über die Empfindung als sinnlichem Datum möglich, sondern durch das ausdrucksmäßige „Verstehen". Zum wesentlichen Bestand der Wahrnehmung gehört mit dem Inhalt ihrer Empfindung ihr bestimmter Ausdruckscharakter. Der Ausdruckscharakter gibt der Wahrnehmung gleichsam die „Farbe der Realität", die sie erst zu einer Wahrnehmung der Wirklichkeit macht.[18] – Gerade im Mythos findet Cassirer eine Welt, „die zwar keineswegs ohne Struktur, ohne immanente Gliederung ist, die aber die Gliederung der Wirklichkeit nach ‚Dingen' und ‚Eigenschaften' noch nicht kennt".[19] – Die Entwicklungspsychologie charakterisiert diese „primitive" Wahrnehmung als „diffus" und „komplex". – Der Ausdrucks-Sinn haftet an der Wahrnehmung selbst. Er wird in ihr erfaßt und unmittelbar „erfahren". Der bestimmte Charakter jeder Erscheinung wird nicht erst erschlossen, sondern kommt ihr unmittelbar selbst zu. Die Erscheinung „trägt in sich die Züge des Düsteren oder Heiteren, des Erregenden oder Sänftigenden, des Beruhigenden oder Furchteinflößenden."[20]

Der „Sinn" der Welt wird noch als reiner Ausdrucks-Sinn genommen. Für Cassirer liegt im reinen Ausdruckserlebnis die primäre Form des Wirklichkeitsbewußtseins. – Von hier aus vollzieht sich die Entwicklung zur höheren Form der Weltansicht. Der Leitfaden und die Richtschnur für diesen Fortgang ist in den objektiven Gestaltungen der geistigen Kultur zu finden. –[21]

Alles Sinnhafte des primären Ausdruckserlebnisses wie auch der Sprache wurzelt in der Schicht des Affekts und der sinnlichen Erregung und wird immer auf sie zurückbezogen. Als Beispiele führt Cassirer an, daß Eigenschaftsworte bei Kleinkindern (unter 2 Jahren) innere Zustände ausdrückten, daß Bejahung

16. ebd., S. 86
17. ebd.
18. ebd., S. 86
19. ebd., S. 71
20. ebd., S. 85
21. ebd., S. 125

und Verneinung als Ausdruck affektiver Stellungnahme des Kindes anzusehen seien.[22]

Für Cassirer liegt in der geistigen „Trias" 1) der reinen Ausdrucksfunktion, 2) der Darstellungsfunktion der symbolischen Sprache und 3) der Bedeutungsfunktion der begrifflich-theoretischen Sprache die Möglichkeit der Anschauung einer gegliederten Wirklichkeit.[23]

Ich will nicht dem Bereich der Bedeutungsfunktion der begrifflich-theoretischen Sprache jegliche Phantasie-Möglichkeit absprechen, wenn ich mich im folgenden auf die reine Ausdrucksform und die Darstellungsfunktion der symbolischen Sprache konzentriere. Im Besonderen geht es mir um den Subjektbegriff und den Wirklichkeitsbegriff dieser beiden Formen der Wirklichkeitserfassung.

„Gestaltenwelt" des Mythos

In der Darstellung des reinen Ausdruckssinnes – deren „lebendiger Mittelpunkt der Mythos ist"[24] – zeigt sich die Unangemessenheit eines abstrakten Dingbegriffs. Der Dingbegriff erwies sich für das Verständnis der Ausdrucksphänomene als untauglich, da er einer späteren Form des Weltbegreifens, der begrifflichen Erkenntnis entnommen ist. Alle Gebilde des Mythos bewegen sich in einer einzigen „Seins-Ebene", „in der sie ihr volles Genüge finden".[25] Im Mythos läßt sich nicht sinnvoll eine Differenzierung zwischen „Realem" und „Irrealem", zwischen „Möglichkeit" und „Schein" treffen. „So ist in der Welt des Mythos jegliche Erscheinung immer und wesentlich Inkarnation. Das Wesen verteilt sich hier nicht auf eine Mannigfaltigkeit möglicher Darstellungsweisen, deren jede ein bloßes Bruchstück von ihm enthält, sondern es manifestiert sich in der Erscheinung als Ganzes, als ungebrochene und unzerstörliche Einheit. Eben dieser Sachverhalt ist es, der sich in „subjektiver" Wendung dahin aussprechen läßt, daß die Erlebniswelt des Mythos nicht sowohl in darstellenden oder bedeutungsgebenden Akten, als vielmehr in reinen Ausdruckserlebnissen fundiert ist."[26]

Das jeweilige Phänomen innerhalb des Mythos hat den Charakter echter Präsenz, statt sich nur mittelbar zu vergegenwärtigen in Form symbolischer Repräsentation. „Wirklichkeit" ist hier nicht ein Inbegriff von Dingen, die mit bestimmten Merkmalen und Kennzeichen versehen sind, an denen sie sich identifizieren und untereinander unterscheiden lassen. Von den reinen Ausdruckscharakteren ist nicht erst auf eine Wirklichkeit zu schließen, sondern sie selbst

22. ebd., S. 128
23. ebd., S. 118
24. ebd., S. 79
25. ebd.
26. ebd., S. 80

tragen schon die unmittelbare Farbe der Wirklichkeit an sich. „Denn sie allein sind es, die das Bewußtsein in dieser Phase seiner Entwicklung vollständig erfüllen. Noch besteht kein anderer Maßstab des Seins, der objektiven ‚Gültigkeit', der ihnen diesen Anspruch strittig machen oder verkümmern könnte. Wo das Leben noch ganz im Phänomen des Ausdrucks verharrt, da befriedigt es sich auch in ihm, – da hat es den Gedanken der ‚Welt' noch in keiner anderen Form konzipiert als derart, daß ihm die Welt zur Gesamtheit möglicher Ausdruckserlebnisse und gleichsam zu ihrer Bühne und ihrem Schauplatz wird."[27]

Diese „Art" der Wirklichkeit muß nun ihre Entsprechung finden in einem „passenden" Subjektbegriff. Die Vorstellung eines „Ich" als eines belebten und handelnden Subjekts kann erst am Ende des mythischen Formungsprozesses stehen. Der mythische Gestaltenwandel hebt auch das Ich in seiner Einheit und Einfachheit auf. „Das Ganze der Wirklichkeit wird mehr als ein einzelner Teil desselben, bildet vielmehr eben dieses Subjekt."[28]

Symbol – symbolhafte Sprache

Im Mythos wurde der Strom der Gefühlswelt und affektiven Erregungen in die Einheit eines „Bildes" gebannt. Ein Moment der Ruhe und der inneren Beständigkeit wird erst erreicht, wenn dieses Bild über sich hinaus ist, wenn es zur „Darstellung" wird. In der Darstellung wird eine bestimmte Wesenheit ergriffen und repräsentiert. Der Symbolbegriff (Cassirers) umfaßt das „Ganze jener Phänomene", in denen überhaupt eine „Sinnerfüllung" des Sinnlichen sich darstellt. Ein Sinnliches stellt dann immer in der Art seines jeweiligen Daseins die Verkörperung und Manifestation eines Sinnes dar.[29] Cassirer bezeichnet auch dieses symbolische Grundverhältnis – neben dem reinen Ausdruckerleben – als ein „echtes Urphänomen", das sich als konstitutives Moment in allem „Wissen" von Gegenstand aufweisen läßt.[30]

Die Art, in der ein Wahrnehmungserlebnis, als „sinnliches" Erlebnis, zugleich einen bestimmten nicht-anschaulichen Sinn in sich faßt und mit ihm zur unmittelbaren konkreten Darstellung bringt, belegt Cassirer mit dem Ausdruck „symbolische Prägnanz". „Diese ideelle Verwobenheit, diese Bezogenheit des einzelnen, hier und jetzt gegebenen Wahrnehmungsphänomens auf ein charakteristisches Sinnganzes, soll der Ausdruck der Prägnanz bezeichnen."[31] Bei der symbolischen Prägnanz handelt es sich nicht um eine quantitative Anhäufung einzelner Wahrnehmungsbilder oder um assoziative Verbindungen und Verkoppelungen dieser Wahrnehmungsbilder. Der „symbolische Prozeß" gleicht einem

27. ebd., S. 99f.
28. ebd., S. 84
29. ebd., S. 109
30. ebd., S. 144
31. ebd., S. 235

„einheitlichen Lebens- und Gedankenstrom", „der das Bewußtsein durchflutet, und der in dieser seiner strömenden Bewegtheit erst die Vielfältigkeit und den Zusammenhang des Bewußtseins, erst seine Fülle wie seine Kontinuität und seine Konstanz zuwege bringt".[32] Es ist immer eine geformte "Gesamt-Anschauung" die als objektiv bedeutsames Ganzes, als erfüllt mit gegenständlichen „Sinn", vor uns steht.[33] Die Wirklichkeit ist schon immer sinnhaft strukturierte und repräsentierte Empfindungswelt. Eine „bloße Empfindung" außerhalb und vor jeder Art von Gestaltung wäre eine leere Abstraktion. Das „Gegebene" muß immer schon unter einer bestimmten Hinsicht genommen und erfaßt sein. Die besondere Hinsicht ist es, die dem Gegebenen seinen „Sinn" verleiht. Diesen Akt der ursprünglichen Formung nennt Cassirer einen Akt „symbolischer Ideation".[34] Das, was als Wirklichkeit zu bezeichnen wäre, wird nicht von irgendeinem Material her bestimmt, sondern jede Art der Wirklichkeitssetzung unterliegt einem bestimmten Motiv der symbolischen Formung.[35]

In diesem Zusammenhang die Frage nach dem Subjekt zu stellen, heißt nach dem Sinn-Träger der symbolischen Welterfassung zu fragen. Die phänomenologische Betrachtungsweise Cassirers läßt nicht erkennen, wo der Sinn der symbolischen Formung seine Grundlage hätte. Bei der Cassirerschen Erörterung der symbolischen Gestaltungsform der Wirklichkeit wird die Thematisierung von „Phantasie" im Hinblick auf „Wirklichkeit" und „Subjekt" ein schwieriges Unterfangen. Außer der Bestimmung des Sinnzusammenhangs bietet Cassirer keine weiteren Bestimmungsstücke des symbolhaften Denkens, mittels derer sich der Spielraum für Phantasie innerhalb des symbolischen Denkens im Gegensatz zum begrifflich-theoretischen Denken ausmachen ließe. Da im symbolischen Denken das Subjekt nicht mehr wie im mythischen Denken ununterscheidbar ist von seinen Ausdruckserlebnissen, wird die Differenzierung zwischen „Realem" und „Irrealem" gerade im Hinblick auf „Phantasie" und „Sinnzusammenhang" aktuell.

Zwei Bestimmungen von Subjektivität können für das symbolhafte Weltbegreifen bei Cassirer festgehalten werden:

Auch für das symbolhafte Welterfassen gilt der Bereich der „konkreten Subjektivität" statt der „abstrakten" (innerhalb des theoretischen Erkenntnisbereichs) und gilt der Bereich der „Lebensform" statt der „Denkform". Die Subjektivität verharrt nicht – wie noch im Mythos – in der „fließend immer gleichen Reihe der Erlebnisse"[36]. Die Reihe der Erlebniswirklichkeit wird zu einem gestalteten Dasein – bestimmte Gestaltungen bilden sich, die als deut-

32. ebd.
33. ebd., S. 144
34. ebd., S. 155
35. ebd., S. 102
36. Cassirer, a.a.O., Bd. III, S. 106

lich markierte Hauptmomente festgehalten werden.[37] In der gestalteten Erlebniswirklichkeit findet sich der Mensch dann als Subjekt in Form eines „monadischen Mittelpunkts des vielgestaltigen Daseins".[38]

Für den „funktionellen Unterschied" bleibt festzuhalten: Der reinen Ausdrucksfunktion des Mythos, dem reinen „Bild" des Lebens folgt die Darstellungsfunktion der Sprache. Offensichtlich ordnet sich in der symbolhaften Sprache die Welt der Gegenstände noch in einem größeren Ausmaß den Lebenserscheinungen zu als es in der begrifflichen Sprache, in der Welt des dinglichen Daseins, der Fall ist.

Der Zusammenhang mit dem primären Ausdruckserlebnis reißt in der Sprache – sowohl in ihrer „Darstellungsfunktion" wie in ihrer rein logischen „Bedeutungsfunktion" – nicht ab. „Auch in den höchsten intellektuellen Leistungen verweben sich noch ganz bestimmte ‚Ausdruckscharaktere'."[39]

Erfahrungsstil – Erlebnisstil – Sinnbereich

Nach dem bisher Gesagten ist noch nicht auszumachen, worin die Phantasie innerhalb des Mythos, des Ausdruckerlebnisses, und innerhalb der symbolischen Sprache, der symbolischen Darstellung, besteht. Es ist die Rede von mythischer Phantasie und ästhetischer Phantasie – beide entgegengesetzt zur begrifflich-theoretischen Sprache. So gesehen bestünde Phantasie in einem „Freiraum" des Erlebnishaften – Phantasie als Beliebigkeit der Sinnanordnung entgegengesetzt zur Nicht-Beliebigkeit der wissenschaftlichen, logischen Struktur. Damit wäre aber gerade jene begrifflich-theoretische Welterfassung zum grundlegenden Kriterium erhoben, gegenüber der Cassirer die Eigenständigkeit der anderen Formen des Weltverstehens behaupten will.

Statt von der Beliebigkeit der Sinnanordnung zu sprechen, erscheint es mir zweckmäßiger, die zwei Momente hervorzuheben, die – als Ergebnis der phänomenologischen Betrachtung Cassirers – die Möglichkeit von Phantasie offen halten: a) das Nicht-verhaftet-sein am „Ding", b) die jeweils besondere Erlebnisstruktur als „Fundament" der jeweiligen Gestaltungen der Welt; das konkrete Subjekt, die Lebensform als Stifter des Sinnzusammenhangs.

Jetzt zeigt es sich, daß meine anfangs gestellte Frage nach der Funktion/Sinn/Bedeutung/Wert des Gebrauchs phantasiehafter Denkformen zur Welterfassung die phänomenologische Betrachtungsweise überfordert. Die Phänomenologie Cassirers schraubt die Erwartungen hoch, wenn sie von der Erlebniswelt des Mythos, vom Strom der Gefühlswelt und affektiven Erregungen, von Ausdruckserlebnissen und Wahrnehmungserlebnissen spricht. Die neugierige Span-

37. ebd., S. 135
38. ebd., S. 106
39. ebd., S. 128

nung auf den hinter diesen Erlebnissen stehenden Menschen wird aber nicht in befriedigender Weise gelöst. Der methodologische Anspruch der phänomenologischen Betrachtung klingt verheißungsvoll: „Wir gehen (vielmehr) von den Problemen des „objektiven Geistes", von den Gestalten, in denen er besteht und da ist, aus; aber wir bleiben bei ihnen nicht als bloßes Faktum stehen, sondern versuchen, durch eine rekonstruktive Analyse, zu ihren elementaren Voraussetzungen, zu den „Bedingungen" ihrer Möglichkeit, zurückzudringen."[41] Und: „Der Gang unserer Untersuchung führt uns wie allenthalben durch die Welt der Formen, durch die Region des „objektiven Geistes". Von ihr aus suchen wir, durch rückschließende und „rekonstruktive" Betrachtung, den Zugang zum Bereich der ‚Subjektivität' zu gewinnen."[42]

Beläßt man es nicht bei der Feststellung und Beschreibung des Subjektivitätscharakters der verschiedenen jeweiligen Wirklichkeitsauffassungen, sondern stellt die Frage der Subjektivität neu als Frage nach dem Subjekt und dessen Erlebnisformen, findet man sich im Bereich der Psychologie wieder.

Meine an die Phänomenologie Cassirers herangetragene Problemstellung läßt sich in verschiedene Teilprobleme auflösen: Was bedeutet es für den Menschen und dessen Erlebnisformen a) in mythisch-religiöser, b) symbolhaft-sprachlicher oder in c) begrifflich-theoretischer Wirklichkeitserfassung zu leben?

Welchen Sinn und welche Bedeutung hat Phantasie für die Wirklichkeitskonstitution und die Erlebnisstruktur des Menschen?

Von der Darstellung der phantasiebeladenen/-haften Formen der Wirklichkeitserfassung ist man dadurch zu der Phantasie als anthropologischem Problem gekommen.

Man müßte auch über den erkenntniskritischen Problemzusammenhang auf die anthropologische Dimension stoßen. Scheler hat schon darauf hingewiesen, daß zwischen den verschiedenen Systemen und Denkformen, die sich – für Cassirer – ergeben, keine Abstufung zwischen recht und unrecht, wahr und falsch oder irgendeine Rangordnung zu treffen sei – „wenn doch alles ontologische Maß wie Denkformen preisgegeben ist" –, und daß es „vorläufig nicht abzusehen sei", „wie sich ferner auf diesem Wege auch der historische und soziologische Relativismus aller Weltbilder und Weltdeutungen vermeiden lasse."[43] Nach dem Wert der verschiedenen Denkformen des Menschen in einer bestimmten historischen Situation zu fragen, bedeutet das Geltendmachen anthropologischer Relevanzkriterien. Der historische Relativismus implizierte dann nicht gleichzeitig anthropologischen Relativismus.

41. ebd., S. 67

42. ebd., S. 78

43. Max Scheler, Die Wissensformen und die Gesellschaft, Bern/München, 2. durchges. Auflg. 1960, S. 201

II. Scheler: Phantasie – „Walk on the wild side"[44]

Scheler sieht in der Phantasie die „Urform des perzipierenden Lebens selbst".[45] Die Phantasie ist die ursprüngliche Auswirkung von Trieben und Triebimpulsen, nicht ein spätes Ergebnis von Empfindungs-, Reproduktions- und Assimilationsprozessen. (Im Gegensatz zu bewußter Empfindung, Wahrnehmung und Erinnerung bleibt sie an relativ niedrige Nervensysteme gebunden.) Die Phantasiewelt alles primitiven, kindlichen und kranken Seelenlebens läßt sich für Scheler nur aus dem Umstand erklären, daß die Triebe die ihnen gemäßen Vorstellungsbilder selbst ursprünglich hervorbringen und nicht erst aus Stücken von Wahrnehmung hinterher zusammensetzen.[46]

Die ursprüngliche Tätigkeit nennt Scheler die „Perzeptionstätigkeit der *Vitalseele*".[47] Triebe und Phantasie zusammen bilden die Fruchtbarkeit dieser Vitalseele. Ein Teil der Vitalseele geht in Arbeitsleistungen des bewußten Lebens auf. Der noch unverbrauchte Teil der vitalseelischen Energie, selbst noch unspezifiziert und plastisch, stellt die *„Drangphantasie"* dar.[48] Als ihr Charakteristikum ist anzusehen, daß ihr noch nicht die Perspektive der Nützlichkeit im Hinblick auf Aufgabenbewältigung des bewußten Lebens und der Wirklichkeit inhärent ist. „Sie ist der stete Überschuß des perzipierenden, in Erinnerung und Wahrnehmung noch undifferenzierten Lebens über seine bisherige Verwendung zu Aufgaben der Wirklichkeit."[49]

Die Kehrseite dieses Umstands ist die Erfahrungs- und Wahrnehmungsunabhängigkeit der Phantasie. Es bedarf keiner Erfahrung wirklicher Dinge und Begebenheiten durch Wahrnehmung und Erinnerung – Scheler im Gegensatz zu den Annahmen der Empiristen – für Phantasietätigkeit, „sondern gewiß nur eine(r) Stufe der Gegebenheit der Gegenstandswelt – der äußeren und inneren –, die noch weit absteht von einer erfahrungsmäßigen Kenntnis der wirklichen Dingwelt".[50] Für die Phantasietätigkeit reicht als „empirischer Stoff" die „Gegebenheit der äußeren und inneren Welt" aus. Damit meint Scheler jenen Bereich „anschaulicher Erscheinungssachverhalte", die zwischen den nur im Urteil faßbaren Sachverhalten und den „konkreten Dingwahrnehmungen der Gegebenheitsordnung" stehen.[51] „Die Eigenart dieser Gegebenheitsstufe ist es ja, daß die *allein realen konkreten* Ding- und *Wirkzentren* (die sich in den ‚Bildern'

44. Song – Titel von Lou Reed
45. Max Scheler, Erkenntnis und Arbeit, in: ders., Die Wissensformen und die Gesellschaft, a.a.O., S. 349
46. ebd., S. 345
47. ebd., S. 346
48. ebd., S. 349
49. ebd.
50. ebd., S. 356
51. ebd., S. 357

resp. den realen Erlebniseinheiten manifestieren) und damit auch alle bestimmten räumlichen und zeitlichen Lokalisierungen dieser Zentren unbestimmt bleiben, in dem nur das anschauliche So-sein von etwas (X) in die Erfahrung aufgenommen wird. Es ist das gewaltige Reich der *unechten* nicht streng apriorischen Wesenheiten und Wesensverhalten ....“[52]

Die Triebstruktur ist für die Phantasiewelt und die Wahrnehmungswelt eine „dynamische Konstante“.[53] Die Triebphantasie leitet die „Bewegungsakte“ und „Bewegungstendenzen“, die zu neuer Wahrnehmung führen. Die Triebphantasie vollzieht sich in der Form eines vagen Entwurfes von etwas „der Art“, wie es der Triebbefriedigung entspricht. (Das von den Reizen geschaffene „Organempfindungsmaterial“ motiviert die Triebimpulse in ähnlicher Weise zur „Perzeptionsbildung“ wie den Wahrnehmungsakt.)[54] Scheler grenzt seine Annahme einer „primären schöpferischen Triebphantasie“ ab von der Annahme „eingeborener Vorstellungen und Ideen“. Die Differenzierung der Triebe in solche verschiedener „Richtung auf etwas“, die schon eine bild- oder bedeutungshafte Vorstellung dieses Etwas voraussetzte, hätte die Behauptung zur Konsequenz – nach Scheler –, daß dem nestbauenden Vogel die Vorstellung des Nestes, dem Geschlechtstrieb die Vorstellung des anderen Geschlechts „eingeboren“ sei.[55] Seine Ansicht von der Triebbedingtheit alles Vorstellens ist die, daß den Trieben die Richtungs- und Zielhaftigkeit auf Gegenstände ursprünglich beigelegt ist, die allmähliche Differenzierung des Trieblebens allerdings der Reifung des psycho-physischen Organismus anheim gestellt ist. „Da der psycho-physische Organismus vom ersten Augenblick an ebensowohl Phantasiebilder zu produzieren tendiert (durch seine Triebe und angemessen seiner Triebstruktur), also gleichfalls vom ersten Augenblick seiner Existenz an unter den Reizen der Umwelt steht, die jene Triebphantasie durch die Bewegungsimpulse, die sie setzen, den Bildern der Außenwelt anzugleichen suchen, so kann es nicht anders sein, als daß aus diesen antagonistischen Tendenzen sich ergebende „Anschauungsgebilde“ weder die Merkmale der Vorstellung noch jene der Wahrnehmung des entwickelten Stadiums an sich tragen.“[56]

Den Beleg für seine These der ursprünglichen Gerichtetheit der Triebe glaubt Scheler in dem Phänomen des Erfüllungs- bzw. Nichterfüllungserlebnisses zu finden. Wenn reale Objekte, auf die unsere Triebe ursprünglich hingeordnet sind, jenen in der Wahrnehmung entgegentreten oder ausbleiben, kommt es zu diesen Erlebnissen. Die Triebe – unter der Determination vegetativer Reizvorgänge – geben den spezifischen Antrieb für die Vorstellungstätigkeit ab, die

52. ebd., (Sperrung im Original)
53. ebd., S. 354
54. ebd.
55. ebd., S. 353
56. ebd., S. 350

Trieb- und Drangphantasie „schafft“ ursprüngliche Objekte von der Wesens- und Wertart, „die – wären sie real – geeignet wären, diese Triebe zu befriedigen“.[57]

Phantasiebilder und Wahrnehmungsinhalte unterscheiden sich nicht hinsichtlich ihrer Triebbestimmtheit. Beide sind in ihrem Werden durch Triebimpulse mitbedingt – „Milieustruktur“ und „Triebstruktur“ des Organismus stehen in strenger gegenseitiger Korrelation. (Der Bereich der Objekte und Teile der Phantasiebilder resp. ihre unwirklichen Gegenstände sind nicht an die physikalische Realität, sondern an die Umweltsphäre gebunden.)[58]

Die Verbindung von Phantasietätigkeit und Triebleben führt zu einer besonderen Form der Wirklichkeitsindifferenz. Phantasie bezieht sich auf Wirklichkeit, indem sie ein anschauliches Gesamtbild der Wirklichkeit abgibt, ohne das der „negative“ eingrenzende „Geist“ (als Denken, Wollen, Vorziehen usw.) kein „Substrat seiner Wirksamkeit besäße“.[59] Die Phantasie spielt auch als geistig geleitete Tätigkeit in aller Realisierung objektiv gleichwertiger Sachwerte eine denkbar große Rolle: Alles Erkennen und Forschen bedarf der Phantasietätigkeit. Statt aber die Phantasie der wirklichkeitsunangemessenen Perzeptionstätigkeit gleichzusetzen, charakterisiert Scheler die Gleichgültigkeit der Phantasie gegenüber wahr-falsch, wirklichkeitsangemessen und wirklichkeitswiderstreitend als Wirklichkeitsindifferenz, die Gleichgültigkeit in Bezug auf geistige, sachhafte Werte – „die dem Trieb und der Phantasie gemeinsam zukommt“ – als Wertindifferenz.[60]

Der Phantasieinhalt, d.h. jener Teil der ursprünglich in Bezug auf Realitätsbedeutung und Realitätsbezug indifferenten Gebilde der spontanen Trieb- und Drangphantasie, hat sich in den „praktischen Erfahrungen von Erfolg und Mißerfolg unseres Verhaltens und unserer Bewegungen“ noch zu bewähren und zu behaupten.[61] „Die Gebilde der Phantasie, die je im Frühstadium der seelischen Entwicklung nicht auch *als* solche phantasierte Gebilde erkannt werden, werden erst in dem Maße als solche erkannt, als unser *Verhalten* gegen ihre Gegenstände und unsere Bewegungen auf sie unsere Erwartungen durch dauernden Mißerfolg enttäuschten.“[62] Was die Wahrnehmung subjektiv legitimiert, ist der Erfolg unseres praktischen Verhaltens gegen ihre Objekte, „und zwar vor allem der gesetzmäßig wiederkehrende Erfolg.“[63] Der „Wahrnehmungsinhalt (ist) als solcher ganz und ungeteilt Phantasieinhalt“, aber eben „bewährter“ i.S. des

57. ebd., S. 353
58. ebd., S. 354
59. ebd., S. 348
60. ebd.
61. ebd., S. 345f.
62. ebd., (Sperrung im Original)
63. ebd.

praktischen Erfolgs.[64] „Drang" bzw. bilderschaffende „Drangphantasie" sind das realitätsschaffende und die zufälligen Bilder bestimmende Prinzip des menschlichen Lebens, das „Wesen" und die „Wesenregionen" der Weltgestaltung sind aber durch eine höhere „Seinsform" bestimmt. Der Geist kann den Lebenstrieben eine Ideen- und Sinnstruktur „leitend" vorhalten. Aber es ist nicht festgelegt, ob diese Triebe in die vorgegebenen Ideen auch einmünden.[65] Die Ideen und Werte sind nach ihrem inhaltlichen Sinnbestand ebenso wie der Geist von eigener Ursprünglichkeit und Selbständigkeit, also nicht aus den Triebmächten abzuleiten.[66] Diese Gleichursprünglichkeit von Geist und Trieben stellt für Scheler einen im Menschen anzutreffenden und auch subjektiv erlebbaren Gegensatz dar: „es ist der Gegensatz von Geist und Leben".[67]

Bei Cassirer war Phantasie explizit im mythischen Welterleben und -gestalten angesprochen, dem symbolhaften Welterleben konnte sie zumindest implizit unterlegt werden. Der realitätsschaffende Charakter der Phantasie ist für Scheler die wesentliche Bestimmung der Phantasie. Die bilderschaffende Form der Drangphantasie wurde nicht weiter differenziert nach mythischen oder symbolischen Bildern, da es im Hinblick auf die Triebbestimmtheit der Phantasiebilder einerlei ist, welcher Bilder sich die Drangphantasie bedient. Das wesentliche Differenzierungskriterium tritt in Gestalt der „praktischen Bewährung" auf. Allerdings bringt die Ausrichtung der Phantasie an den Triebkräften des Menschen die Subjektivität anders ins Spiel, als es bei Cassirer der Fall ist. Es könnte bei Scheler nicht davon die Rede sein, daß auch im begrifflichen Denken der Zusammenhang zum primären Ausdruckserlebnis nicht abreiße. Die Drangphantasie ist gerade die substantielle Voraussetzung für jede Wahrnehmung, d.h. auch für begrifflich-theoretisches Denken und Welterfassen.

Der Vorteil der Schelerschen Triebbindung der Phantasie verkehrt sich im Zuge seiner Anthropologie in sein Gegenteil: Der ebenso ursprüngliche Geist hält den Lebenstrieben seine Ideen- und Sinnstrukturen entgegen; letztere könnten die Lebenstriebe nur um den Preis, die menschliche Wesensbestimmung zu verfehlen, ignorieren. Auf keinen Fall steht den Lebenstrieben ein Einfluß auf die Dimension des Geistigen, d.h. der Sinnstrukturen zu. Bildlich gesprochen ist der Geist der große Bruder, der nicht mit sich reden läßt, während die Lebenstriebe unerschöpflich bis hin zu einem „mächtigen Phantasieüberschuß"[68] produzieren, ohne darauf Einfluß zu haben, was davon realisiert wird. Dadurch bekommt die Schelersche Konstruktion von Triebkraft und Drangphantasie einen

64. ebd., S. 346

65. ders., Die Stellung des Menschen im Kosmos, in: ders., Späte Schriften, hrsg. Manfred S. Frings, Bern/München 1976, S. 52

66. ebd., S. 65

67. ebd., S. 62

68. ebd., S. 61

merkwürdig schillernden Charakter: Die an die Triebkräfte gebundene Drangphantasie stellt ein lebensnotwendiges Moment dar, das Moment einer Erfüllungsnotwendigkeit von Triebkräften bleibt eine quantité négligeable. Zum einen ist der Geist den Triebkräften und Drangphantasien übergeordnet, zum anderen legt das Moment der „praktischen Bewährung" der Phantasie in der Wahrnehmung assoziativ das pragmatische Machbarkeitsprinzip nahe. Die Angemessenheit der Phantasiebilder im Hinblick auf die Triebstruktur wird unterstellt[69], die Angemessenheit der Umsetzung aber nicht weiter thematisiert. Die von der Drangphantasie „geschaffenen" Objekte wären geeignet, die entsprechenden Triebe zu befriedigen – ob sie aber befriedigt werden, steht auf einem ganz anderen Blatt.[70]

III. Gehlen: Phantasie – „an other brick in the wall"[71]

Ich teile Ottmanns Ansicht von Gehlens Phantasiebegriff (s. Beitr. in diesem Band). Die Einbindung der Phantasie in die Funktion der Außenstützung des Verhaltens läßt „Phantasie" zu einem subjektlosen Konstrukt verkommen. Phantasie ist wiederum nur ein Stein in jener Gehlenschen „Konstruktions-Mauer" des Instinktersatzes, die dem Menschen zum Zweck seiner Überlebensfähigkeit jede über den status quo hinausreichende Sicht institutionell verbaut.

In Gehlens Augen handelt es sich bei der „Phantasie" um ein „sehr reelles und vitales Geschehen." Diese Vitalität müßte dann auch in Gehlens Anthropologie, die den Menschen als Handlungswesen bestimmt, ihren Niederschlag finden. Die allgemeine Definition der Phantasie umschreibt sie als ein nicht weiter auflösbares Urphänomen i.S. der Fähigkeit „sich resp. sich und die Dinge, mit denen man ein kommunikatives System" bildet, in andere Lagen zu versetzen, als wir selbst und diese Dinge in Wirklichkeit haben.[72]

Der Sinn dieser Fähigkeit muß natürlich in der spezifisch menschlichen, auf Handlung angewiesenen, Organisationsstruktur zu finden sein. Diese Fähigkeit der Phantasie bzw. die Phantasie selbst gibt ein Glied in den Existenzbedingungen des weltoffenen, auf die Veränderung des Vorfindbaren angewiesenen Menschen ab. Darin ist auch ihre Bedeutung zu finden: Sie stellt die Einheit unseres Bewegungs- und Empfindungslebens her.[73]

Die Aktivität der Phantasie zeigt sich als ein „elementar-schöpferisches Verhalten des Menschen". Konkret tritt dieses Phantasie-Verhalten in Erscheinung im Ausbau und in der Verwertung der Sacherfahrung der praktischen Auswer-

69. ders., Erkenntnis und Arbeit, a.a.O., S. 350

70. vgl. ebd., S. 353

71. Song – Titel von Pink Floyd

72. Arnold Gehlen, Der Mensch – Seine Natur und seine Stellung in der Welt, Wiesbaden [11]1976, S. 184

73. ebd., S. 185

tung der Wirklichkeit, denkend in der Entwicklung „neuer Fragen an Dinge" und in der Erprobung von Hypothesen. Die Erprobung verschiedener Hypothesen geschieht dadurch, daß der Mensch diese Dinge unter wechselnde Umstände setzt, bei denen er nur gewisse Hinsichten hat, und indem er ihr Verhalten unter diesen Hinsichten ausdeutet.[74] Zunächst müssen aber die Bewegungen aus der Unbestimmtheit und Ungesteuertheit an den Sachen selbst Richtung und Prägnanz erhalten haben, damit sie als virtuelle, „einsetzbare" und „geführte" Bewegungskombinationen verfügbar sind. Jede „geführte" Bewegung ist begleitet von bestimmten Vollzugs- und Umgangserwartungen, „sie ist eingehüllt in Bildern des Verlaufs und des dabei zu erwartenden Sacherfolges."[75]

In besonderen Formen manifestiert sich diese Bewegungs- und Empfindungsphantasie im Spiel und in der Sprache. Das Spiel bedeutet beim Menschen den Aufbau, das Aufbrechen und das „lustvolle Erleben" von Phantasieinteresse, d.h. Prozessen der „Kommunikationsphantasie". Der kommunikative Akt besteht darin, daß der Mensch seine jeweiligen Bewegungen immer in Hinblick auf den Umgang mit einem „Ding" bedeutungshaltig, also nicht abstrakt als Bewegungsvorgang, erfährt. Man muß sich auch vergegenwärtigen, daß im Begriff des Phantasieinteresses das „Interesse" ein Bedürfnis nach „sachgemäßem Umgang mit Dingen" bedeutet. Im Spiel artikulieren sich phantasierende Umgangsinteressen.[76]

Diese Konstruktion Gehlens erinnert an Schelers Phantasiebilder, die sich dann als praktische Werte in Wahrnehmung bzw. bei Gehlen in Bewegungsphantasmen, d.h. auf der Handlungsebene, niederschlagen. Die Rückbindung der Phantasiebilder an die Triebkräfte des Menschen bei Scheler findet bei Gehlen keine ähnliche Entsprechung. Der Spannungsbogen für Phantasie ist bei Gehlen an der Beliebigkeit der Bewegung und den Dingeigenschaften festgemacht. Wenn man allerdings in Rechnung stellt, daß der Mensch – aufgrund des anthropo-biologischen Ansatzes Gehlens – seine Außenwelt überhaupt erst einmal strukturieren muß, ohne dafür schon irgendwelche Maßstäbe zugrundelegen zu können, erhält Phantasie den Stellenwert eines für den Menschen notwendigen vitalen Geschehens. So gesehen wäre der primäre Bezug des Menschen zur Welt eben die Phantasie. Bringt man die von Cassirer entfalteten Momente der Erlebniswirklichkeit und Weltgestaltungen in Anschlag, zeigt es sich, daß sich die Symbolhaftigkeit bei Gehlen auf anschauliche Bewegungsphantasmen und auf das Könnenerlebnis beschränkt.

Auch die Funktion der Sprache, eine symbolische Gegenwart der Dinge ohne deren realer Anwesenheit, reicht nicht darüber hinaus. Mit der Sprache ist eine vollkommene Befreiung des Menschen vom zufälligen, jetzt gegebenen Ge-

74. ebd., S. 186
75. ebd., S. 184
76. ebd., S. 207

halt der anschaulichen Situation erreicht. Die Rückwirkung auf die Phantasie besteht darin, daß die verschiedenen bildhaften Vorstellungen beliebig zur Verfügung stehen. Die Vorstellungen sind verfügbare Erinnerungsphantasmen.[77] Erinnerungen werden in freier Beliebigkeit aktualisiert und miteinander – in der Voraussicht einer zukünftigen Situation – in „passender" Weise kombiniert.[78] Gehlen nennt es entlastete „Ferntätigkeit", in welche die Phantasie der Versetzung einströmt.

In der Sprache geschieht die Zuordnung eines Lautes zu einer Sache. In der Bildebene des Wortes liegt die „Phantasietat" der Sprache.[79] Die Bild- und Bewegungsphantasmen repräsentieren gleichsam ein Urphantasma. In Gehlens Augen ist es insofern eine schöpferische Leistung, da die Benennung eines Vorganges, eines „Dinges" zugleich die Auswahl seiner Hinsichten ist, welche von der Phantasie als wesentlich in Worten festgehalten ist. Eine wesentliche Bestimmung der Phantasie besteht also in dem Entrücktwerden des Lebensprozesses von dem raum-zeitlichen Standort, d.h. im methodischen und variablen Sich-Versetzen.

Die Phantasie als das Vermögen der „Gesamtversetzungen" ist für Gehlen geradezu das tragende innere Gefühl der Gesellschaften.[80] Bei dieser Phantasie als „elementarem Sozialorgan" handelt es sich nicht um individuelle Phantasievorstellungen. In ihr drückt sich eine „chronische Zuständlichkeit der Halbentfremdung" aus.[81] Phantasie ermöglicht das Selbstgefühl, indem sie den Menschen befähigt, sich über den eigenen Erfahrungsbereich in andere Situationen einzuleben, sich mit anderen zu identifizieren oder sich aus der Sicht der anderen zu sehen (Übernahme der Meadschen Formel: to take the role of the other) und somit ein Zusammenleben in der Gesellschaft ermöglicht. Diese Phantasie bezieht sich auf „Situationen" der Ideen. Man kann diese Ideen (wie Vaterlandsgefühl, Familiengefühle, Standesgefühle etc.) nur haben, indem man sie darstellt, einverleibt und sich mit diesen vorbildlichen Situationen identifiziert, um darin sich selbst anzueignen. „Man kann sagen, nur im Nachvollzug eines greifbaren sozialen Vorbildes werden solche konkret moralischen Ideen gelebt."[82]

So gesehen gerinnt „Phantasie" zu einem formalen Akt des Sichversetzens oder Sich-versetzen-können. Der konkrete Andere kommt symbolhaft, d.h. in affektiv-emotionaler Besetzung nicht ins Blickfeld der Phantasie.

Das ganze Spektrum der Phantasie könnte in Gehlens „Urphantasie" zur Geltung kommen. Gehlen läßt sie aber in dem Status eines vorbewußten vitalen

77. ebd., S. 252
78. ebd., S. 253
79. ebd., S. 284
80. ebd., S. 320
81. ebd., S. 319
82. ebd., S. 320

Geschehens, einer Potenz des Lebens zu „Mehr-Leben". An der Kontaktstelle zum Bewußtsein würde uns diese Phantasie inadäquater, aber anschaulicher, hinreißende Bilder eines „Mehr an Leben" vorzeichnen.[83]

„Urphantasie" bleibt als „vitale Idealität" zurück. Wo die Phantasie am konkreten Lebensprozeß ansetzen könnte, schiebt sie Gehlen in eine „vitalistische Metaphysik" (Ottmann) ab. Die Möglichkeiten subjektiver und individueller Phantasie werden einerseits der Intention eines quasi-automatischen, gesicherten Handelns geopfert und verlieren sich andererseits vollends in der Metaphysik einer „List" des Lebenswillens.

Als „elementar schöpferisches Verhalten" des Menschen erweist sich Phantasie bei Gehlen offensichtlich nur im Hinblick auf den von ihm als Empfindungs- und Bewegungsleben umschriebenen Bereich. Das schöpferische Moment der Phantasie scheint mir bei Gehlen nicht in einer besonderen Kreativität zu liegen, sondern in der beliebigen Anpassungsfähigkeit. Denn Gehlen beschreibt einerseits die Phantasie als die Form freier Beliebigkeit und Kombinierbarkeit von Bewegungsphantasmen, andererseits spricht er von der Kombination, durch die sich der Mensch in „passender Weise" auf eine zukünftige Situation eingestellt hat.

Es ist für mich auch eine offene Frage, ob bei Gehlen nicht unter dem Stichwort der „Dingadäquanz" bzw. „Sachadäquanz" ein heimlicher Positivismus oder ein auf technische Praxis reduzierter Pragmatismus all das zurücknimmt, was die Phantasie in den Bewegungsphantasmen über das technisch Machbare, d.h. auch über die jeweilige, historisch bedingte Dingadäquanz, hinaus bietet. Die Kriterien des Realen und Irrealen sind bei Gehlen einseitig an der technisch-rationalen Dimension (vgl. seinen Interessensbegriff!) festgemacht. Die Symbolhaftigkeit der Phantasie tendiert von den Bewegungsphantasmen hin zur Dinghaftigkeit der durch Zweck-Mittel-Rationalität geprägten „Interessen" (als den eigentlich menschlichen Bedürfnissen – nach Gehlen). Die für die „symbolische Prägnanz" konstitutiven Momente der konkreten Subjektivität, des Sinnganzen als Bezugspunkt der Wahrnehmungsphänomene und der Erlebniswirklichkeit werden bei Gehlen versachlicht. Die Reihe der Erlebniswirklichkeit mündet in ein sachadäquat gestaltetes Dasein ein.

Der Phantasie als Vermögen der Gesamtversetzung beläßt Gehlen neben der bloßen Formelhaftigkeit des Sich-versetzen-könnens hinsichtlich verschiedener Situationen als einzig erlebniswirksames und damit symbolhaftes Moment die Identifikation mit Anderen bzw. mit „Ideensituationen". Der Sinnhaftigkeit des Erlebens wie der Phantasie sind damit „institutionelle" Grenzen gesetzt.

83. ebd., S. 321

Elisabeth Zeil-Fahlbusch

PHANTASIE UND ERKENNTNIS

Zur genetischen Erkenntnistheorie J. Piagets

I.

> „... die Operationen und die operatorischen Strukturen ernstzunehmen, besteht darin, zu glauben, daß das Subjekt die Wirklichkeit verändern kann, während das Primat der Bilder und der Sprache zu einem grundsätzlich konservativen Modell der Intelligenz und des Menschen führt".[1]

Das allgemeine Thema dieses Sammelbandes zum anthropologischen Problem der Phantasie auf die genetische Erkenntnistheorie J. Piagets zu beziehen, fällt auf den ersten Blick schwer. Denn sowohl der umgangssprachliche Gebrauch des Wortes Phantasie als auch etwa die psychoanalytischen wie ästhetischen Begriffe von Phantasie scheinen geradezu im Gegensatz zu jenem logischen Denken zu stehen, dessen Entwicklung und Struktur Piagets Forschung gilt.

Ich gehe jedoch davon aus, daß erstens die Problematik menschlicher Phantasie außerordentlich heterogen und facettenreich ist – zahlreichen Beispiele menschlichen Erfahrens und Tuns können hier gemeint sein, sehr verschiedene Zugangswege eingeschlagen werden; daß zweitens auf diesem weiten Feld noch nicht allzu viel herausgebracht ist – und dies Herausbringen bedarf im übrigen vielleicht besonderer Phantasieleistungen; und daß drittens zu überlegen ist, wie man zu dem angenommenen Gegensatz kommt, ob und inwiefern er tatsächlich besteht. Hier sind Differenzierungen unter genauer Angabe der Blick- und Bezugspunkte nötig. Es könnte sich geradezu herausstellen, daß ‚Phantasie' und ‚logisches Denken' gemeinsame Wurzeln haben, wechselweise aufeinander angewiesen sind. Diese These bedeutet u.a. die Annahme, daß ihr Auseinandertreten im Bewußtsein Vieler selbst ein historisches Ergebnis ist, und impliziert die Hoffnung auf zukünftiges Zusammenwirken beider in der humanen Gestaltung unserer Welt.

Was ist Phantasie im Rahmen der Erkenntniskonzeption Piagets? Seine Antwort ist in vieler Hinsicht revolutionär und sie ist vielschichtig. Die immense Arbeit seines Lebens ist selbst Verkörperung phantasievollen Fragens, neuer Methoden, unkonventioneller Verbindungen. Menschliches Denken wird hier

1. J. Piaget, Psychologie in Selbstdarstellungen, hrsg. v. L.J. Pongratz u.A., Bern/Stuttgart/Wien 1979, Bd. 2, S. 187

im emphatischen Sinne als Kreativität betrachtet – es gäbe sonst weder eine Entwicklung des Erkennens noch die menschliche Veränderung der Umwelt. Beides aber sind spezifische Voraussetzungen der Existenz des Menschen überhaupt.

„Kreativität" meint im Allgemeinen eher schon vermittelte und vermittelnde Leistung während unter „Phantasie" zumeist die psychische Fähigkeit verstanden ist, die im unmittelbaren Dienst subjektiver Wünsche steht. Ich nehme jedoch an, daß beides eng zusammenhängt und daß wir es weder mit Begriffsklärungen noch mit der Beschreibung eines Vermögens zu tun haben, sondern mit einem Phänomen unserer Erfahrung, d.h. einem Erleben, einer Tätigkeit, einer Verfahrensweise. Sein Verständnis ist bedingt durch verschiedene mögliche Zugänge und unseren geschichtlichen Standort. Und das Interesse an ihm ist motiviert durch reale Notwendigkeit sowie das Erleben einer Welt, die mehr und mehr „phantasielos", weil verdinglicht und genormt, erscheint. Ich werde deshalb zunächst im referierenden Zusammenhang mit der Konzeption Piagets das Wort „Kreativität", in der Interpretation aber auch die Wörter „Phantasie" und „Imagination" benutzen – ohne abstrakte Abgrenzungen vorzunehmen. Es geht – wie mir scheint – um eine Dialektik der Sache, die nur insofern offen und bestimmt ist, als wir es selber sind.

Als Leitlinien der Interpretation seien vorweg angegeben:

1. Der Begriff von Phantasie, den Piagets genetische Erkenntnistheorie mehr implizit als explizit enthält, stellt eine wichtige Korrektur zur vorschnellen Dichotomisierung von Phantasie einerseits und Ratio andererseits dar. Ihr liegt die grundsätzliche Auffassung zugrunde, daß menschliches Denken eines ist.

2. Die Theorie beinhaltet allerdings einige dogmatische Konsequenzen, für die sowohl ihr Erkenntnisinteresse als auch ihr Abstraktionsniveau verantwortlich zu sein scheinen. Drei Gesichtspunkte sind hier kritisch zu bedenken. Die Frage nach der Verbindung zwischen Biologie und Logik über die psychologische Erforschung der Entwicklung des logischen Denkens führt zu einer Dominanz der technisch-wissenschaftlichen Intelligenz; auf die Gründe ihrer Überlegenheit wird nicht mehr reflektiert. Das Interesse an dem allgemeinen Entwicklungsgesetz im Sinne der „Äquilibration" übergeht die konkrete Dialektik individuellen Erlebens und gesellschaftlich-geschichtlicher Erfahrung – und damit die Möglichkeit struktureller Konflikte.

Schließlich liegt in der Konzentration auf die Entwicklung des Denkens das Modell einer hierarchischen Integration, vor dem die Frage nach den horizontalen Zusammenhängen, d.h. den Wechselwirkungen zwischen verschiedenen Verfahrensweisen auf einer Ebene, zurücktritt.

Es mag so aussehen, als schränkten diese kritischen Bemerkungen die konstruktive Bezugnahme auf Piaget in unserem thematischen Rahmen von vornherein ein. Dem sei jedoch begegnet. Denn zum einen stellt die genetische Erkenntnistheorie eine komplexe Konzeption menschlicher Kreativität bereit, die präzise Kriterien liefert. Und zum anderen vermag die Auseinandersetzung mit ihr den Blick zu schärfen für eine zentrale Problematik dieses Bandes: wie müßte eine Phantasie beschaffen sein, die kreative Veränderung ermöglicht? – bzw. umgekehrt – wie müßte eine Gesellschaft beschaffen sein, in der sich Phantasie kreativ entfalten kann? Beide Fragen gehören zusammen. Ihre Interdependenz hat Piagets „Interaktionismus“ – wenngleich abstrakt – immer vorausgesetzt.

Fragt man danach, was Kreativität in Piagets kognitiver Psychologie im Einzelnen heißen kann, so ergibt sich ein differenziertes Bild:

1. Der weitere Begriff liegt in der Konzeption von Intelligenz als der aktiven Seite des Subjektes überhaupt – in Abhebung von der passiven Seite der Wahrnehmung, der Bilder und der Sprache.

2. Der engere Begriff bezieht sich auf den Übergang von einer Stufe der Denkentwicklung zur nächsten. Dieser Übergang besteht in einer aktiven Neuordnung und Koordination bisher getrennter realer und geistiger Operationen.

Es ist offensichtlich, daß beide Begriffe eng zusammengehören. Sie sind nur insofern analytisch zu trennen, als am Prozeß der qualitativen Übergänge demonstrierbar ist, worin Intelligenz nach Piaget im Ganzen besteht. Eine beiden inhärente Bestimmung, die im Kontext des obengenannten Problems von zentraler Wichtigkeit ist, liegt in Piagets genauer Formulierung des ‚Realitätsbezugs‘. Denken ist im eigentlichen Sinne nur dann kreativ, wenn es „Akkomodation“ und „Assimilation“ zugleich ist, d.h. Anpassung des Subjekts an die Wirklichkeit und Anpassung der Umwelt an die assimilatorischen Strukturen des Subjekts. Reine Akkomodation als bloßer Anheimgebung an die äußere Realität wie sie in der Wahrnehmung vorherrscht, verfehlt das Wesen von Kreativität ebenso wie reine Assimilation, in der sich Phantasie weitestgehend von der äußeren Wirklichkeit ablöst wie etwa im symbolischen Spiel dreijähriger Kinder. Beide Extremfälle in reiner Form sind allerdings in den Grenzen des Systems kaum vorstellbar. Das biologisch notwendige Anpassungsverhalten des Menschen beinhaltet immer beides; es gibt nur jeweilige, zeitlich begrenzte Dominanzen, die im Zuge der Entwicklung auf ein Gleichgewicht hin abgebaut werden. Dieses Gleichgewicht realisiert sich zuletzt – auf der Stufe des erwachsenen Denkens – in Form der durchgebildeten formalen Intelligenz und in Form einer moralischen Haltung, die die Prinzipien jeder Moral in sich enthält.

3. Gegenüber diesen mehr impliziten Bestimmungsmomenten von Kreativität ist ausdrücklich die Rede von Phantasie im Zusammenhang mit dem kindlichen Erwerb der Symbolfunktion. Diese ermöglicht zusammen mit dem Beherrschen bestimmter senso-motorischer Fähigkeiten und der Nachahmung das Spiel, aber auch Darstellung und Sprache im Allgemeinen. Es wird zu prüfen sein, wie sich in der Systematik Piagets der hier genannte Begriff zum operationellen Denken verhält, scheint doch ‚Darstellung‘ als eine spezifische Möglich-

keit, über das ‚Wirkliche' hinauszugehen, ein zentrales Moment des Kreativen zu sein – wie im übrigen auch des hypothetisch-wissenschaftlichen Denkens.

Die Grundzüge der genetischen Erkenntnistheorie oder auch nur der Entwicklungspsychologie Piagets zu referieren, ist im Rahmen dieses Aufsatzes weder angebracht noch möglich. Ein gewisser Ekklektizismus läßt sich daher nicht vermeiden. Da sich Piaget jedoch einer sehr eigenwilligen Terminologie bedient, möchte ich in einem ersten Schritt kurz einige Definitionen des Denkens von der Sensomotorik zur formalen Begrifflichkeit insoweit skizzieren, als es als Gerüst der Diskussion unerläßlich ist. In einem zweiten Schritt werde ich auf die angedeuteten Differenzierungen des Begriffs von Phantasie bzw. Kreativität und deren Problematik selbst eingehen. Im dritten Schritt werde ich versuchen, das anschauliche Denken nicht als eine Formation, die ins begriffliche Denken übergeht und als die sie bei Piaget hauptsächlich von Interesse ist, sondern in ihrer Eigenständigkeit und ihrem sachlichen Bezug zur Frage nach Phantasie aufzunehmen. Vielleicht ergibt sich eine Lösung in Richtung einer Dialektik, die sowohl die subjektive „Perspektivität" des symbolischen Denkens und seiner Ausdrucksweisen als auch die „dezentrierten" Formen des wissenschaftlichen Denkens systematisch ernst nimmt.

II.

1. Zur Terminologie: Intelligenz – Struktur – Entwicklung; Adaption und Organisation[2]

Intelligenz heißt Anpassungsverhalten; sie ist als solches ein Sonderfall biologischer Anpassung überhaupt. Das bedeutet, daß von Intelligenz weder im Sinn eines statischen noch im Sinn eines gesonderten Vermögens gesprochen werden kann. Sie ist dynamisch definiert als strukturierte Tätigkeit des Organisierens, Einsehens, Austauschens etc. Struktur meint Form, Muster von Denken und Handeln, nicht aber Grad oder Intensität von Reaktionen auf innere oder äußere Reize. Die Struktur stellt ein Bündel von Regeln oder Plänen dar, mithilfe derer Informationen oder Erfahrungen gleich welcher Art verarbeitet oder miteinander verbunden werden. Entwicklung ist zu begreifen als Abfolge von Transformationen der kognitiven Struktur. Diese Informationsprozesse sind in einem allgemeinen Sinn „erfahrungsbedingt", d.h. weder auf bloße Reifung endogener Anlagen noch auf situatives Lernen allein rückführbar. Entwicklung heißt Richtung zunehmender Strukturiertheit, Beweglichkeit, Anwendbarkeit

2. Ich beziehe mich hier hauptsächlich auf H.G. Furth, Intelligenz und Erkennen, Die Grundlagen der genetischen Erkenntnistheorie Piagets, Ffm. 1976; des weiteren auf J. Piaget: Ges. Werke, Studienausgabe (10 Bde.), Stuttg. 1975, Bd. 1 (Das Erwachen der Intelligenz beim Kinde) und Bd. 2 (Der Aufbau der Wirklichkeit beim Kinde), und auf J. Piaget/ B. Inhelder, Von der Logik des Kindes zur Logik des Heranwachsenden, Olten 1977

und Stabilität von Handlungsschemata und Operationen, die der Mensch in der Auseinandersetzung mit seiner Umwelt ausbildet. Denken ist also weder in der Objektwelt noch im Subjekt als solches fixiert, sondern Ergebnis dieses aktiven Austauschprozesses, der eine komplementäre Struktur aufweist: eine Tätigkeit der Anpassung der Umwelt an das Subjekt, das die Objekte der Außenwelt in seine Verhaltensschemata integriert oder eine neue Verhaltensweise in bereits erworbene eingliedert (Assimilation), und eine Tätigkeit der Anpassung des Subjekts an die Eigenart der Gegenstände und Situationen seiner physischen und sozialen Umwelt (Akkomodation). Jedes intelligente Verhalten ist notwendig beides; denn indem die Intelligenz neue Elemente der Wirklichkeit in ihre Schemata integriert, verändern sich auch diese, und umgekehrt setzt diese Einverleibung assimilatorische Schemata voraus. Sie erst machen die Dinge zu Objekten des Handelns und Erkennens. Adaption ist daher als Gleichgewicht zwischen Assimilation und Akkomodation zu beschreiben. Die Ursache dieses Gleichgewichts bzw. der Entwicklung der Formen der Intelligenz ist in der biologischen Organisation überhaupt zu suchen, nämlich in der funktionellen Invariante, qua deren jeder Organismus danach strebt, Ungleichgewichte, die durch Veränderungen in der Innen- oder Außenwelt entstehen, zu überwinden und das neue Gleichgewicht immer besser zu stabilisieren. Äquilibration und Organisation sind mithin die beiden einander ergänzenden Prozesse ein und desselben Mechanismus, wobei die Organisation des internen Aspekt dieses Zyklus und die Äquilibration seinen äußeren Aspekt darstellt. In der Funktion der Äquilibration liegt das ‚Apriori' der kognitiven Entwicklung, welches freilich – so sagt Piaget – um über bloßes Funktionieren hinauszukommen, des Bewußtseins der Vernunft bedarf, die als solche erst Regeln der Organisation hervorbringt.[3]

2. *Entwicklung von der senso-motorischen zur formal-operationellen Intelligenz*

Piaget geht davon aus, daß sich die Operationen des Denkens aus den materiellen Tätigkeiten, die sich durch Übung und Anwendung auf immer neue Gegenstände ausdifferenzieren und zu Plänen werden, durch fortschreitende Verinnerlichung entwickeln. Er unterscheidet vier Hauptstufen, die gekennzeichnet sind durch das Auftauchen qualitativ neuer Erkenntnisformen, in denen die Elemente der vorangegangenen Stufen neu koordiniert und in ein übergeordnetes System integriert werden. Sie sind jedoch jeweils durch die vorausgehende Form vorbereitet und werden in einem Stadium des Übergangs erst langsam koordiniert und universalisiert. Die Stufenabfolge stellt also eine hierarchische Integration dar: sie bildet insgesamt eine invariante Sequenz und jede Stufe ist eine geschlossene Ordnung.

3. vgl. J. Piaget, Das Erwachen der Intelligenz beim Kinde, a.a.O., S. 19

Die erste Stufe (senso-motorische Intelligenz) umfaßt sechs Stadien. Sie reicht von den angeborenen Reflexen (die ihrerseits verknüpft sind mit der anatomischen und morphologischen Struktur des Organismus), die durch kummulative Übung in Erfahrungsgewohnheiten übergehen, über die Kombination dieser Gewohnheiten und erworbenen Assoziationen bis zur wichtigen Auflösung des wahrnehmungsmäßigen und motorischen Egozentrismus, der sogenannten Objektkonstanz. Das Kind erkennt, daß es eine von seinem eigenen Standpunkt und seinem Handeln unabhängige äußere Welt gibt.

Die senso-motorische Intelligenz stellt eine ‚vor-soziale' Formation dar, da sie vorsprachlich ist und sich am unmittelbaren Erfolg und der praktischen Verwendung ausrichtet.

Die zweite Stufe (präoperationelle Intelligenz) setzt ein mit dem systematischen Erwerb der Sprache. Der Übergang von der senso-motorischen Stufe, die in ihrem Endstadium zu einem differenzierten Gleichgewicht zwischen Assimilation und Akkomodation auf der Handlungsebene gekommen ist, zum vorstellungsmäßigen Denken ist wesentlich sozialer Natur. Das vorstellungsmäßige Denken ist die Ebene der Beziehungen zwischen dem Denken verschiedener Individuen. Piaget hält dafür, daß das operationelle Erkennen an sich nicht notwendig an irgendeine symbolische Repräsentation incl. der Sprache gebunden ist.[4] Allein das Sprachsystem jedoch, das eine allgemeine Symbolfunktion voraussetzt, vermag die Kommunikationsmittel bereitzustellen, auf denen die Kultur wie ihre Überlieferung beruht. Diese neue Ebene des sozialen, nicht mehr nur sachlichen, Bezugssystems erfordert spezifische Anpassungsleistungen. Die auf der Ebene der reinen Handlung schon erreichte Dezentrierung muß auf der Ebene der symbolischen Darstellung und intersubjektiven Kommunikation schrittweise zumindest partiell wiederholt werden.

In das erste Stadium dieser Stufe (das symbolische Denken) fällt u.a. das kindliche Symbolspiel, das durch ein Überwiegen der Assimilation von Wirklichkeit an die subjektiven Wünsche gekennzeichnet ist.[5] Im zweiten Stadium (das anschauliche Denken) beginnt sich die rein individuelle Symbolik zu verlieren; so nähert sich etwa das Spiel einer genaueren, angepaßteren Nachahmung der Wirklichkeit und richtet sich stärker an den Mitspielern aus. Im ganzen bleibt das vorbegriffliche Denken an die Anschauung der realen Gegenstände, v.a. ihrer figürlichen Merkmale, und an die Assimilation objektiver Veränderungen oder fremder Aktionen an die eigenen gebunden.

Diese Periode wird uns weiter unten im Zusammenhang unseres Themas noch genauer beschäftigen.

Die dritte und vierte Stufe sind gekennzeichnet durch das Erreichen der ope-

4. vgl. H.G. Furth, a.a.O., S. 340
5. vgl. J. Piaget, Nachahmung, Spiel und Traum, Ges. Werke, Bd. 5, a.a.O., S. 117ff.

rationellen Intelligenz. Das Denken ist nun nicht mehr in senso-motorischen Handlungsplänen oder in wahrnehmungs- bzw. vorstellungsmäßigen Regulierungen, sondern in Operationen organisiert. Operationen sind internalisierte Tätigkeiten, die sich auf einer vom bloßen Umgang mit den Dingen abstrahierten Ebene zu definierten Strukturen (Klassifikationen, Seriationen, Zuordnungen etc.) verbinden und schließlich in eine Kombinatorik münden, die im strengen Sinne hypothetisch-deduktiv verfährt. Die wichtigsten Unterscheidungskriterien der konkret-operationellen Intelligenz von der formal-operationellen sind Reversibilität und mögliche Reduktion des Wirklichen auf einen Fall des Möglichen.

Der Übergang von den konkreten Klassen- und Relationsoperationen zu den Aussageoperationen und den operativen Schemata der formalen Stufe besteht in der Herausbildung eines Mechanismus, der die Strukturierungen der verschiedenen konkreten Erfahrungsbereiche zu einem einzigen System zusammenzufassen vermag. Er wird gerade aufgrund der Qualität der konkreten Operationen selbst notwenig: je besser diese funktionieren und je ernster das Subjekt die mit ihnen erzielten Resultate nimmt, desto größer wird deren Komplexität und Inkohärenz. Der Versuch, aus der Komplexität die entscheidenden Faktoren zu isolieren und die Inkohärenzen zu erklären, führt zu einer Kombinatorik, die sich auf Operationen statt auf Tatsachen bezieht, die die tatsächliche Welt als einen Fall aus der Gesamtheit aller möglichen Fälle betrachtet und die eine qualitativ neue Form der Reversibilität aufweist. An die Stelle von Multiplikation und Assoziation treten Abstraktion und Analyse. Der Begriff der Reversibilität – der i.S. Piagets geradezu synonym mit dem Begriff des Gleichgewichts ist – bedeutet hier die Möglichkeit, alle Operationen gleichzeitig und in beiden (positiv und negativ) Richtungen durchführen zu können.[6] Es ist offensichtlich, daß die Anwendung dieses Systems die systematische Dezentrierung sowohl des subjektiven Standpunkts als auch der tatsächlichen Welt voraussetzt. Das Denken ist im engeren Sinne reflexiv geworden, da es sich auf Formen und nicht mehr auf gegebene Inhalte bezieht. Es ist nicht mehr bloß pragmatisch am Erfolg der Handlung ausgerichtet, sondern schließt die Ziel- und Wertdimension ein.

6. „... das System befindet sich im Gleichgewicht, wenn die Operationen, die der Prüfling beherrscht, eine Struktur in dem Sinne bilden, daß diese Operationen in beiden (sei es durch strenge Inversion oder Negation, sei es durch Reziprozität) abgewickelt werden können. Weil die Gesamtheit der möglichen Operationen ein System virtueller Transformationen darstellt, die einander kompensieren – und zwar einander kompensieren, insofern sie Reversibilitätsgesetzen gehorchen –, befindet sich das System im Gleichgewicht. Die operative Reversibilität und das Gleichgewicht sind somit letzten Endes ein und dasselbe, und weil die möglichen Operationen beweglich und reversibel (und das heißt auf alle Arten zusammensetzbar, aber vollständig umkehrbar) sind, wirkt das Mögliche kontinuierlich auf die Auswahl der durchzuführenden neuen Operationen ein.“, J. Piaget/B. Inhelder, Von der Logik des Kindes zur Logik des Heranwachsenden, a.a.O., S. 255

Analog und in Wechselwirkung stehend zu diesem Prozeß der kognitiven Bewältigung der objektiven Welt beschreibt Piaget den Prozeß des Austauschs mit der intersubjektiven Welt. Das „moralische Urteil“[7] entwickelt sich von den Formen äußeren Zwangs und der Heteronomie zu einer Moral der Autonomie und der Orientierung an internen Prinzipien, vom Egozentrismus zur Zusammenarbeit. Diese ist ein kontinuierlicher Bildungsprozeß, in dem zunächst durch den Zwang der Erwachsenen im Kind ein moralischer Realismus erzeugt wird, sodann die empfangenen Weisungen zunehmend interiorisiert, differenziert und verallgemeinert werden. Die entstehende moralische Autonomie erfährt das Gute, Richtige etc. nicht mehr als von außen gesetzt, sondern als immanente Bedingung der Zusammenarbeit, die sich auf Gegenseitigkeit gründet.

Diese Moral scheint bis in ihr Vokabular hinein stark Kantisch geprägt zu sein; sie unterschlägt die Vorgängigkeit mitmenschlicher Lebenspraxis zu ihren vielfältigen Bezügen.

III.

Ich möchte zunächst einem Mißverständnis, das meine Darstellung der Theorie Piagets vielleicht entstehen läßt, vorbeugen. Die Errungenschaften der senso-motorischen und der anschaulichen Periode des Denkens können nicht als in der formal-operationellen Intelligenz vollständig aufgehoben gelten. Der Mensch bleibt selbstverständlich sein ganzes Leben lang auf sie angewiesen; sie stellen selbständige geistige Leistungen dar. So bleibt etwa die senso-motorische Intelligenz das wesentliche Organ der Wahrnehmungstätigkeit, und das Vorstellungsbild spielt eine unverzichtbare Vermittlerrolle zwischen der Wahrnehmung und den begrifflichen Schemata. Es gibt kontinuierliche Zwischenformen zwischen diesen Formationen und der begrifflichen Intelligenz, und jene erfahren durch diese spezifische Fortentwicklungen.

Der genannte Eindruck hat jedoch zugleich eine gewisse Berechtigung und besondere Gründe im Konzept der Entwicklungslogik selbst. Das Interesse an der Entwicklung führt zur Dominanz des Gedankens der hierarchischen Integration, deren letzter und erfolgreichster Ausdruck das wissenschaftliche Denken ist. Und das Interesse an der strukturellen Logik der Entwicklung führt zu Ausklammerung aller Inhalte, der Intention und lebhaft-sinnlichen Fülle der Erfahrung, von der wohl gerade Wahrnehmung, Vorstellung und Symbol sich in starkem Maße nähren und auf die das theoretische Denken kaum ganz verzichten kann. Jene lebendige Fülle liefert den Boden, auf dem alle Strukturierung vor sich geht und von dem her der Aktivität des Erfahrens und Denkens erst ihr je konkreter Sinn erwächst. Piaget setzt mit Kant voraus, daß ‚Wahrheit‘ nicht in den Dingen selbst, sondern in ihrer intelligenten Organisation liegt. Aber er fun-

7. vgl. J. Piaget, Das moralische Urteil beim Kinde, Ffm. 3, 1979

diert diese Organisation biologisch, nicht anthropologisch im Sinne psychischer Umgestaltung der biologischen Bedingungen. Seine Wissenschaft ist insofern ‚positivistisch' als sie von vornherein weiß, wie Denken und Welt positiv beschaffen sind. Er unterschlägt dabei, daß die formal-strukturierte Welt auch die jeweils inhaltlich intendierte und immer schon interpretierte ist.

Dieser Grundzug der Theorie Piagets wird uns im Zusammenhang mit der Interpretation der Vorstellung und des Symbolismus noch beschäftigen. Meine Absicht ist dabei die, das, was hier auf übereinander geordneten Ebenen angesiedelt wird, auf einer Ebene in seiner immanenten Dialektik zu betrachten. Daß diese Dialektik auch einer Entwicklung unterliegt, ist unbestritten; Piaget führt das überzeugend gegen die Gestaltpsychologie und gegen die phänomenologische Reflexion ins Feld. Mein Interpretationsansatz beinhaltet jedoch den Versuch, den Entwicklungsgedanken aus seiner gleichermaßen logischen wie biologischen Begründung zu lösen und den motivatorischen Faktor stärker zu betonen.

Ich komme auf die obengenannten Differenzierungen von Phantasie bzw. Kreativität bei Piaget zurück.

1. Piaget geht von der Einheit des Denkens aus. Es gibt nicht verschiedene, gesonderte Vermögen, sondern eine Kontinuität der Entwicklung von der Sensomotorik über die Symbolfunktionen bis zur formalen Logik. Es ist anzunehmen, daß diese Entwicklung mit neurologischen Reifungsprozessen korreliert[8], sie sind aber zu ihrer Erklärung unzureichend. Die Prozesse der Intelligenz folgen ihren immanenten Gleichgewichtsgesetzen.

Intelligenz als Gesamtverhalten des Menschen ist im emphatischen Sinne Tätigkeit, Operativität, Auseinandersetzung; nur qua ihres Realität transformierenden Charakters gelangt sie zur Erkenntnis. Sie ist in Termini der Handlungspsychologie, nicht in denen der Bewußtseinspsychologie zu beschreiben, da sie nicht-gewußte Prozesse miteinschließt. Sie bewegt sich auf allen Stufen jeweils zwischen zwei Polen: zwischen Innen und Außen, Subjekt und Objekt, zwischen der unveränderten Erhaltung des Systems ihrer Aneignungsschemata und deren Neugestaltung auf Grund innerer oder äußerer Veränderungen. Die Naturnotwendigkeit der Anpassung i.S. Piagets hat immer diesen doppelten Charakter. Und menschliche Intelligenz kommt insofern über die blanke Notwendigkeit hinaus, als sie sich über diesen Prozeß selbst Rechenschaft zu geben vermag.

Wenn aber die Strukturen der Intelligenz Ergebnis eines aktiven Prozesses sind, ist die Intelligenz nichts anderes als Kreativität. Dieser Prozeß hat im strikten Sinn weder einen Anfang, noch kann er ein Ende haben, soll Erkenntnisfortschritt fernerhin möglich sein.[9] Die biologische Notwendigkeit der Anpas-

8. vgl. J. Piaget/B. Inhelder, Von der Logik des Kindes ..., a.a.O., S. 268
9. Schon aus Gründen des Gödelschen Theorems ist das Gleichgewicht der operationel-

sung stellt sich beim Menschen nicht dar als schlichte Einpassung in eine vorgegebene Umwelt, sondern ist der dialektische Vorgang der Strukturierung, die das Erfahrung-machen erst ermöglicht, und der Gestaltung einer Welt, die umgekehrt auch nur durch Anpassung an deren Eigenheiten erst möglich wird. Dieser Vorgang differenziert sich im Lauf der individuellen Entwicklung immer mehr aus. Schon die praktische Intelligenz geht von spezifischen und unmittelbaren Verhaltensreaktionen über zu allgemeineren Verhaltenskoordinationen. Damit ist bereits das Band gelockert zwischen der Form der Koordinationen und dem Inhalt ihrer externen Manifestationen, zu deren vollständiger Trennung schließlich die theoretische Intelligenz fähig wird. Die Entwicklung dieser Abstraktion ist identisch mit dem Vorgang der Dezentrierung: sie ist verantwortlich dafür, daß der operationellen Intelligenz eine unendliche Welt offen steht.

Dezentrierung als die Fähigkeit, sich in eine Unzahl möglicher Standpunkte zu versetzen, heißt in der Anthropologie A. Gehlens Phantasie.[10] Gehlen hat sie allerdings an den anthropologischen Anfang gesetzt. Bei Piaget ist sie Prozeß; ihr gelingt erst am Ende, was jener ihr anfangs schon zusprach. Es handelt sich hier nicht um die Phantasie des ‚biologischen Mängelwesens' Mensch, sondern um die strukturelle Phantasie des epistemischen Subjekt.

2. Der kreative Charakter der Intelligenz i.S. Piagets ist an den Übergängen von einer Stufe der Entwicklung zur nächsten im besonderen demonstrierbar.

Von Piaget nicht näher hinterfragtes Movens der intelligenten Entwicklung ist die quasi-biologische Tendenz, auftretende Ungleichgewichte durch Umstrukturierung in einem stabileren Gleichgewichtssystem aufzufangen. Diese zunächst ‚blinde' Tendenz wird allerdings immer nur durch die Eigenaktivität des Subjektes selbst eingelöst. Der Erwerb neuer Erkenntnis ist ein Lernen im Kontakt mit der sachlichen und sozialen Umwelt. Neue Pläne des Erkennens entstehen aus der Differenzierung und Verallgemeinerung früherer Pläne, und dies impliziert von Erfahrung abhängige Akkomodationen – die ihrerseits umgekehrt frühere Assimilationen voraussetzen. Piagets Begriff des Lernens unterscheidet sich mithin grundsätzlich von dem der Lerntheorien behavioristischer Provenienz. Zentraler Mechanismus des Lernens ist eine „formale reflektive Abstraktion".[11] Nur diese Rückkoppelung verbürgt eine Bereicherung des koordinierten Verhaltens durch einzelne akkomodierende Akte. Und nur durch diese Ab-

len Intelligenz als ein offenes anzusehen, vgl. J. Piaget, Einführung in die genetische Erkenntnistheorie, Ffm. 1973, S. 18. Allerdings ist sie im Bezugsrahmen struktureller Veränderungen ob ihrer Universalität als endgültig aufzufassen; es gibt nurmehr interne Elaborationen und besondere Applikationen, vgl. H.G. Furth, a.a.O., S. 300

10. vgl. A. Gehlen, Der Mensch, Wiesbaden [12]1978, Kap. 37, sowie die Beiträge dieses Bandes zur Anthropologie A. Gehlens

11. zu diesem Begriff vgl. H.G. Furth, a.a.O., S. 335

straktion im Sinne einer Ablösung der allgemeinen Form von ihrem besonderen Inhalt kann die Erkenntnistätigkeit zunehmend interiorisiert werden und sich damit weitere Bereiche verfügbar machen. Schließlich vermag nur eine reflektierte Struktur Strukturen niederer Stufen in einer höheren Synthese zu enthalten.

Ich möchte dieses Konzept des Lernens am Übergang vom konkret- zum formal-operationellen Denken am Beispiel der Kausalität ein wenig erläutern.[12]

Je mehr sich das Kind der konkreten Stufe bemüht, die Wirklichkeit vollständig zu strukturieren, desto größer wird deren Komplexität, und es zeigt sich, daß sich zahlreiche heterogene Faktoren überlappen: ein und derselbe Effekt kann z.B. durch mehrere von einander abhängige oder unabhängige Ursachen hervorgerufen sein, oder eine bestimmte Ursache kann durch eine Reihe von Begleitumständen verdeckt sein. Solange das Kind sich nur an die konkreten Tatsachen hält, vermag es diese mit den Mitteln seines Systems nicht in einen kohärenten, widerspruchsfreien Zusammenhang zu bringen. Dies ist nur möglich durch die Erarbeitung eines übergeordneten Bezugssystems, in diesem Falle einer formalen Kombinatorik, die die relevanten Faktoren von den irrelevanten unterscheidet. Hierzu kann das Kind mit Hilfe zweier Methoden gelangen. Es kann entweder die Ergebnisse der konkreten Operationen untereinander koordinieren oder diese Operationen als solche.

Es liegt nahe, in den reflexiven Abstraktionen, die Quelle der Weiterentwicklung der Intelligenz sind, eine kreative Tätigkeit zu sehen. Denn jeder Übergang ist und bleibt eine neue Konstruktion und Kombination des Individuums, auch wenn er – wie es einer frühen Überzeugung Piagets entspricht – in der Sprache der Kybernetik beschrieben werden kann.

3. Ich gehe nun über zum dritten Gesichtspunkt, dem Begriff von Phantasie im Rahmen des Symbolismus und des Spiels. Er liegt zunächst der gängigen psychologischen Auffassung näher als die oben besprochenen Aspekte, ist aber durch die spezifische Interpretation Piagets an diese gekoppelt. Allerdings zeigt sich hier ein Frageüberhang bezüglich der je subjektiven Funktion von Phantasie, der im kognitionspsychologischen Rahmen als solchem nicht zu beantworten ist. Piaget selbst verweist auf Interpretationskategorien S. Freuds.[13]

Im Rahmen der Untersuchung kindlicher Symbolspiele bezeichnet Phantasie ein bestimmtes Phänomen, nämlich ein zeitlich limitiertes Überwiegen der Assimilation von Wirklichkeit an die Bedürfnisse des Subjekts zum Zweck ihrer symbolischen Befriedigung. Da sowohl die Akkomodation an die Eigenheiten der Gegenstände als auch die Ausrichtung auf die Mitspieler auf ein ganz geringes Maß herabgesetzt sind, bzw. frühere Akkomodationen der aktuellen Absicht

12. vgl. J. Piaget/B. Inhelder, a.a.O., S. 266 ff.
13. vgl. J. Piaget, Nachahmung, Spiel und Traum, a.a.O., S. 218 f.

vollständig untergeordnet werden, hat diese Abstraktion i.S. Piagets stark deformatorischen Charakter; er gesteht jedoch zu, daß sie eine für die affektive Entwicklung des Kindes wichtige Rolle spielt.

Das Symbolspiel als Ausdruck je subjektiver Phantasien und als eine bestimmte Formation des Spiels neben anderen (wie den Übungs- und Regelspielen[14]) steht nicht im Gegensatz zum Denken oder zur Arbeit, sondern stellt einen entwicklungsbedingten Pol in der allgemeinen Bemächtigung der physischen und sozialen Umwelt durch das Kind dar. Es ist eine Form des anschaulichen Denkens unter anderen wie Nachahmung, Traum, innere Bilder etc. Dieses ist Resultat des Erwerbs einer allgemeinen Symbolisierungsfähigkeit oder Repräsentationsfunktion, die gleichzeitig mit der Sprache auftritt, sich aber nicht auf diese beschränkt. Sie ist die Fähigkeit, Dinge durch „Zeichen, die vom Subjekt selbst produziert oder reproduziert worden sind und unmittelbar aus einer inneren Erkenntnistätigkeit folgen oder zu ihr hinführen", zu repräsentieren.[15] Die Zeichen entstammen verinnerlichten Nachahmungen, die ihrerseits auf senso-motorische Vorläufer zurückgehen. Mit der Repräsentation vergrößert sich die Zahl der schon auf der Stufe der Sensomotorik möglichen Kombinationen in immensem Maße. Denn Vorstellungsbilder können sich sowohl auf die Gegenwart als auch auf die Zukunft beziehen. In diesem weiten Sinn eines allgemeinen Vermögens zur Distanznahme von unmittelbar Gegebenem ist die Repräsentationsfunktion von entscheidender Bedeutung für die Intelligenz, insbesondere für die Form-Inhalt-Trennung auf der formal-operationellen Stufe (kognitive Repräsentation).[16]

In engerem Sinn jedoch ist Repräsentation bei Piaget bezogen auf die Periode des anschaulichen Denkens. In Abhebung vom operationellen Denken, das analytisch und deduktiv verfährt, stellt dieses bildhaft-statisch dar, indem es das Allgemeine immer durch einen Sonderfall ersetzt, der am Allgemeinen partizipiert und dadurch dessen Substitut ist. Dies Verfahren lehnt sich also an die perzeptive Anordnung an und geht zum Ganzen fort über eine Beziehung der Ähnlichkeit und der Nähe in Zeit und Raum. Es bleibt an die Perspektive und das affektive Interesse des individuellen Subjekts gebunden. Als solche ist die Repräsentation Formation einer noch egozentrischen Periode des Denkens, in der noch ungenügend zwischen Subjekt und Objekt getrennt wird und die im Sinne Piagets zu überschreiten und überschreitbar ist. Sie ist in seiner Erkenntnislehre eher eine entwicklungsgeschichtliche Kategorie denn eine systematische. Sie ist in dieser Hinsicht eine Stufe in der Vertikalität der Integration in die formale Intelligenz bzw. sie mündet ein in die angepaßte Darstellung im besonderen Bereich der Kunst.

14. vgl. a.a.O., S. 139 ff.
15. H.G. Furth, a.a.O., S. 129
16. vgl. J. Piaget, Nachahmung ..., a.a.O., S. 273 ff.

Demgegenüber möchte ich zur Diskussion stellen, ob das perspektiv- und bildhafte Verfahren nicht auch in der Horizontalität zu betrachten und ernstzunehmen ist: nämlich als eine Form der sinnlichen Anschauung und Erfahrung, die die transformationelle, abstrakte Erkenntnis stets begleitet, weil sie mit dem lebensgeschichtlichen und geschichtlichen Motivationshintergrund jeder Erkenntnis verknüpft ist.

Eine solche Betrachtungsweise nimmt freilich einen phänomenologisch-hermeneutischen statt einen epistemologisch-naturwissenschaftlichen Standpunkt ein.

Die Entwicklung des Denkens im Sinne Piagets besteht in einer immer vollständigeren Abstraktion des Gedankengangs von den ‚Dingen', der operativen Formen von den Inhalten – und die vollständigste Abstraktion, nämlich die operationelle Erkenntnis, verbürgt erst Wahrheit, weil sie eine von jeder besonderen Erfahrung unabhängige Erkenntnis von Invarianten erreicht und zur Allgemeinheit aller möglichen Standpunkte kommt. In diesem Entwicklungskonzept scheint die ‚Vorstellung' systematisch ein notwendiges, aber ein Übergangsstadium zu sein. Sie ist eine Form der Abstraktion vom Hier und Jetzt des Handelns; sie ist auch eine bestimmte Form des Gleichgewichts, aber eine begrenzte. Sie bleibt dem Bildhaft-Zuständlichen, der Erfahrung der unumkehrbaren Zeit und der leiblich fundierten individuellen Perspektive verbunden.

Alle drei Bestimmungen treffen, aber sie verweisen auf mehr, als Piaget zuzugestehen scheint. Denn die individuelle Perspektive als solche bestimmen zu können, setzt voraus, daß man sich virtuell in andere Standpunkte versetzen kann.[17] Die Phantasievorstellung als Medium subjektiver Einmaligkeit leistet zugleich eine Annäherung an die Allgemeinheit, indem diese Einmaligkeit nur erfahrbar wird in der Relation zu Anderen und möglichem Miteinander. Phantasie ist nicht nur als individuelles, sondern von vornherein zugleich als soziales Phänomen anzusehen.

Imagination als symbolische Distanznahme von der dinglichen Unmittelbarkeit ist zugleich Ausgangspunkt für den Entwurf neuer Exteriorisationen.[18] Sie ist Vorwegnahme konkreter Utopie, die durchaus realistisch angebunden und zumindest potentiell allgemein sein kann.

Und schließlich verweist die zeitliche und bildhafte Gebundenheit der Imagination auf eine unbegrenzte Zahl von Bildern entfernter Räume und Zeiten. Die spezifische Verknüpfung, von der Imagination sich nährt und die sie leistet, ist die von Abstraktion und Bild. Darin unterscheidet sie sich sowohl von der Analyse wie von der Deduktion.

Ich möchte mit der Hoffnung schließen, daß das Nachdenken über unsere

17. vgl. den Beitrag von A. Schöpf in diesem Band
18. vgl. J. Piaget, Nachahmung ..., a.a.O., S. 96

menschliche Phantasie nicht zu ihrer Blockierung beiträgt, sondern zum phantasievollen Weiterdenken anregt und phantasievolles Handeln möglich sein läßt. Zwischen der Reflexion und der Spontaneität des Handelns gibt es spezifische Unterschiede. Aber in beidem steckt vielleicht auch ein gemeinsamer Kern, der in je verschiedenen Weisen fruchtbar zu machen ist – und den wir gerade im Angesicht unserer verwalteten, technisierten, leblos erscheinenden Welt fruchtbar machen müssen.

Ich nehme an, daß nur Phantasie die Hoffnung auf unser Überleben und auf ein für uns lebenswertes Leben realistisch erscheinen läßt.

– So paradox das klingen mag!

Günther Bittner

DIE IMAGINÄREN SZENARIEN

„Phantasie" ist ein zentraler Begriff der Psychoanalyse, doch eigentlich kein terminus technicus: anders als die anderen zentralen Begriffe (z.B. „Ich", „Sexualität", „Narzißmus") ist er von Freud eher beiläufig in einer Reihe kleinerer Arbeiten der Jahre 1907 - 1909 eigeführt und in seiner umgangssprachlichen Mehrdeutigkeit belassen worden.

So finden wir bei Freud auch keine Definition der Phantasie und müssen uns an zeitgenössischen Sekundär-Definitionen orientieren.

Laplanche und Pontalis definieren Phantasie als „imaginäres Szenarium, in dem das Subjekt anwesend ist und das in einer durch die Abwehrvorgänge mehr oder weniger entstellten Form die Erfüllung eines Wunsches, eines letztlich unbewußten Wunsches, darstellt". (Laplanche und Pontalis 1972, S. 388). Das scheint eindeutig, enthüllt seine Mehrdeutigkeit erst in den von Laplanche und Pontalis nachgeschobenen Erläuterungen. Da gibt es verschiedene „Erscheinungsformen" der Phantasie: die „bewußten" (Tagträume, manifester Trauminhalt) und die nur durch Analyse zu erschließenden „unbewußten" Phantasien, die von Laplanche und Pontalis einmal (S. 388) mit den „sog. Urphantasien" gleichgesetzt werden, während diese Urphantasien ein anderes Mal (S. 573ff.) gleichsam als das menschheitsgeschichtliche Konzentrat, das überindividuelle Strukturgitter im Hintergrund der individuellen unbewußten Phantasien erscheinen.

Eine weitere Mehrdeutigkeit des Phantasiebegriffs wird von Laplanche und Pontalis ausdrücklich als solche benannt: Phantasie meint einerseits „das Vermögen ... zu imaginieren (Einbildungskraft)"; andererseits „die imaginäre Welt, ihre Inhalte" und, wie ich im Unterschied zu Laplanche und Pontalis noch als Drittes davon abheben möchte: „die schöpferische Aktivität, die sie belebt (das Phantasieren)". Laplanche und Pontalis erkennen auch richtig, daß die Psychoanalyse Phantasie mehr im zweiten (und von mir abgehobenen dritten) Sinne versteht, wenn auch die erstere Bedeutung ihr nicht ganz fremd ist. Phantasieren ist ja nach Freuds Verständnis auch eine Form des Denkens (vgl. Sandler 1976, S. 772).

Dies ist für eine Verständigung zwischen Psychoanalyse und außeranalytischen Psychologien wichtig festzuhalten. In den außeranalytischen Psychologien ist Phantasie stets als Funktion, als „Vermögen" (auch wenn der Ausdruck selbst obsolet ist, vgl. Ewert 1967, S. 9ff.), als Element von Kognitionsprozessen aufgefaßt — angefangen vom Altmeister Wundt über die Ganzheits- und Gestalt-Psychologen (vgl. Ewert 1967,

Metzger 1975 bis hin zu Piaget 1969). Auch die philosophierenden Psychologen August Vetter und Hans Kunz bestimmen Phantasie in einem ersten Schritt als „Einbildungskraft", wenn dann auch zumindest bei letzterem die dank der Einbildungskraft hervorgebrachten „irrealen (innerlichen) Welten" im Mittelpunkt der Erörterung stehen (Vetter 1950, Kunz 1946).

Der andere psychoanalytische Schematisierungsversuch von Joseph Sandler ist weniger an den „imaginären Szenarien" als an den persönlichkeitsstrukturellen Bedingungen der Phantasietätigkeit interessiert. Auch Sandler unterscheidet zwischen dem *Tagtraum* einerseits als dem Prototyp der *bewußten*, wunscherfüllenden Phantasie, und der Gruppe der im topischen Sinne *unbewußten Phantasien* auf der anderen Seite. Zu diesen letzteren gehören einmal solche Tagträume, die früher bewußt waren und ob ihrer Unannehmbarkeit verdrängt wurden („sekundär unbewußt gewordene" Phantasien), zum anderen die unbewußten Phantasien im engeren und spezifischeren Sinne, von Sandler folgendermaßen definiert: „Die unbewußte Phantasie ist im wesentlichen eine organisierte, verkappte, unbewußte Modifikation und Ausgestaltung eines unbefriedigt gebliebenen Wunsches ..." (Sandler 1976, S. 775).

Laplanche / Pontalis' und Sandlers Versuche zur Systematisierung erscheinen mir drei Unstimmigkeiten zu enthalten, die für die psychoanalytische Auffassung der Phantasie charakteristisch sind:

1. Das Verhältnis von *bewußten* und *unbewußten* Phantasien: Der alte Einwand gegen die Lehre vom Unbewußten, der besagt, unbewußt Psychisches sei ein Widerspruch in sich, ist zwar nicht durchschlagend, aber auch nicht erledigt: wenn ich für die „organisierte, verkappte unbewußte Modifikation und Ausgestaltung eines unbefriedigt gebliebenen Wunsches" die Bezeichnung „unbewußte Phantasie" verwende, muß ich angeben, welche Strukturverwandtschaft mit der bewußten Phantasie mich legitimiert, auch dieses – nur hypothetisch erschließbare – Gebilde als Phantasie zu bezeichnen.

2. Freud schrieb, das Gegenteil von Spiel sei nicht Ernst, sondern *Wirklichkeit* (Freud VII, S. 214). Das gilt nach psychoanalytischer Auffassung noch viel mehr für die reinen Phantasien, lehnt doch das Spiel seine imaginativen Sinngebungen immerhin noch gern an Wirkliches an (vgl. Searl 1932). Den Tagtraum bezeichnet Sandler, direkt auf Freud bezugnehmend, als wunscherfüllenden Gedanken, von dem man *weiß, daß er nicht wahr ist* (Sandler 1976, S. 772; Hervorhebung von mir). Ich meine, daß dieser Bausch- und Bogen-Verweis der Phantasien in den Bereich des Irrealen, ja Wahnhaft-Halluzinatorischen (Kunz, in Pongratz 1972, S. 155) dem psychoanalytischen Phantasieverständnis ein arges Handicap mitgegeben hat, daß der *verborgene Realitätsgehalt von Phantasien* oder gar deren realitätsgestaltende Kraft auf Zukunft hin (wie von Bloch beschrieben) auf diese Weise immer wieder durch die Maschen fiel.

Sandlers Definiton ließe sich leicht unter Berücksichtigung dieses Bedenkens umformulieren: Der Tagtraum (und die Phantasie überhaupt) wäre dann nicht mehr „der wunscherfüllende Gedanke, von dem man weiß, *daß er nicht wahr ist*" (Hervorhebung von mir), sondern der wunscherfüllende Gedanke, von dem man *noch nicht weiß, ob er wahr ist*, d.h. ein Gedanke, der noch vor der Realitätsprüfung steht (bzw. der vielleicht einer Realitätsprüfung nicht bedarf, weil er einer anderen Erfahrungskategorie angehört, z.B. der des Glaubens).

3. Bleibt noch als Problem das Definitions-Element des *wunscherfüllenden* Gedankens. Phantasien dienen, so lautet der traditionelle psychoanalytische Grundsatz, der Wunscherfüllung. Sandler schärft zwar ein, daß dieser Wunsch nicht unbedingt ein Triebwunsch sein müsse, sondern „auch das Bedürfnis sein kann, peinliche Erlebnisse zu vermeiden und Sicherheit und Wohlbefinden zu wahren" (Sandler 1976, S. 775); er will sogar ausdrücklich die klassische Wunscherfüllungstheorie um die „gesamte Breite von deskriptiv unbewußten Wünschen" erweitern, insbesondere um jene Wünsche, die „zur Erhaltung des Narzißmus des Tagträumers, seiner Selbstachtungs- und Sicherheitsgefühle, seines Bedürfnisses, sich zu behaupten usw. dienen" (Sandler 1976, S. 772 Anm.). Damit *scheint* die Öffnung zur Narzißmustheorie hin zwar vollzogen, doch täusche man sich nicht: der neue Wein wird in die alten Schläuche gegossen. Die narzißtischen Bedürfnisse wurden nach dem Paradigma der infantil-sexuellen dekliniert; und die Frage, ob diese narzißtischen Wünsche und Bedürfnisse nicht auf eine ganz andere Art „Wünsche" sind als die infantil-sexuellen, mit einem ganz anderen und intensiveren Realiätsbezug, mit einer sehr viel größeren Kontinuität auf der Achse bewußt-unbewußt[1] – diese Frage tritt aufgrund sprachspielbedingter Vorfestlegungen gar nicht erst ins Gesichtsfeld.

Die nachfolgenden Überlegungen suchen einen neuen Ansatzpunkt zur psychoanalytischen Interpretation der Phantasie – *einen Ansatzpunkt, der diese dreifache Aporie der bewußten und unbewußten Phantasien, der Phantasie als Nicht-Realität, der narzißtischen und der infantil-sexuellen Wunscherfüllung aufhebt.*

1. Es müßte zu denken geben, daß narzistische Motive in Träumen viel öfter als die sexuellen unverschlüsselt erscheinen (Grunert 1977). Aus diesen und anderen Gründen (vgl. Bittner 1981) würde ich dazu neigen, im Unterschied zu manchen anderen Beobachtungen der Diskussion (z.B. A. Schöpf), die Theorien von Narzißmus und Selbst als Ausdruck eines „neuen Paradigmas" in der Psychoanalyse zu betrachten, innerhalb dessen den tradierten psychoanalytischen Grundbegriffen (z.B. Trieb, Objektbeziehung) ein jeweils neuer systematischer Ort anzuweisen wäre.

1. Phantasien vor und nach der Urverdrängung.

Am Anfang der kindlichen Entwicklung stehen nach psychoanalytischer Auffassung die Halluzinationen. Dazu die berühmte Stelle bei Freud: der Säugling „halluziniert wahrscheinlich die Erfüllung seiner inneren Bedürfnisse, verrät seine Unlust bei steigendem Reiz und ausbleibender Befriedigung durch die motorische Abfuhr des Schreiens und Zappelns und erlebt darauf die halluzinierte Befriedigung" (Freud VIII, S. 232, Anm.). Zwei bedeutende Vertreter der psychoanalytischen Kinderpsychologie haben mit ihren Überlegungen an die Bemerkung Freuds angeknüpft (Ferenczi 1913, Winnicott 1965).

Was heißt „Halluzinieren" – im Unterschied zum „Phantasieren"? „Halluzinationen sind Wahrnehmungen ohne entsprechenden Reiz von außen" (Bleuler 1955, S. 28), sind Sinnestäuschungen, Wahrnehmungen ohne Objekt (Pschyrembel 1968, S. 461). Illusionen hingegen sind „krankhaft gefälschte wirkliche Wahrnehmungen" (Bleuler 1955, S. 28).

Die Begriffe „Halluzination" und „Illusion" gehören zu den irreführenden Psychiatrizismen, von denen die psychoanalytische Kinderpsychologie voll ist. „Am Anfang seiner Entwicklung versucht das neugeborene Menschenkind, das Befriedigtsein lediglich durch eindringliches Wünschen (Vorstellen) zu erlangen, wobei es die unbefriedigende Wirklichkeit einfach unbeachtet läßt (verdrängt), die gewünschte, aber mangelhafte Befriedigung dagegen als vorhanden sich vergegenwärtigt" (Ferenczi 1913 bzw. 1970, S. 148). Die Unterstellung, der Säugling ignoriere die Realität, erscheint denn doch allzu kühn vom Erwachsenenstandpunkt aus in die kindliche Psyche hineininterpretiert. Die Wahrheit ist wohl eher, daß der Säugling noch nicht über die kognitive Organisation verfügt, die es ihm erlaubt, die Realitätsfrage überhaupt zu stellen. Die mißverständlicherweise von Freud beschriebenen „halluzinatorischen" Anfänge der kindlichen Bedürfnisbefriedigung stellen also eher einen Zustand dar, in dem das Kind noch nicht weiß und nicht wissen kann, ob seinem Wunschdenken Realität zukommt oder nicht.

Winnicott ist einen Schritt in Richtung dieser Auffassung gegangen. Er spricht von den Illusionen und „sensorischen Halluzinationen", die den spontanen Gesten des Säuglings inhärent sind und denen die Realität, d.h. die mütterliche Fürsorge, sich anzupassen hat. (Winnicott 1965, S. 189f.). In der Sache ist dies durchaus richtig – nur verlieren dann die Ausdrücke „Halluzination" und „Illusion" ihren spezifischen Sinn. Richtig müßte im Sinne Winnicotts heißen, daß das Kind am Anfang eine Umgebung benötigt, die es ihm erlaubt, die Frage nach Phantasie oder Realität dahingestellt sein zu lassen. Wie Winnicott selbst geschildert hat, bedarf es keiner besonderen Kraftanstrengungen seitens der Mutter, dem Kind die ihm gemäße Befriedigung zu geben – sind es doch korrespondierende Phantasien in ihr selbst, die sie anregen, das zu tun, was dem Kind bekömmlich ist. Zumindest auf dieser Stufe liegen Lust- und Realitätsprinzip nicht im Streit miteinander; es gibt eine *befriedigende Regelung von Realverhältnissen mittels korrespondierender lustbetonter Phantasien.* Darum ist die psychoanalytisch so viel besprochene Omnipotenz des Kindes nicht nur eine unrealistisch dahinphantasierte, sondern in der ihr eigenen Sphäre eine durchaus reale. Zumindest in der harmonischen Frühbeziehung zwischen Mutter und Kind kommt den Vorstellungen magischer Bewirkung Realität zu; das Tischlein-Deck-Dich-Prinzip funktioniert. *Omnipotenz* besitzt das Kind nicht, wohl aber eine Art *Psychopotenz.* Es gibt Realverhältnisse genug, vor allem im Lebensraum des Kindes, die sich durch Psychopotenz bewegen lassen.

Das Auseinandertreten von Realität und Unrealität (Phantasie) ist erst das Ergebnis psychischer Differenzierungsprozesse. Ein wichtiger Knotenpunkt dieser Differenzierung scheint im zweiten Lebensjahr zu liegen. Hier gibt es eine Reihe von Bruchstellen der kindlichen Entwicklung, die noch kaum im Zusammenhang miteinander gesehen worden sind: den Erwerb der semantischen Nein-Geste (Spitz o.J.), die frühe Triangulierung (Rotmann 1978, 1980), die Urverdrängung im Sinne einer Spaltung zwischen Grund-Ich und bewußtem Ich (Bittner 1977) bzw. einer Ich-Es-Differenzierung. Aus dem Beobachtungsmaterial der nichtanalytischen Kinderpsychologie wäre noch die Trotz-Phase und das „Satelliten-Stadium“ (Ausubel 1974) zu nennen. Alle diese Bruchstellen lassen sich darauf zurückführen, daß die frühe Regelung nach dem Identitätsprinzip nicht mehr funktioniert, die zuvor Phantasiewelt und Realwelt reibungslos aneinander fügte. Das mag seinen Grund darin haben, daß die Phantasien sich im Laufe der Entwicklung verändern, daß sie zunehmend anspruchsvoller werden und daß ihnen die Realität nicht mehr zu entsprechen vermag.

Mit der Scheidung von Phantasie und Realität wird zugleich die Scheidung von *bewußter und unbewußter Phantasie* vollzogen. Der Tagtraum, als Prototyp einer bewußten Phantasie, kristallisiert sich, nochmals in Abwandlung der Sandlerschen Definition, um einen wunscherfüllenden Gedanken, von dem man *weiß, daß er nicht wahr ist, – dessen Erfüllung aber vorstellbar ist.* Unbewußt bleiben hingegen Phantasien, welche die Repräsentationskapazität des vorstellenden, sekundärprozeßhaft organisierten Bewußtseins (des von Freud sogenannten Systems W-Bw) überfordern, die gleichsam, in den Computer des Bewußtseins eingespeist, nur eine Leerkarte als Antwort evozieren. Typisch dafür ist der von Lewin beschriebene Dream Screen, der, wenn er leer erscheint, als Ausdruck früher oraler oder primärnarzißtischer Phantasien gedeutet wird (Lewin 1946). Doch nicht die Phantasie, die sich in diesen Träumen ausdrückt, ist leer und amorph; nur der kognitive Apparat, der die Traumbildung beherrscht, ist nicht imstande, der Phantasie eine angemessene Repräsentanz zu verschaffen[2].

2. Eine ähnliche Sichtweise wie die hier vorgetragene haben W. Loch und G. Jappe

Endlich läßt die Urverdrängung in inhaltlicher Hinsicht *die infantil-erotischen* und die *narzißtischen Teilphantasien auseinanderfallen.* Galt in der Mutter-Kind-Beziehung des ersten Lebensjahres das Prinzip der korrespondierenden Phantasien („was mir gut tut, tut auch dir gut"), so entsteht jetzt „die unausgleichbare Differenz zwischen den Anforderungen der beiden Triebe – des sexuellen und des egoistischen" (Freud VIII, S. 91).

Freud betrachtete diese Differenz als biologisch angelegt und tat sich von daher schwer, die „egoistischen" (heute würden wir sagen: narzißtischen) Grundelemente in der Sexualphantasie selber dingfest zu machen, z.B. in seiner Analyse der „Erniedrigung des Liebeslebens". Wenn der Mann „den Sexualakt im Grunde doch als etwas Erniedrigendes beurteilt, was nicht nur leiblich befleckt und verunreinigt", wenn er andererseits „in Zeiten, in denen die Liebesbefriedigung keine Schwierigkeiten fand, ... die Liebe wertlos" wurde (Freud VIII, S. 86, 88), dann heißt das eben, daß in der vollen sexuellen Erfüllungsphantasie *auch das Ich seine Bestätigung finden muß.* Das Verhältnis des Trinkers zum Wein, das Freud zum Vergleich heranzieht, kennt solche Komplikationen mit dem Ego nicht, es ist daneben „wie reinste Harmonie" (Freud VIII, S. 89), d.h. es stammt aus jenen Zeiten vor der Urverdrängung, als Trieb und Ego noch nicht in jene „unausgleichbare Differenz" zu einander geraten waren.

2. Das Verhältnis von erotischen und narzißtischen Phantasieinhalten – oder: in welcher Ecke steckt das „Stifter-Bild"?

Was die Psychoanalyse zum Verständnis des Phänomens Phantasie beitragen kann, scheint auf den ersten Blick in Freuds Satz vollständig enthalten zu sein:

> „Man darf sagen, der Glückliche phantasiert nie, nur der Unbefriedigte. Unbefriedigte Wünsche sind Triebkräfte der Phantasien, und jede einzelne Phantasie ist eine Wunscherfüllung, eine Korrektur der unbefriedigenden Wirklichkeit" (Freud VII, S. 216).

Sätze wie diese machen es der Kritik leicht. Phantasie als „Naturschutzpark" – auch dies ein Wort Freuds –, als Spielwiese rückwärtsgewandter Infantilismen, verfällt der Kritik und dem Spott Ernst Blochs über die „bürgerlich übliche schlechthinnige Illusionstheorie des Tagtraums"; der Phantasie bliebe wirklich

(1974) vertreten. Dort ist es allerdings die *ödipale* Identifikation mit dem Vater, die jene „neue Existenzform" begründet, welche die Bildung von Phantasien und die Scheidung von Phantasie und Realität erst gestattet (vgl. Loch und Jappe 1974, S. 17). Ob die Urverdrängung oder die ödipale Identifikation das entscheidende Ereignis darstellt, ist letzten Endes zweitrangig. Wichtig ist der Nachweis, *daß* der Gegensatz von Phantasie und Realität nicht von Anfang an da ist, sondern erst im Zuge der Entwicklung entsteht. Auch läge es nahe, mehrere Schübe der Differenzierung von Phantasie und Realität anzunehmen, von denen die Urverdrängung vielleicht den ersten, die ödipale Identifikation jedoch kaum den letzten bezeichnen mag. G. Schäfer (1981) hat neuerdings die Bedingungen der Herausdifferenzierung von Realität in den frühesten Lebensstufen dargestellt; es läge nahe anzunehmen, daß alles, was im Sinne Schäfers an frühestem Erleben des Kindes nicht „Realität" werden kann, Phantasie bleiben muß.

nur, wie Bloch sagt, „eine Art Narrenfreiheit zum Zweck der Lusterzeugung ... – vom Nachtklub bis zur Nationalgalerie“ (Bloch 1980, S. 109). Ich finde diese Kritik berechtigt und suche daher aus der Psychoanalyse selbst Gesichtspunkte zu finden, die aus der Sackgasse einer Festlegung der Phantasie auf ein wesenloses Reich des Scheins, aufgebaut aus unerfüllten, infantil-erotischen Wünschen, herausführen können.

Zunächst haben die Phantasien auch schon bei Freud noch eine andere, weniger bemerkte Perspektive: Die treibenden Wünsche seien „verschieden je nach Geschlecht, Charakter und Lebensverhältnisse der phantasierenden Persönlichkeit“, im wesentlichen gebe es zwei Gruppen: „ehrgeizige Wünsche, welche der Erhöhung der Persönlichkeit dienen, oder erotische“. Um zu zeigen, wie beide miteinander verflochten sind, gebraucht Freud ein interessantes Bild: „Wie in vielen Altarbildern in einer Ecke das Bildnis des Stifters sichtbar ist, so können wir an den meisten ehrgeizigen Phantasien in irgendeinem Winkel die Dame entdecken, für die der Phantast alle diese Heldentaten vollführt, der er alle Erfolge zu Füßen legt“ (Freud VII, S. 217).

Der Vergleichspunkt mit dem Altarbild scheint seltsam auf den Kopf gestellt: ist es doch das Ego des Urhebers (des Stifters oder auch des Künstlers), das bei den zur Ehre Gottes geschaffenen Altarbildern aus einer Ecke hervorlugt, und richtig auf die Phantasien angewandt, käme eher der umgekehrte Sinn als bei Freud heraus – auch was offenbar zum Lobe einer Dame an erotischen Phantasien produziert wird, dient letzten Endes dazu, das Porträt des Urhebers der Phantasie zu verewigen.

An Freuds „Familienroman“ der Neurotiker läßt sich zeigen, wie eine vordergründig erotisch gefärbte Phantasiegeschichte auf ihren narzistischen Hintergrund hin gelesen werden kann. Beim Familienroman handelt es sich um eine „ganz besondere Tätigkeit der Phantasie, die ... ungefähr von der Zeit der Vorpubertät angefangen, sich des Themas der Familienbeziehungen bemächtigt“ (Freud VII, S. 229). Freud unterscheidet bei dieser Abkunftsphantasie zwei Stadien: ein erstes asexuelles Stadium, während dessen sich die Phantasie des Kindes darauf richtet, „die gering-geschätzten Eltern los zu werden und in der Regel durch sozial höherstehende zu ersetzen“. Kommt später die Kenntnis der sexuellen Beziehungen von Vater und Mutter hinzu, „erfährt der Familienroman eine eigentümliche Einschränkung: er begnügt sich nämlich damit, den Vater zu erhöhen, die Abkunft von der Mutter aber als etwas Unabänderliches nicht weiter in Zweifel zu ziehen“ (Freud VII, S. 229f.). Dieses ist das zweite, sexuelle Stadium der Phantasiebildung – sexuell, weil hier als zusätzliche Triebkraft die Lust hinzutritt, „die Mutter, die Gegenstand der höchsten sexuellen Neugierde ist, in die Situation von geheimer Untreue und geheimen Liebesverhältnissen zu bringen“ (Freud VII, S. 230).

Das Motiv der sexuellen Wunscherfüllung wird schon von Freud bei dieser

Abkunftsphantasie ausdrücklich als ein lediglich Hinzutretendes angegeben; das ursprüngliche Motiv hingegen ist die „Erhöhung" der Eltern und damit, wie von Freud nicht mehr ausdrücklich erwähnt, die *Erhöhung des eigenen Ich.* Das Hauptmotiv der Phantasie ist also auf einer anderen als der sexuellen Ebene angesiedelt: es ist zum einen die „Ablösung des heranwachsenden Individuums von der Autorität der Eltern", die eine „der notwendigsten, aber auch schmerzlichsten Leistungen der Entwicklung" darstellt (Freud VII, S. 227) – und, nach dem Motto: „Eigentlich können wir auf nichts verzichten, wir vertauschen nur eines mit dem andern" (Freud VII, S. 215), zugleich das Gegenteil davon, die Wiederherstellung der elterlichen Vollkommenheit: „Ja, das ganze Bestreben, den wirklichen Vater durch einen vornehmeren zu ersetzen, ist nur der Ausdruck der Sehnsucht des Kindes nach der verlorenen glücklichen Zeit, in der ihm sein Vater als der vornehmste und stärkste Mann, seine Mutter als die liebste und schönste Frau erschienen ist". Die Phantasien dienen also – vorwärts gerichtet – der *Bewältigung einer Entwicklungsaufgabe* und zugleich – rückwärts gewandt – der *Restitution eines narzißtischen Idealzustandes.*

Warum will das Kind in Freuds Beispiel die Phantasie aufrechterhalten, der Vater sei der vornehmste und stärkste Mann, die Mutter die liebste und schönste Frau? Weil die phantasierte Vortrefflichkeit der eigenen Eltern oder der im Familienroman phantasierten Ersatzeltern nur der eigenen phantasierten Vortrefflichkeit des Kindes entspricht. Heinz Kohut hat darauf aufmerksam gemacht, daß die „idealisierten Elternimagines" Teil des ursprünglichen narzißtischen Systems sind (Kohut 1973); er hat aber nicht mit der wünschenswerten Deutlichkeit klar gemacht, daß die Vollkommenheit der Eltern nicht um ihrer selbst willen, sondern um der Teilnahme des kindlichen Ego an der elterlichen Vollkommenheit willen phantasiert wird. („Du bist vollkommen, und ich bin ein Teil von dir", das heißt: „Durch die Teilhabe an deiner Vollkommenheit erreiche ich auch für mich die ersehnte Vollkommenheit").

Freud hat den Begriff „Narzißmus" noch nicht verwendet, als er über den „Familienroman" schrieb; er führte ihn erst wenig später – vor allem in der Abhandlung über „Eine Kindheitserinnerung des Leonardo da Vinci" (GW VIII) ein. Da die psychoanalytische Theorie der Phantasie bis heute gern an diese frühen Abhandlungen Freuds – neben der über den „Familienroman" vor allem an „Der Dichter und das Phantasieren" – anknüpft (z.B. Laplanche und Pontalis 1972, Sandler 1976), hat sie die Umformulierung des Phantasiekonzepts unter den Perspektiven der Narzißmustheorie bis heute nur unvollständig vollzogen. Von der Narzißmustheorie her gesehen aber muß gelten, daß in allen Phantasien, die ich über beliebige Sachverhalte bilde, zugleich dem Ego ein Platz angewiesen ist. Alle diese Phantasien haben zugleich eine „narzißtische" Dimension; bei allen ist, um den Vergleich Freuds noch einmal und diesmal richtig anzuwenden, das Bild des Stifters in irgendeiner Ecke zu entdecken.

Um diese in die Ecke geklebte Signatur des Ego aufzufinden, bedarf es manchmal genaueren Hinsehens. Das gilt vor allem für die frühen Stufen der Phantasiebildung, z.B. für die von Piaget beschriebenen sensomotorischen Phantasien. Hierzu ein Beispiel: Ich rasiere mich; mein Sohn Thomas (6; 4) schabt mit einer Zahnbürste auf der Backe und „rasiert" sich auch. Auf den ersten Blick scheint das Beispiel dem sensomotorischen Stadium der Vorstellungsbildung nach Piaget zurechenbar: die Zahnbürste wird bewegungsidentisch mit dem Rasierapparat verwendet, bekommt von daher die symbolische Bedeutung „Rasierapparat". Freilich ist Thomas 6 Jahre alt, der Rückgriff auf das sensomotorische Schema daher nicht altersentsprechend; bei Piaget ist diese Art von Symbolverwendung typisch für 2- bis 3-jährige Kinder (Piaget 1969, S. 128). Nur ist das, was Thomas hier tut, offenbar ein Notbehelf: wenige Tage vorher war er mit einer offenen Rasierklinge erwischt worden, mit der er „rasieren" spielen wollte; es war ihm streng verboten worden, die Klingen anzufassen. Die Rasierklinge wäre ein „progressives" männliches Selbst- und Statussymbol gewesen. Da ihm dieses verwehrt worden ist, experimentiert er mit der primitiveren Form der Symbolisierung, mit dem sensomotorischen Schema. Die treibende Kraft der Symbolisierung aber ist die Identifikation mit dem Vater bzw. ins „Narzißtische" gewendet: das Selber-groß-sein-Wollen.

Piaget wendet sich mit Recht dagegen, den Grund von Nachahmungs- und symbolischen Spielen in irgendeinem „Instinkt" zu suchen (Piaget 1969, S. 142). Doch hat er es leicht, den Erklärungsgrund des Instinkts zu vermeiden, fragt er doch selbst mehr nach dem „wie" als nach dem „warum" der Phantasiebildung. Er beschreibt eher den formalen Ablauf der Vorstellungsbildung als daß er deren treibende Kräfte benennt. So ist der Instinkt zwar mit Recht ausgeschlossen, doch nichts Neues an dessen Stelle gesetzt. Mir scheint, daß auch bei Piagets Beispielen kindlicher Symbolisierungen in einer Ecke stets das Bild des Stifters zu entdecken wäre: Wenn z.B. die 1-jährige J. den an die Tapete gemalten Vogel spielend in die geschlossene Hand nimmt und zur Mutter bringt, wenn sie mit 2 Jahren auf ähnliche Art einen Sonnenstrahl „transportiert" (Piaget 1969, S. 158), dann sind dies, formal gesehen, gewiß Beispiele für die „Reproduktion eines sensomotorischen Schemas außerhalb seines üblichen Rahmens und in Abwesenheit seines üblichen Gegenstandes", was Piaget als das Wesentliche der frühen Phantasiebildung ansieht. Doch ist damit nur das „wie" und nicht das „warum" des Handlungsablaufes benannt. Diese Handlungsweise ist *egozentrisch* in einem umfassenderen als dem von Piaget definierten Sinne: treibende Kraft dieses Tuns ist die von der Psychoanalyse genannte kindliche „Allmachtsphantasie" – und damit zuletzt doch ein narzißtisches Motiv.

3. Somnia trahunt

Freud setzt Phantasie und Wirklichkeit in Gegensatz zueinander (Freud VII, S. 214); doch ist das problematischer, als es auf den ersten Blick erscheinen mag.

„Exempla trahunt" ist eine alte Schulmeisterweisheit, die besagt: Vor-Bilder und anschauliche Beispiele enthalten eine Zugkraft; sie bewegen etwas im Schüler, bringen ihn auf den Weg, stiften neue Wirklichkeit.

Was für die Vorbilder gilt, hat wohl auch für die In-Bilder, die imaginären Szenarien des Phantasielebens zu gelten. Auch sie wollen „etwas auf den Weg bringen", wollen sich in Wirklichkeit umsetzen – weit davon entfernt, nur leere Schäume und irreale Ersatzbefriedigungen zu sein. Ich möchte in drei Lebensbereichen aufweisen, wie die imaginären Szenarien es fertigbringen, sich in reale Szenarien umzusetzen und damit die Realität zu verändern: in der Körpersphäre, im Bereich zwischenmenschlicher Beziehungen und im Entwicklungsfortschritt des Kindes. Diese drei Bereiche (und noch andere, hier nicht genannte) werden von Phantasien „bewegt".

a) Phantasie in der Körpersphäre und in der sozialen Interaktion.

Heinz Kohut berichtet von einem Patienten, der in kritischen Phasen der Trennung von einer zentral bedeutsamen Bezugsperson (einem „Selbst–Objekt") Zustände der Fragmentierung, der Ich-Auflösung erlebte. Um diese Fragmentierungsängste in Schach zu halten, entwickelte er ein Phantasiespiel:

> „Während er wach lag, unternahm er ausgedehnte imaginäre Ausflüge über seinen Körper. Er fing bei der Nase an und pflegte sich vorzustellen, er wandere durch die Landschaft seines Körpers bis hinunter zu den Zehen, dann wieder zurück zum Nabel, der Schulter, dem Ohr etc.; auf diese Weise vergewisserte er sich, daß sein Körper nicht zerfallen war. Seine Wanderungen von einem Körperteil zum anderen gaben ihm die Sicherheit, daß alle Teile noch da waren und von einem Selbst zusammengehalten wurden" (Kohut 1979, S. 140f.).

Es gelingt dem Patienten offenbar, mit Hilfe dieser Phantasien, die Kohärenz des Selbst wieder herzustellen. Also stiftet die Phantasie eine – in diesem Falle erwünschte – Realität.

Phantasien stiften aber auch die weniger erwünschte Wirklichkeit des klinisch manifesten Symptoms. Die hysterischen Anfälle, sagt Freud, sind „nichts anderes ... als ins Motorische übersetzte, auf die Modalität projizierte, pantomimisch dargestellte Phantasien ... von derselben Art, wie man sie in den Tagträumen unmittelbar erfassen, aus den nächtlichen Träumen durch Deutung entwickeln kann" (Freud VII, S. 235). Speziell für die Erklärung der hysterischen Symptombildung wird der etwas obsolete Mechanismus der „Konversion" in Anspruch genommen – obsolet, weil er unausgesprochen den cartesianischen Leib-Seele-Dualismus zur Grundlage hat (vgl. Bittner 1974, S. 149ff.).

Fraglich ist, wie es mit der Phantasie als Symptombasis bei solchen Erkrankungen bestellt ist, die offenkundig nicht auf Konversionsphänomenen beruhen: bei den im engeren Sinne psychosomatischen Erkrankungen. Der unbeschwerten Spekulierlust eines Georg Groddek, der selbst in organischen Erkrankungen und Mißbildungen die oftmals beinahe witzigen Einfälle eines supergescheiten „Es" erblickte, ist die auf akademische Reputierlichkeit bedachte Psychoanalyse nicht gefolgt. Die modernen Entwürfe psychoanalytischer Psychosomatik (z.B. Alexander 1951, Cremerius 1979) variieren immer noch das alte cartesianische Problem: wie teilt sich psychisches Geschehen der – entseelt gedachten – Körpermaschine mit? Die dualistische Leib-Seele-Betrachtung spitzt sich neuerdings bei den Anhängern der Alexithymie-Lehre wieder zu: dem Psychosomatiker wird dort Phantasie kurzerhand abgesprochen (vgl. dazu de M'Uzan 1977, Cremerius 1977 Marty et al. 1979, Cremerius 1979).

Gerade in der Alexithymie-Diskussion zeigt sich das Dilemma der psychoanalytischen Konzeptbildung besonders deutlich: Es gibt keinen vernünftigen Grund, den psychosomatisch Kranken *unbewußte* Phantasien abzusprechen – aber, weil man unbemerkterweise doch Phantasie mit *bewußter* Phantasie gleichsetzt, beginnt man dort, wo man keine bewußten Phantasien zu fassen bekommt, an der Existenz von Phantasien überhaupt zu zweifeln. Das ist angesichts des praktisch ungebrochen fortwirkenden Körpermaschine-Denkens in der Medizin kaum verwunderlich. Wo sollen die Phantasien denn schließlich stecken, wenn nicht in irgendwelchen Großhirnwindungen – und wenn sie dort stecken, müßten sie doch irgendwann zu finden und bewußt zu machen sein!

Nur wenige, intuitiv begabte Außenseiter in der Psychoanalyse haben diese Denkbarriere übersprungen. D.W. Winnicott meint, es sei die Aufgabe der Mutter in der frühesten Lebensphase, „der spontanen Geste oder sensorischen Halluzination des Säuglings zu begegnen" (Winnicott 1965, S. 189). In diesem Satz ist die bemerkenswerte Annahme enthalten, daß in der „spontanen Geste", d.h. in jeder psychomotorischen Aktivität eine „sensorische Halluzination", ein Phantasieelement verborgen sei, daß also die Motorik von Halluzinationen, von Bildern bewegt werde – und das offenbar ohne Rücksicht auf die vielbesprochene, hirnphysiologisch begründete Unfähigkeit des Säuglings, solche Bilder kortikal zu speichern (vgl. die Diskussion bei Bittner 1979, S. 236ff.). Sollte demnach der Motorik selber dieses Bildelement innewohnen – gleichgültig, ob es vom Gehirn aufgenommen werden kann oder nicht? Auch Georg Groddek dachte schon in derselben, medizinisch gesehen „unmöglichen" Richtung, als er in seinem „Buch vom Es" (1923, bzw. o.J.) eine Patientin mit chronischer Arthritis beschrieb, die in ihrer Krankheit eine Phantasie von königlicher Abkunft darstellte: „Sie müssen nicht glauben, daß ich dieses Königsmärchen so glatt in der Seele meiner Klientin fand, wie ich es dargestellt habe. Es war in tausend Fetzen zerrissen, die in den Fingern, der Nase, der Eingeweide und dem Unterleib verborgen waren" (Groddek o.J., S. 163). Können denn Phantasien in den Organen des Körpers aufbewahrt werden?

Man muß geistesgeschichtlich weit zurückgreifen, vor die Denkformen des naturwissenschaftlich geprägten 19. Jahrhunderts, um ein Denkmodell zu finden, in das sich die Gedankenfragmente Winnicotts und Groddeks einfügen. Es war zuletzt die romantische Medizin, die in den Organfunktionen von Kreislauf und Atmung, Verdauung und Stoffwechsel eine „bewußte Idee", eine „verlarvte", gebundene geistige Tätigkeit am Werk sah, die nur dann aus ihrer „Verlarvung" hervortritt, wenn sie „in dem gewöhnlichen Geschäft des materiellen Bildens ... gestört wird" (Schubert 1814, S. 114f.; vgl. dazu Bittner 1977, S. 44f.). Das bedeutet, in unsere heutige Sprache übertragen: die Lebensfunktionen werden von materialisierten („unbewußten") Phantasien gesteuert; das Lebendige ist nichts anderes als materialisierte Phantasie; und nur unter besonderen Umständen, meist durch Störung des natürlichen Gleichgewichts, tauchen aus diesem bewußtlosen Strom der Bilder klar umgrenzte „bewußte" Phantasien empor. Oder mit den Worten eines späten Nachfahren dieser romantischen Tradition: „Die Phantasie ist nur die ins Seelische metamorphosierte Wachstumskraft" (Rudolf Steiner, zit. nach Müller-Wiedemann 1980, S. 81). Die Frage ist also hier nicht: wie kommen die Phantasien in die Körpermaschine *hinein* und stiften dort in den Symptomen eine medizinisch faßbare Realität – sondern: unter welchen besonderen Umständen werden Phantasien *nicht* zu materieller Realität, sondern gewinnen stattdessen die Qualität bewußter Bilder und Vorstellungen?

Analog dazu stiften Phantasien, dies sei nur kurz gestreift, nicht nur medizinische, sondern auch *soziale Realität*. H. Argelander schreibt dem Ich eine „szenische Funktion" zu: die „Fähigkeit zur szenischen Gestaltung der unbewußten Konflikte" (Argelander 1972, S. 61). Ich habe in einer früheren Arbeit (1979) aufgewiesen, daß vor allem psychosoziale Katastrophen, in die sich das Individuum hineinmanövriert, als szenische Darstellung des Todestraumas, als agierte Todesphantasien verstanden werden können. Nimmt man dies alles zusammen, legt sich die Auffassung nahe, die realitätsstiftende Phantasie sei der Normalfall, die „bloß phantasierte" Phantasie hingegen eher der Ausnahmefall.

Kehren wir noch einmal zu Kohuts Patienten zurück, von dem diese Überlegungen ihren Ausgang nahmen. Sein Phantasiespiel der imaginären Wanderung über den Körper diente dazu, die Kohärenz des Selbst aufrecht zu erhalten. Unter welchen Voraussetzungen, lautete die vorhin offengelassene Frage, vermag diese Phantasie die *Realität* eines kohärenten Selbst zu stiften und nicht nur die *Illusion* eines solchen? Unter der Voraussetzung, antworte ich nun, daß auch der Zerfall des kohärenten Selbst keine primär materielle Realität, sondern – eine Phantasie war. Die bewußte Phantasie von Kohuts Patienten ist wirksam („realitätsstiftend"), indem sie einer unbewußten Phantasie vom Zerfallen und Aufgelöstwerden Widerpart hält.

Das schließt zugleich eine Kritik an Kohut ein, der den Eindruck erweckt, „Zerfall des Selbst" sei ein Geschehen von gewissermaßen dinglicher Realität; eher ist es eine destruktiv aufgeladene Phantasie. Es braucht eine Art Phantasie höherer Ordnung, um der schlechte Realität stiftenden Phantasie auf die Schliche zu kommen und sie außer Kraft zu setzen.

Ich habe das früher (1974) an der Problematik der psychologischen Rede vom „gespaltenen Menschen" darzustellen versucht. Diese Rede ist ein Phantasieprodukt – ein notwendiges und psychologisch fruchtbares, wenn man sich der Metaphorik der Aussage bewußt bleibt. Bedenklich wird es, wenn sie für eine quasi dingliche Realität genommen wird. Es ist bekannt, was z.B. C.G. Jung an Seelenalchemie entwickelt hat, um dem „gespaltenen" Menschen zur Integration zu verhelfen. Der „gespaltene Mensch“ als „schlechte Realität“ korrespondiert auf der Phantasieebene mit der schlecht verdinglichenden psychologischen Rede vom gespaltenen Menschen. Beide – der „gespaltene Mensch“ wie auch der Psychologe, der ihn behandelt, sind Gefangene derselben Phantasie. Die Heilung beider erfolgt, wenn die Spaltung als Fiktion entlarvt wird: Peter Schlemihl braucht seinem Schatten nicht durch die ganze Welt nachzulaufen, weil er ihn gar nicht verloren haben kann. Um schlechte Wirklichkeit, die von schlechten Phantasien gestützt wird, zu verändern, ohne in platter Aufklärung zu landen, braucht es sozusagen eine Phantasie höherer Ordnung: phantasieaufhebende Phantasie.

b) Phantasie als forttreibendes Moment der Entwicklung.

Freud bezeichnet den „Familienroman“ als eine „Entwicklungsstufe dieser beginnenden Entfremdung von den Eltern“, welche Ablösung im ganzen „eine der notwendigsten, aber auch schmerzlichsten Leistungen der Entwicklung“ darstellt (Freud VII, S. 228, 227). Freud sagt nicht etwa, das Auftreten dieser Phantasie *zeige an*, daß eine derartige Entwicklungsstufe erreicht sei, sondern: der Familienroman *sei* diese Entwicklungsstufe.

Wenn es zutrifft, daß alles, was sich im menschlichen Bereich bewegt, aufgrund von Phantasien bewegt – nach welcher Richtung auch immer: rückwärts oder vorwärts, geradeaus oder zur Seite („Geh drumherum“, rät der Große Krumme dem Peer Gynt) – wenn alles sich aufgrund von Phantasien bewegt, sind wir darauf vorbereitet, die Phantasie auch als primum movens der menschlichen Entwicklungsprozesse, insbesondere der kindlichen Entwicklung, anzutreffen. „Daß ich alle Zeit gern wär groß gewesen“, sieht Anton Reiser als seinen dringlichen Kindheitswunsch. Diese Grundphantasie in ihren vielfältigen Variationen ist, um nochmals Rudolf Steiners Wort aufzugreifen, die „ins Seelische metamorphosierte Wachstumskraft“.[3]

Viele solcher Phantasien treiben den Entwicklungsprozess des Kindes voran: angefangen von Winnicotts halluzinierter Optimalmutter, die der wirklichen Mutter die Chance gibt, ihr mehr oder weniger gut zu entsprechen, das leitet über zu dem ganzen Themenkomplex des Kindes als „Schöpfer seiner Eltern“ (vgl. Bittner 1981); ferner die Phantasien vom Verlieren und Wiederfinden (z.B. im Guckguck-Dada-Spiel oder im Lied vom Hänschen klein); sodann die Phantasien des ödipalen Formenkreises, die Träume vom „Abholwesen“ im Schulanfangsalter (Bilz 1958), usw. (Zur Abfolge dieser Phantasien vgl. Peller 1976).

3. Phantasie als primum movens von Entwicklungsprozessen soll nicht ausgespielt werden gegen die – unleugbare – Bedeutung einer fördernden oder verbiegenden Umwelt. Es geht mir an dieser Stelle darum, die Schranke zwischen Psychischem und Physischem durchlässig zu machen: zu zeigen, wie in scheinbar primär biologisch-somatisch determinierten Abläufen von Entwicklung (ähnlich wie zuvor bei der psychosomatischen Symptombildung) das Psychische nicht überformend hinzutritt, sondern eben diesen biologischen Prozessen selber schon als „Phantasie“, als intelligibler Kern inhärent ist.

Auf eine dieser Phantasien will ich näher eingehen, weil sie von unterschiedlichen analytischen Perspektiven her beschrieben worden ist und dementsprechend verschiedene Facetten der Phantasie als treibender Kraft kindlicher Entwicklung erkennen läßt.

Bela Grunberger beschreibt eine Beobachtung, daß sich Kinder gern einen „Schatz" aus „heterogenen, abgenutzten, entstellten, nicht-zusammenpassenden und schmutzigen Objekten" zulegen, die „an sich keinerlei Nutzen und Wert besitzen" (Grunberger 1976, S. 298f.). „Der Ursprung dieser Objekte liegt meistens im Dunkeln; sie sind nicht gekauft, es sind keine Geschenke, sie sind vielmehr gefunden, heimlich aufgelesen oder einfach stibitzt worden ...". Ja, das Kind scheint nicht einmal bereit, diesen Kram „gegen neues, unbeschädigtes und objektiv wertvolles Spielzeug einzutauschen, dessen realen Wert das Kind durchaus ermessen kann" (Guggenberger 1976, S. 299).

An einen ähnlichen „Schatz" erinnert sich C.G. Jung aus seinem 10. Lebensjahr:

> „Ich benutzte in jener Zeit eine gelb lackierte Federschachtel, mit einem kleinen Schloß, wie sie Primärschüler besitzen. Darin fand sich auch ein Lineal. An dessen Ende schnitzte ich nun ein kleines, etwa sechs Zentimeter großes Männchen mit „Gehrock, Zylinder und blankgewichsten Schuhen". Ich färbte es mit Tinte schwarz, sägte es vom Lineal ab und legte es in die Federschachtel, wo ich ihm ein Bettchen bereitete. Ich machte aus einem Stück Wolle sogar ein Mäntelchen. Zu ihm legte ich einen glatten, länglichen schwärzlichen Rheinkiesel, den ich mit bunten Wasserfarben so bemalt hatte, daß er in einem oberen und einem unteren Teil getrennt war. Er hatte mich lange in meiner Hosentasche begleitet. Das Ganze war für mich ein großes Geheimnis, von dem ich jedoch nichts verstand. Ich brachte die Schachtel mit dem Männchen heimlich auf den oberen, verbotenen Estrich ... Niemand konnte mein Geheimnis entdecken und zerstören". (Jung, 1962, S. 27).

Wie bei Grunberger sind es auch hier relativ sinn- und wertlose Gegenstände, die in der Schachtel gesammelt werden (Rheinkiesel, Stück Wolle, Lineal), freilich gruppiert um die Gestalt des Männchens, des kleinen Idols. Solche Idole werden auch bei Grunberger im Zusammenhang mit der Schatzphantasie abgehandelt (vgl. Grunberger 1976, S. 312, 310).

Die Bedeutung, die Jung und Grunberger diesen recht ähnlichen Phantasien für die Entwicklung des Kindes zumessen, ist ziemlich genau entgegengesetzt. Ich will im Vergleich der beiden Positionen zwei unterschiedliche psychoanalytische Bewertungen von Phantasien für den Entwicklungszusammenhang idealtypisch vorführen und versuchen, das relative Recht beider zu bestimmen. Bei Grunberger ist der Sinn dieser Schatzphantasie die „narzißtische Abwehr der ‚Ödipalisierung' " (Grunberger 1976, S. 300). „Der Schatz ist ein magisch-anales Partialobjekt"; es dient dazu, mit Hilfe einer Illusion vom „autonomen magischen Phallus" die Phase der analen Introjektion des väterlichen Penis zu umgehen" und „den Ödipus zu überspringen" (Grunberger 1976, S. 301). Die

Schatzphantasie dient somit vornehmlich der Abwehr, dem Rückzug aus dem ödipalen System von Objekt-Beziehungen" (Grunberger 1976, S. 299 f.).

Grunbergers „Beweisführung" macht mich teilweise zornig: in seinem Eifer, sich als erwachsener Analytiker zu präsentieren, läßt er jedes Verständnis für die kindliche Eigenwelt vermissen. Die Gegenstände, aus denen Kinder ihren Schatz bilden, disqualifiziert er, weil sie „nicht gekauft" und „keine Geschenke" sind, sondern „heimlich aufgelesen oder einfach stibitzt". Darf denn nur Gekauftes oder Geschenktes wertvoll sein? Sinn und Tendenz dieser Abwertung sind klar: Gilt es doch, die Phantasie des Kindes, es könne ganz aus sich selbst etwas hervorbringen, es könne „ohne die Erwachsenenwelt auskommen" (Grunberger 1976, S. 297), als einen narzißtischen Wahn, es könne sich, wie der Paranoiker, „aus allen möglichen Teilen eines autonomen magischen Phallus schaffen" (Grunberger 1976, S. 301). Den wirklichen, den ödipalen Phallus bekommt das Kind nach Grunberger nur, indem es Introjektion akzeptiert, sich dem Vater unterwirft aus der Einsicht heraus, „daß sich der Mensch eben nicht selbst erzeugen kann" (Grunberger 1976, S. 300). Grunbergers Position erscheint als eine griesgrämig-phantasiefeindliche: aus Eigenem kann das Kind oder der junge Mensch nur mythisch-magisches Spektakel hervorbringen; Vaters Phallus ist eben doch der einzig rechte und unübertreffliche; alles, was die nachfolgende Generation „aus Eigenem" hervorbringen möchte, trägt von vornherein den Stempel des Illusionären an sich.

Anders sieht es bei C.G. Jung aus. Auch er bringt seinen selbstgemachten Schatz mit der „Entzweiung und Unsicherheit in der Welt" in Verbindung, andererseits aber auch mit einer in die Kindheit hineinreichenden Ewigkeitserfahrung. Eine gute Interpretation des Jungschen Schatzes gibt Müller-Wiedemann: alle die Idole und Fetische des Kindes „dienen der symbolischen Bewahrung von Norm, die noch nicht autonom gesichert ist." „Die jetzt zum erstenmal aufsteigenden und wahrgenommenen Willensimpulse werden ... im Fetisch sichtbar gemacht und verräumlicht, vielleicht als Absicherung ..." (Müller-Wiedemann 1980, S. 252). Ein Ich, das seiner selbst noch nicht sicher ist und nach Lage der Dinge auch gar nicht sein kann, vergewissert sich in den Phantasiegestaltungen, verdinglicht gleichsam, seiner Existenz.

In diesen Positionen Grunbergers und C.G. Jungs verkörpern sich idealtypisch die beiden möglichen tiefenpsychologischen Bewertungen der Phantasie. Narzißtische Willkür, Ausweichen in Wunschträume, Stillstand der Entwicklung meint der eine zu sehen, Antizipationen, Verheißung eines Künftigen der andere.

Es ist zu fragen, ob sich ein relativer Wahrheitsgehalt dieser beiden Positionen – der Phantasieenthusiasten und der Phantasieverächter – angeben läßt. Phantasieren *können* der Vermeidung dienen – in dem Sinne, wie es Grunberger beschrieben hat. Dann ist Phantasie nicht Motor, sondern illusionärer Ersatz für Entwicklung. Und wenn der Narzißt im Sinne der analen Formel „ich ganz allein" ohne die Erwachsenenwelt auskommen will (Grunberger 1976, S. 297) und sich der Introjektion *prinzipiell* widersetzt, dann bedeutet das den Stillstand. Andererseits aber: Grunberger hat vom Ödipuskomplex einseitig die *Identifikation mit dem Vater* übernommen – den logisch davorliegenden *Vatermord* hat er so ziemlich verschwiegen. Da aber der Vater nicht wirklich ermordet wird oder werden sollte, bedarf es zum Vatermord der Phantasie, des partiellen Ausbrechens aus der festgefügten Generationenfolge, und dies verlangt, wenn auch nur für den ewigkeitsträchtigen Moment (vgl. C.G. Jung) und nicht als Dauerhabitus die Regression auf die Position der magischen, der phantasierten Allmacht: „ich kann es allein". Denn welcher Vater sollte mir schon beim Vatermord die Hand führen?

4. *Die Phantasien und der menschliche Wesensgrund.*

Der Gedanke ist alt, daß Phantasieren nicht bloß „eilfertiges Bildern" (nach Bloch) beliebiger Wünschbarkeiten sei, daß vielmehr in solchen Bildern dem Menschen eine anders nicht zu erlangende „Wahrheit über sich selbst" vor Augen komme. Ich erinnere nur an Pestalozzis „Nachforschungen über den Gang der Natur in der Entwicklung des Menschengeschlechts" – Nachforschungen, die in nichts anderem bestehen als im Aufgraben von Phantasien und Träumereien über den Menschen, wie er sich der Individualität des Autors vor Augen stellt; es handelt sich um „Wahrheit, die rein aus dem Innersten unseres Wesens geschöpft ist" (Pestalozzi 1946, S. 6).

Freud sah sich schon früh mit der Frage nach dem Realitätsgehalt von Phantasie konfrontiert: als er nämlich erkennen mußte, daß die Geschichten über angeblich in der Kindheit stattgehabte Verführungen von seinen Patienten großteils phantasiert worden waren. Freud half sich damals, indem er neben der historisch objektiven eine „psychische" Realität postulierte (vgl. Bittner 1974, S. 127ff.). Er sah auch, daß nicht jedem beliebig auftauchendem Wunsch oder Einfall die Dignität einer „psychischen Realität" zuerkannt werden könne:

> „Ob den unbewußten Wünschen Realität zuzuerkennen ist, kann ich nicht sagen. Allen Übergangs- und Zwischengedanken ist sie natürlich abzusprechen. Hat man die unbewußten Wünsche, auf ihren letzten und wahrsten Ausdruck gebracht, vor sich, so muß man wohl sagen, daß die psychische Realität eine besondere Existenzform ist, welche mit der materiellen Realität nicht verwechselt werden soll" (Freud II/III, S. 625).

Ich führe Freuds Gedanken weiter: wenn die Phantasien „psychische Realität" zum Ausdruck bringen – freilich nicht unterschiedslos, sondern die eine mehr, die andere weniger – dann müßte es zugleich auf der Phantasieebene so etwas wie „Realitätsprüfung" geben; eine Realitätsprüfung, welche nicht die Übereinstimmung des Phantasierten mit den äußeren, sondern mit den inneren Realitäten zum Gegenstand hätte (vgl. Hurwich 1972, S. 870ff.)

Freud hat das für den Bereich des Sexuellen so gesehen. Die infantilen Sexualtheorien – die genauso gut sexuelle Phantasien heißen könnten – enthalten „ein Stück echter Wahrheit“: „denn nicht psychische Willkür oder zufällige Eindrücke haben diese Annahmen entstehen lassen, sondern die Notwendigkeiten der psychosexuellen Konstitution ...“ (Freud VII, S. 177). Ähnlich manifestiert sich in den hysterischen Symptomen eine „Vereinigung zweier libidinöser Phantasien von entgegengesetztem Geschlechtscharakter“ (Freud VII, S. 197), die auf die „bisexuelle Anlage des Menschen“ zurückverweist (Freud VII, S. 198).

Das Zauber- und Lösungswort heißt hier „Anlage“, „psychosexuelle Konstitution“. Innerhalb des Freudschen Deutungsrahmens mag das als Vorgegebenes genügen, doch unter der Voraussetzung von Narzißmustheorie und Psychologie des Selbst bzw. Grund-Ich ändert sich die Perspektive. Das Kind bildet z.B. eine Phantasie aus der Sphäre des Allmachtsdenkens, des archaischen Größen-Selbst. Was ist die „Wahrheit“ dieser Phantasie, auf welche „konstitutionellen“ Elemente verweist sie zurück? Gibt es auch über das Ich eine „präformierte“ Wahrheit, die durch Phantasieren erreichbar ist?

> C.G. Jung hat dazu in seinen Erinnnerungen eine Phantasie mitgeteilt: er sah in einer Krankheit seinen behandelnden Arzt in dessen „Urgestalt“ und wußte daraufhin, daß der Arzt dem Tode nahe sei. Bemerkenswert sind beide Elemente dieser Phantasie: einmal, daß es so etwas wie eine „Urgestalt“ eines Menschen gäbe, und zum anderen, daß diese bis an die Schwelle des Todes verhüllt bleibe (C.G. Jung 1962, S. 295ff.).

Das alles tönt recht spekulativ – das einzige Stück menschlichen Wesensgrundes, das im heutigen Reflexionshorizont noch einigermaßen problemlos erscheint, ist die Anlage, die Konstitution. Der Reflexionshorizont wird sich wieder erweitern müssen: z.B. haben die von Moody (1977) zutreffend beschriebenen, jedoch in angreifbarer Weise interpretierten Phantasien vom Menschen am Rande des Todes oder auch das von Grof (1978) dargestellte Phantasiepanorama, das sich unter der Einwirkung von Halluzinationsdrogen herstellt, Grund gegeben, die Frage nach der „Wahrheit“ solcher Phantasien, die „rein aus dem Innersten unseres Wesens geschöpft sind“, noch einmal neu und unter einem erweiterten Verstehenshorizont zu bedenken.

Jung hat im Zusammenhang mit dem von ihm entwickelten Verfahren der „aktiven Imagination“ die Frage nach dem unterschiedlichen „Wahrheits“-gehalt von Phantasien gestellt. Er nimmt diesen Unterschied so ernst, daß er sogar eine unterschiedliche Bezeichnung vorschlägt:

> „Eine Phantasie ist mehr oder weniger eine eigene Erfindung und verbleibt auf der Oberfläche persönlicher Dinge und bewußter Erwartungen. Aktive Imagination hingegen bedeutet ..., daß die Bilder ihr eigenes Leben haben und daß die symbolischen Ereignisse sich sogar nach ihrer eigenen Logik entwickeln ...“ (Jung 1935, bzw. 1975, S. 178).

Mir scheint, daß Jung den Unterschied überscharf pointiert hat, wenn er auf der einen Seite die Phantasie als „Phantasma", als „reinen Unsinn", die Imagination auf der anderen Seite als „aktive, zielgerichtete Schöpfung" bezeichnet (ebd.); denn am konkreten Phantasiegebilde ist oft nicht ohne weiteres zu erkennen, was daran „eilfertig dahingebildert" und was substantiell im Sinne einer „zielgerichteten Schöpfung" ist. Darum kann ich auch Jungs begrifflicher Distinktion nicht beipflichten, kann sie nur als Hinweis auf das Problem der „inneren Wahrheit" von Phantasien nehmen.

Literatur

Alexander, Franz Gabriel: Psychosomatische Medizin. Berlin 1951

Argelander, Hermann: Das Erstinterview in der Psychotherapie. Darmstadt 1972

Ausubel, David P. / Sullivan, Edmund, V.: Das Kindesalter. München 1974

Bilz, Josephine: Märchengeschehen und Reifungsvorgänge unter tiefenpsychologischen Gesichtspunkten, in: Buhler-Bilz: Das Märchen und die Phantasie des Kindes. München 1958

Bittner, Günther: Das andere Ich. München 1974

Bittner, Günther: Tarnungen des Ich. Stuttgart 1977

Bittner, Günther: Katastrophen in der Analyse, in: H. Fischle-Carl (Hrsg.): Zur Theorie und Praxis der Psychoanalyse. Fellbach 1979

Bittner, Günther: Die analytische Kinderpsychologie auf der Suche nach einem neuen Orientierungsrahmen, in: Bittner (Hrsg.): Selbstwerden des Kindes. Fellbach 1981

Bleuler, Eugen: Lehrbuch der Psychiatrie. Berlin, Göttingen, Heidelberg 1955

Bloch, Ernst: Das Prinzip Hoffnung. Frankfurt 1980

Cremerius, Johannes: Ist die „psychosomatische Struktur" der französischen Schule krankheitsspezifisch? in: Psyche 31 (1977) S. 293-317

Cremerius, Johannes u.a.: Die manipulierten Objekte, in: Psyche 33 (1979) S. 801-828

Ewert, Otto M.: Phantasie und Intelligenz bei Jugendlichen. Weinheim, Berlin 1967

Ferenczi, Sandor: Entwicklungsstufen des Wirklichkeitssinnes, in: Zeitschrift für Psychoanalyse 1. Jg. 1913 (abgedruckt in: Schriften zur Psychoanalyse Bd. I / Frankfurt 1970

Freud, Sigmund: Zur Psychologie der Traumvorgänge, in: GW II/III. London / Frankfurt/ Main

Freud, Sigmund: Der Dichter und das Phantasieren, in: GW VII

Freud, Sigmund: Der Familienroman der Neurotiker, in: GW VII

Freud, Sigmund: Über infantile Sexualtheorien, in: GW VII

Freud, Sigmund: Allgemeines über den hysterischen Anfall, in: GW VII

Freud, Sigmund: Hysterische Phantasien und ihre Beziehung zur Bisexualität, in: GW VII

Freud, Sigmund: Formulierungen über die zwei Prinzipien psychischen Geschehens, in: GW VIII

Freud, Sigmund: Beiträge zur Psychologie des Liebeslebens, in: GW VIII

Freud, Sigmund: Eine Kindheitserinnerung des Leonardo da Vinci, in: GW VIII

Groddek, Georg: Buch vom Es. 1923 oder o.J.

Grof, Stanislav: Topographie des Unbewußten. Stuttgart 1978
Grunberger, Bela: Vom Narzißmus zum Objekt. Frankfurt/Main 1976
Grunert, M.: Narzißtische Restitutionsversuche im Traum, in: Psyche 31 (1977) S. 1057-1078
Hurvich, Marvin: Zum Begriff der Realitätsprüfung, in: Psyche 26 (1972) S. 853-880
Jung, C.G.: Erinnerungen, Träume, Gedanken. Stuttgart / Zürich 1962
Jung, C.G.: Grundlagen der analytischen Psychologie (1935). Frankfurt 1975
Kohut, Heinz: Narzißmus. Frankfurt 1973
Kohut, Heinz: Die Heilung des Selbst. Frankfurt 1979
Kunz, Hans: Die anthropologische Bedeutung der Phantasie. Basel 1976
Kunz, Hans: Selbstdarstellung, in: L. Pongratz (Hrsg.): Psychologie in Selbstdarstellungen. Bern, Stuttgart, Wien 1972
Laplanche / Pontalis: Das Vokabular der Psychoanalyse. Frankfurt 1972
Lewin, B.D.: Sleep, the mouth and the dream screen, in: The Psychoanalytic Quarterly XV, 1946
Loch, Wolfgang / Jappe, Gemma: Die Konstruktion der Wirklichkeit und die Phantasieen, in: Psyche 26 (1974) S. 1-31
Marty, P. u.a.: Der Fall Dora und der psychosomatische Gesichtspunkt, in: Psyche 33 (1979) S. 888-925
Metzger, Wolfgang: Psychologie. Die Entwicklung ihrer Grundannahmen seit der Einführung des Experiments. Darmstadt 1975[5]
Moody, Raymond A.: Leben nach dem Tod. Reinbek bei Hamburg 1977
Müller-Wiedemann, Hans: Mitte der Kindheit. Stuttgart 1980[2]
M'Uzan, Michel de: Zur Psychologie der psychosomatisch Kranken, in: Psyche 31 (1977) S. 318-332
Peller: Das Kinderspiel im Zusammenhang der Trieb- und Ich-Entwicklung, in: G. Bittner/ E. Schmid-Cords: Erziehung in früher Kindheit. München 1976[6]
Pestalozzi, Johann Heinrich: Die Abendstunde eines Einsiedlers, in: J. Heinrich Pestalozzi: Gesammelte Werke in zehn Bänden, Bd. 8. Zürich 1946
Piaget, Jean: Nachahmung, Spiel und Traum. Stuttgart 1969
Pschyrembel, Willibald: Klinisches Wörterbuch. Berlin 1969, 185-250 Aufl.
Rotmann, Michael: Über die Bedeutung des Vaters in der „Wiederannäherungsphase", in: Psyche 32 (1978) S. 1105-1147
Rotmann, Michael: Der Vater der frühen Kindheit – ein strukturbildendes drittes Objekt, in: Bittner (Hrsg.): Selbstwerden des Kindes. Fellbach 1981
Sandler, Joseph: Träume, unbewußte Phantasien und „Wahrnehmungsidentität", in Psyche 30 (1976) S. 769-785
Schäfer, Gerd: Wege zur Realität, in: Bittner (Hrsg.): Selbstwerden des Kindes. Fellbach 1981
Schubert, G.H.: Die Symbolik des Traumes. Bamberg 1814
Searl, M.N.: Spiel, Realität und Aggression, in: Zeitschrift für psychoanalytische Pädagogik 6/1932
Spitz René: Nein und Ja. Die Ursprünge der menschlichen Kommunikation. Stuttgart o.J.
Vetter, August: Die Erlebnisdeutung der Phantsie. Stuttgart 1950
Winnicott, D.W.: Reifungsprozesse und fördernde Umwelt. München 1965

Amandus Altmann

PHANTASIE UND MENSCHLICHES LEBEN BEI NIETZSCHE

1. *Einleitung*

Wenden wir uns dem Phänomen der Phantasie zu, denken wir wohl kaum an Nietzsche.[1] Ist uns seine Philosophie doch hauptsächlich bekannt als kritische, so wenn er gegen bestehende Werte, Moral, Wissenschaft, Bildung und Politik Stellung bezieht. Wir mögen uns noch an das Ziel dieser Kritik, den zukünftigen Menschen, den „Übermenschen", erinnern. Aber was mag das mit Phantasie zu tun haben? Doch merken wir bei näherem Hinsehen, daß menschliches Leben, Menschsein, eng verwoben ist mit Phantasie und verwandten Erscheinungen wie Spiel, Kunst, Dichtung, Traum etc. Mit ihnen wird ein bislang kaum thematisierter Bereich, eine Form oder sogar die Form menschlicher Aktivität berührt, die ihre Wurzel im Es oder Unbewußten hat. Für Nietzsche als Psychologen, der sein Augenmerk auf die Entwicklung des Menschen und seine Produktionen richtet[2], ist demnach das Phänomen Phantasie von ganz wesentlicher Bedeutung. Auch wenn er den Ausdruck selbst nicht oft gebraucht, können wir aus seinen Äußerungen über diesen Komplex und den Grundtenor seines Philosophierens aufzeigen, was mit Phantasie im Kern angedeutet ist.

Phantasie gehört wesentlich zum Leben, mit ihr drückt sich gerade dessen auf Zukunft bezogene Schöpfer- und Gestaltkraft aus. Es kommt der Aspekt der Flüssigkeit, des Werdens, der prospektive Aspekt, zum Tragen, indem sie fest Gegenwärtiges überschreitend auf Mögliches, Zukünftiges weist, „das, was wird und werden könnte, vorwegnimmt".[3] Das durch Phantasie beflügelte Denken „springt ... von Möglichkeit zu Möglichkeit, die einstweilen als Sicherheiten genommen werden: hier und da ergreift es selbst Sicherheiten im Fluge. Ein genialisches Vorgefühl zeigt sie ihm". Und selbst als unbeweisbar liegt in ihm „eine treibende Kraft und gleichsam die Hoffnung zukünftiger Fruchtbarkeit."[4] Sie schafft neue Gestalten, Entwürfe von Lebenspraxis, kann damit insbesondere auf dem Feld der praktischen Philosophie und Politik befruchtend wirken. Ihr

1. Das spiegelt sich darin, daß die Nietzscheliteratur dieses Thema nicht explizit aufgreift.

2. Bei den folgenden Quellenverweisen beziehe ich mich auf die handliche Ausgabe in 3 Bänden von Karl Schlechta, München 1966. Der Bandangabe in römischer Zahl ist die Seitenangabe in arabischer Zahl angefügt. Vgl. II. 586 ff.

3. I.1175

4. III.362

Bezugspunkt ist menschliche Wirklichkeit als physische, leibliche. Sie entspringt der Leiblichkeit und ist auf diese als schöpferisches Werkzeug gerichtet.[5] Medium der auf Gestaltung bezogenen Phantasie ist vorrangig die bildhafte Vorstellung. Den Gegenpol der Phantasie bildet das rechnerische, abmessende, rational logische Denken.[6] Dieses ist am realen Bestand orientiert, verfährt streng gesetzlich, systematisch, jene verläßt sich auf die Kraft unmittelbarer Einsicht.

Phantasie läßt sich vorläufig umschreiben als auf Zukunft bezogenes Schaffen[7], Schöpfen. In ihm erscheint die Kraft des fortdauernden Zeugens. Das am beständig Gegebenen ausgerichtete Denken steht ihr gegenüber.

Im folgenden umgrenze ich knapp die Bedeutung von Phantasie[8], und behandle danach ihre zwei wesentlichen Gestalten. Mein Hauptaugenmerk gilt schließlich einigen Problemaspekten, hauptsächlich dem, wie Phantasie konstitutiv für das Leben ist, sich aber zugleich gegen das Leben wenden kann.

2 *Das Phänomen Phantasie*

2.1 *allgemeine Charakterisierung*

Leben als Schaffen bedeutet wesentlich Phantasietätigkeit. Es steht die Bestimmung des Fließens, Werdens, im Vordergrund. Der schaffende Mensch ist der nicht festgelegte, sondern auf Zukunft hin offene. Deshalb kann Nietzsche sagen, „daß der Mensch das noch nicht festgestellte Tier ist“.[9] Er zeichnet sich gerade dadurch vor den übrigen Lebewesen aus, daß er fortschaffen, über sich hinausschaffen kann, nicht an einen fest vorgegebenen Rahmen von Verwirklichung wie das instinktbestimmte Tier gebunden ist. Dieser Offenheitscharakter ist in den Metaphern Seil, Brücke angezeigt. „Der Mensch ist ein Seil, geknüpft zwischen Tier und Übermensch“. „Was groß ist am Menschen, das ist, daß er eine Brücke und kein Zweck ist“. Und Nietzsche ruft dem Menschen immer wieder in Erinnerung, „daß er ein Übergang und ein Untergang ist.“[10] Der Mensch als Gestalter der Welt und seiner selbst ist stets unterwegs, das ist das Ausgezeichnete und Schätzenswerte, doch fortwährend erst zu Erringende an ihm.

Der Prozeß des Schaffens wird von zwei Kräften bestimmt, welchen zwei Ausformungen von Phantasie entsprechen. Als Symbol für die grundlegende Form – grundlegend, weil dem unmittelbaren Dasein entspringend – kann die

5. vgl. II.300ff.

6. vgl. III.361ff.

7. Der Begriff des Schaffens nimmt bei Nietzsche eine zentrale Stellung ein. In einem emphatischen Sinn ist Leben gleich Schaffen. Siehe hierzu etwa Mohr J., Der Mensch als der Schaffende, Basel 1977.

8. Auf das Problem, wie über Phantasie überhaupt zu sprechen ist, komme ich nicht, sondern ich beziehe mich auf bestimmbare Äußerungsformen.

9. II.623

10. II.281

Figur des Dionysos gelten. Er repräsentiert die Einheit des Lebens, das eine bejahende Lebensgefühl, aus dem heraus fortdauernd spielerisches Tätigsein wächst. Die von Dionysos geleitete Phantasie ist eine des Fließens, Schweifens. Sie überläßt sich dem Strom des Lebens, übersteigt bewußt gesetzte Grenzen, in ihrem Schaffen gehören Vernichtung und Schöpfung zusammen. „Mit dem Wort ‚dionysisch' ist ausgedrückt: ein Drang zur Einheit, ... der ewige Wille zur Zeugung, zur Fruchtbarkeit, ... das Einheitsgefühl der Notwendigkeit des Schaffens und Vernichtens."[11] Dionysischer Ausdruck des Lebens ist vornehmlich die wahrnehmbare Bewegung, etwa der Tanz, Gesang.[12] Man kann von einer Phantasie der Physis sprechen, in der der innerste Kern des Menschen zu Tage tritt.[13]

Dionysos gegenüber steht die Figur Apollos. Er repräsentiert das Besondere, Einzelne, die klar umrissene Form. Die von Apollo geführte Phantasie ist eine des Zusammenziehens, Feststellens, Gestaltens. Sie schafft aus der dionysischen Allgemeinheit die Grenze, Bestimmung, das Individuelle. Mit ihr drückt sich aus „der Drang zum vollkommenen Für-sich-sein, zum typischen ‚Individuum', zu allem was vereinfacht, heraushebt, stark, deutlich, unzweideutig, typisch macht."[14] Dargestellt wird sie vermittels des anschaulichen Bilds, der Vorstellung. Sie ist Phantasie des Denkens i.S. des Vorstellens.[15]

Das Wechselspiel und Zusammenspiel dieser beiden Formen von Phantasie erzeugt das höchste lebendige Fortschaffen.[16]

Der Ort der Phantasie ist die Erde, das Hier, der Platz, an dem sich leibliches Leben entfaltet. Das sagt Nietzsche nicht explizit, folgt aber aus seiner Wertschätzung des Leibes als realer Darstellung menschlichen Lebens. Phantasie, unmittelbare Gegebenheit überschreitend, soll doch stets auf das konkrete Leben in seiner physischen Erscheinung bezogen bleiben. Diese Auffassung ist auch Anlaß für Nietzsches Polemik gegen Vorstellungen, die in Abwendung von der Realität auf ein paradiesisches Jenseits gerichtet sind.[17] Phantasie ist ein Werkzeug des Leibes, damit er sich gut fühle, in einem befriedigenden Verhältnis zu seiner Umwelt befinde.[18]

Quelle von Phantasie ist die Erhaltungs- und Entfaltungskraft des Lebens, oder nach Nietzsche „der Wille zur Macht". Sie entspringt der Entäußerungskraft des Lebens, Leben ist wesentlich diese Entäußerungskraft. Motiv der Phan-

11. III.791
12. vgl. I.21ff.
13. vgl. I.88
14. III.791
15. vgl. I.21ff.
16. Im folgenden beziehe ich mich ausschließlich auf die anschauliche, sprachlich faßbare Phantasie.
17. So z.B. seine Kritik am Christentum als einer jenseitsbezogenen Heilslehre; vgl. II.297ff.
18. vgl. II.300ff.

tasie sind die Bedürfnisse des Leibes, letztlich die Lust[19] am Wachsen, Reicherwerden, die das Streben nach Erhaltung in sich schließt. Das Ziel der Phantasie entspricht dem Motiv. Mit ihr soll das Leben gedeihen, umfänglicher werden, sollen seine Möglichkeiten ausgeschöpft werden, oder es soll zumindest bestandskräftig erhalten werden. Phantasie ist insofern als synthetisierende Tätigkeit anzusehen, die mit dem Gegebenen schöpferisch spielt.

Eine äußere Grenze, abgesehen von ihrem Gegründetsein im Leib, kommt ihr als solcher nicht zu. Begrenzt ist sie allein durch sich selbst, die Weise ihrer Entfaltung, die an Formen menschlichen Darstellungsvermögens geknüpft ist. Die Phantasie des jeweils konkreten Menschen ist auch weder etwas bloß Individuelles, noch bloß Allgemeines. Denn der „Mensch ist nicht nur ein Individuum, sondern das fortlebende Gesamt-Organische in einer bestimmten Linie."[20] Sie ist eine eigenartige Mischung aus allgemeinen Formen und solchen bestimmter lebensgeschichtlicher Prägung. Phantasie läßt sich also soweit charakterisieren als lebensschöpferische, auf den Leib bezogene Tätigkeit.

2.2 Gestalten der Phantasie

In concreto lassen sich zwei Gestalten von Phantasie feststellen. Sie treten am bestimmten Menschen oder Typus Mensch nie je rein für sich auf, sondern immer verschieden anteilig zusammen. Ihr Unterschied läßt sich nicht an Formkriterien festmachen, ergibt sich vielmehr aus der jeweiligen Entwicklungsgeschichte und der damit verbundenen Zielrichtung.

Demnach läßt sich die Gestalt von Phantasie, die aus dem Gefühl der Fülle, Kraft, steigt, von der, die aus dem Gefühl des Mangels, der Schwäche, erwächst, unterscheiden.[21]

Erstere ist Phantasie dessen, der aus einem lebendigen Selbst, gegründet in einem Gefühl der Einheit mit dem Leben, einem Gefühl von gutem, befriedigendem Leben schafft. Sie entzündet sich an der Lust am Leben, Wachsen, ist auf das Ausschöpfen menschlicher Möglichkeiten gerichtet. Das Vorhandene soll für neue, reichere Formen des Lebens gebraucht werden.[22] Die zweite Gestalt ist Phantasie desjenigen, der sich als bedürftig, nicht im Einklang mit der Welt erfährt, der nicht in einem ausgeglichenen Verhältnis zu sich, zur Welt steht, sondern einseitig, zerrissen und gespalten ist. Die Einheit des Lebens, dessen rundes Ruhen in sich, ist zerbrochen. Phantasie entspringt dem

19. vgl. II. 556 ff.; dabei bedeutet Lust nicht abstrakte, reine Lust, sondern beinhaltet zugleich das Weh des Mißglückten, Überwundenen.

20. III. 878 f.

21. Diese Unterscheidung erfolgt entsprechend der Nietzsches zum Willen zur Macht; siehe dazu insbes. die Schrift „Zur Genealogie der Moral", II. 761 ff.

22. Diese Phantasie zeigt der Typ des Vornehmen, Wohlgeratenen, den für Nietzsche die Griechen zeitweise verkörpern; vgl. III. 465.

Schmerz, Weh am Leben, und zielt auf Heilung und Erhaltung des Menschen. Sie hat hier die Funktion der Kompensation. Der Mangel an etwas, an „Nahrung", aus dem heraus das Leid entsteht, soll durch Phantasieproduktion, an der Stelle wesentlich Produktion des Geistes, ausgeglichen werden.[23]

Diese Gestalt von Phantasie kann zweierlei Erscheinungsformen zeigen. In welcher sie hervortritt, hängt davon ab, ob sie noch das gute leibliche Leben im Auge hat, oder sich bereits von ihm abwendet.[24]

Die eine Form zielt darauf, einen gefühlten Mangel auf Zukunft hin zu überwinden, Leben praktisch zu bewältigen, zu befördern. Hier ist vor allem das Feld der Bilder und Vorstellungen, die Traum, Dichtung, Myhtus , Kunst und Wissenschaft erzeugen. Im Traum ist die „heilende und helfende Natur" am Werk, durch die das Leben „möglich und lebenswert" gemacht wird. Der Dichter breitet Illusionen über die Dinge, um am Leben festzuhalten, es zu verschönen.[25] Der Mythus erst schafft einen Horizont, innerhalb dessen sich menschliche Kultur entwickeln kann.[26] Sie alle denken in sichtbaren und fühlbaren Vorgängen.[27] Und nicht zuletzt fördert die Wissenschaft mit ihrer Illusion der Erkenntnis das Leben.[28] Mit ihren Erdichtungen geben sie den Wünschen des Menschen Spielraum und Entladung.[29]

Die andere Form ist bestrebt, aus einem gefühlten Mangel heraus eine Gegenposition gegen das reale Leben zu errichten. Phantasie geht nicht gestaltend auf das Leben ein und mit ihm um, sondern setzt sich von ihm als einem schlechten ab. Es wird verurteilt am Maßstab eines in der Vorstellung entworfenen höheren Lebens. Die abgespaltene Realität draußen wird eingetauscht gegen ein imaginatives Paradies im Innern, mit dem man sich eins weiß. Wir befinden uns damit auf dem Feld der Wahnbildungen, der politischen und religiösen Systembildungen gegen und abgehoben von der bestehenden Realität. Diese Phantasie ist wesentlich vom Affekt der Vergeltung, Rache, bestimmt. Sofern ist sie rückwärts gewandt, an nicht verdauter Vergangenheit ausgerichtet.[30]

23. Nietzsches hat das inbezug auf das Träumen ausgeführt, das gilt aber wegen der gleichgearteten Voraussetzungen allgemein für diesen Komplex von Phantasie; vgl. I.1093ff.

24. Letzteres richtet sich nach dem Ausmaß des erfahrenen Mangels (subjektiv und oder objektiv) sowie der zu seiner Heilung zur Verfügung stehenden plastischen Kraft. Je größer der verspürte Mangel, umso größer ist die Tendenz des Rückzugs vom Leben; vgl. dazu I.213.

25. vgl. I.22ff.

26. vgl. I.124ff.

27. vgl. dazu I.413

28. vgl. dazu I.99

29. vgl. dazu I.1093ff.

30. Nietzsche hat dieses Phänomen beispielhaft an der christlichen Moral abgehandelt, die er als Moral einer Gegen- und Hinterwelt, aus realer Leiderfahrung hervorgegangen, in-

Die vom realen Leben vollständig abgespaltene Phantasie reicht zum Tod. Sie bildet den äußersten Grenzpunkt der aus Mangel erwachsenden Phantasie.

3. Problematik der Phantasie
3.1 philosophisch

Wesentlicher Charakter der Phantasie ist der des Werdens, der Flüssigkeit. Damit überschreitet sie reales Leben als Gegebenheit, vermag sich zu distanzieren, abzulösen. Sofern steht sie in Differenz zum Leben. Als noch nicht realiter eingelöst,erprobt und bewährt, ist sie bloße Möglichkeit, lediglich Spiel. Und darin liegt ihre Stärke, zugleich aber auch Schwäche. Sie kann das Bestehende überfliegen, solange sie jedoch auf der Ebene der Vorstellung verbleibt, ist das mit ihr Mögliche nicht real, wirklich,

Gemessen am Maß des Wirklichen ist sie nur Schein. Als Werkzeug des Leibes ist sie aber auf Verwirklichung angelegt. Ob sie wirklich und in dem Sinn wahr wird, das erweist erst die Zukunft. Man kann sagen, daß der Ort der Phansasie das Reich des Zwischen ist.[31]

Wir sehen Phantasie hinausgehen über das Leben und Bestand gewinnen im Leben. Phantasie als flüssig und als fest verkörpert nur den verschiedenen Ausdruck des einen schöpferischen, auf Ausdichtung und Interpretation bedachten Lebens. Doch hat erstere häufig gegen sich als geronnene zu kämpfen. Sie stößt sich an den eigenen, zu Petrefakten gemachten, des Charakters der Flüssigkeit beraubten Produktionen.[32]

Philosophisch stellt sich folgendes Problem: Die gesamte geistige Aktivität ist von Phantasie bestimmt, auch Wissenschaft und Philosophie. Was folgt daraus für die herkömmlich hier gebrauchten Begriffe Wahrheit, Wesen, als im Sein verankerte Bestimmung? Nietzsche gibt darauf die polemische Antwort, daß nur von Schein, Lüge, gesprochen werden kann.[33] Selbst Wahrheit ist eine Schöpfung des Willens zur Macht[34], „die Art von Irrtum, ohne welche eine bestimmte Art von lebendigen Wesen nicht leben könnte."[35] Der Schein ist

terpretiert; siehe insbes. „Zur Genealogie der Moral", II. 761 ff.
Einen interessanten Beitrag hierzu liefert jüngst Klaus Theweleit: Männerphantasien 2, Reinbek 1980. Er führt den faschistischen Typ Mensch auf eine Psychologie der Rache zurück. Die Phantasien sind die einer universalen Verschmelzung mit dem Leben, die gerade durch reale Vernichtung von Leben erreicht werden soll.

31. Diese Auffassung trifft sich mit der in jüngerer Zeit im Bereich der Psychologie von D.W. Winnicott entwickelten; siehe: Vom Spiel zur Kreativität, Stuttgart 1973.

32. Daraus entspringen mannigfaltige Konflikte im Bereich des Einzelnen wie der Gesellschaft; siehe unter 3.2.

33. Beispielhaft: Über Wahrheit und Lüge im außermoralischen Sinn, III. 309 ff.

34. vgl. III. 541

35. III. 844

„das Wirkende und Lebende selber", aber nicht im Gegensatz zur Wahrheit, zum Wesen.[36] Nein, „mit der wahren Welt haben wir auch die scheinbare abgeschafft!"[37] Worauf es letztlich ankommt, das ist der Wert fürs Leben, ob eine Phantasie dem leiblichen Dasein förderlich ist oder nicht.[38]

Die Wahrheit der Phantasie ist also die des Zwischen, das Feld zwischen bloß Vorgestelltem, Möglichem und Wirklichem. Oder anders, die Wahrheit der Phantasie ist Phantasie als ganze, Mögliches und Wirkliches umspannend. Phantasie soll beides in seiner wechselseitigen Bezogenheit anerkennen, als flüssige die Notwendigkeit wirklicher Bewährung, als sedimentierte ihren Entwurfs- und Setzungscharakter.[39]

3.2 konkret-lebendig

Konkret zeigt sich die Problematik von Phantasie im Bereich des Einzelnen wie der Gesellschaft auf verschiedenen Stufen. Sie spielt sich jedoch stets innerhalb der Spannung von Phantasie als flüssig und Phantasie als fest ab.

Der Einzelne eignet sich einen bestimmten Rahmen von Leben an. Dieser phantasierend geschaffene Horizont ist notwendig für seine Verwirklichung, trägt aber die Tendenz zur Verhärtung in sich. Es wird immer schwerer, einen erreichten status quo zu überschreiten.[40] Einmal eingefleischte Phantasie ist vom Geist wenig betreffbar.[41]

Ein weiter Problemkreis knüpft sich daran, daß Phantasie reales Leben zu übersteigen vermag. Fragwürdig wird diese Wesensbestimmung, wo sie kompensierende Funktion erfüllt.[42] Das Leiden am Leben mag den Einzelnen dazu bringen, sich eine Vorstellung von Leben zu bilden, die der Realität nicht entspricht. Er lebt in einer, wenn auch notwendigen Illusion.[43] Solange der Bezug zum Leib erhalten ist, dient sie der Erhaltung des Lebens. Die Phantasie kann jedoch ebenso in einem vom Leib abgetrennten Wahn enden. Zu einer bestimmten Zeit kann ein solcher Wahn zwar notwendig zur Aufrechterhaltung des Lebens sein, nämlich um einen Ausgleich für einen Mangel bezüglich eines

36. vgl. II.73

37. II.963; das bedeutet jedoch nicht, daß Nietzsche die Wahrheit der Erkenntnis des Menschen als Gestalters der Welt geringschätzt.

38. Darin zeigt sich die gehörige Portion ‚Materialismus' bei Nietzsche.

39. Es wird nicht verkannt, daß verschiedene Stufen der Erkenntnis eine unterschiedliche Konstanz aufweisen. Aber selbst allgemeinste Strukturbedingungen von Erkenntnis spiegeln lediglich eine bestimmte Art und Weise menschlicher Interpretationsmöglichkeiten.

40. Dabei kommt es nicht so sehr darauf an, in welchem Maße er Befriedigungsmöglichkeiten bietet, sondern, daß er überhaupt strukturiertes Leben verkörpert.

41. vgl. II.697

42. An der Stelle liegt m.E. der Problemkern von Phantasie.

43. Hierher gehören wesentlich Interpretationen, die den Gesamtzusammenhang, Sinn und Zweck des Lebens betreffen.

unabdingbaren lebendigen Bedürfnisses zu schaffen. Der Wahn rettet vor der unerträglichen Realität. Phantasie wirkt solange als Helfer des Lebens. Auf die Dauer kann aber der Wahn nicht an die Stelle des realen Lebens treten.[44] Er gewährt nicht die notwendig wirkliche Bedürfnisbefriedigung. Der in Wahn und reale Erfahrung auseinandergerissene Leib muß krank werden, Phantasie wendet sich gegen das Leben.

Im gesellschaftlichen Bereich tritt die oben angedeutete Problematik ganz analog auf. Die geschaffenen realen gesellschaftlichen Bedingungen stehen in Widerstreit mit den über sie hinausschießenden Phantasien. Das machtvoll Geltende ist fürs Mögliche kaum offen. Diejenigen, die eine den realen Vorstellungen und Idealen der Gesellschaft zuwider laufende Phantasie und Praxis an den Tag legen, werden wenigstens zu Außenseitern.[45]

Ferner mögen die an der Gesellschaft Leidenden, um lebensfähig zu bleiben, mit ihr vereinbare Illusionen bilden. Hieraus stammt ein Großteil der Religionen. Im Diesseits nicht realisierbares Glück wird in ein wunschgerechtes Jenseits verlegt.[46]

Von der Gesellschaft gänzlich losgelöste Phantasien führen schließlich zum sinnlosen Kampf gegen die Gesellschaft, das Leben.[47]

Die Problematik der Phantasie ist also darin gelegen, daß sie, zwar grundsätzlich hilfreich, dem Leben doch feindlich werden kann. Außerdem übersieht Nietzsche keinesfalls die Schattenseite der in Form der Illusion dem Leben förderlichen Phantasien. Als illusionär ziehen sie nämlich von der Arbeit am realen Leben ab, „sie beschwichtigen und heilen nur vorläufig, nur für den Augenblick; sie halten sogar die Menschen ab, an einer wirklichen Verbesserung ihrer Zustände zu arbeiten, indem sie gerade die Leidenschaft der Unbefriedigten, welche zur Tat drängen, aufheben und palliativisch entladen."[48] Hier trifft sich Nietzsche mit Freud und Marx.[49]

44. Eine wesentliche Schwierigkeit seiner Überwindung liegt wieder darin, daß er einmal in den Körper eingeschrieben vom Geist schwer auflösbar ist.

45. So figurieren etwa Zarathustra und seine Jünger, auf Überwindung des praktizierten Menschentums bedacht, als Randerscheinungen einer Gesellschaft; vgl. „Also sprach Zarathustra", II. 275 ff.
Konkret gegenwärtig läßt sich der Konflikt am Beispiel des zeitgenössischen Wissenschaftsbetriebs illustrieren. Wissenschaft wird als empirische Einzelwissenschaft betrieben, ist auf Beherrschung der Natur gerichtet (vgl. III. 440). Phantasie als Problem anderer Denkmöglichkeiten führt da, wenn überhaupt, ein jämmerliches Schattendasein (vgl. II. 1113).

46. Nietzsche versteht die christliche Moral als eine Schöpfung der Illusion. Sie ist auf Erhaltung eines Typus Mensch gerichtet, gleichzeitig aber mit einer Leibfeindlichkeit verbunden. Und da setzt seine Kritik der Moral an; vgl. II. 761 ff.

47. Als Beispiel hierfür mögen sektiererische Gruppen stehen.

48. I. 547

49. Beide legen ihren Finger wiederholt darauf, daß Illusionen, weil bloß vorgestellt, keine Realitätsbewältigung darstellen. Dies im Auge kommt Freud zur negativen Einschät-

Die Grenze, wo Phantasie deutlich in eine dem Leib schädliche Kraft umschlägt, ist da zu ziehen, wo sie sich vollends von ihm als ihrem materiellen Grund abgelöst hat, nicht mehr mit ihm in Rapport steht. Dann haben wir es mit einer Phantasie zu tun, die Funken schlagen, aber kein lebendiges Feuer zu entfachen vermag.

4. Schluß

Die dem Menschen ureigene Phantasie zeichnet ihn als offenes, werdendes Wesen gegenüber der festgefügten und beständigen Natur aus. Zugleich erweist sie seine Ausgesetztheit und Gefährdetheit, kann sie ihn doch ebenso in den Wahn führen. Entscheidend für ihre dem Leben förderliche Funktion ist, daß sie am Leib orientiert bleibt. Und da zeigt sich, daß Phantasie nicht bloß als gegeben hinzunehmen ist, sondern daß sie eine Stellungnahme des Menschen erfordert. Er soll sie auf das Leben, das Gedeihen des Leibes lenken. Phantasie ist sofern Aufgabe.[50]

Was es Nietzsche erforderlich scheinen läßt, Phantasie auf den Plan zu rufen, das sind im wesentlichen zwei einen geschichtlichen Umbruch andeutende Vorgänge. Voran steht der Tod Gottes. Mit ihm ist der Richtpunkt, der dem Leben Sinn und Zweck verliehen hat, entfallen. Die Leere, die er hinterließ, klafft nach wie vor. Der Mensch wird sich erst allmählich seiner schweren Aufgabe als Schöpfer bewußt.[51] Diesem Ereignis entspricht die Zersplitterung des Menschen. Die mit Gott vorgegebene ordnende Einheit ist dahin. Der Geist der Wissenschaft, auf Inbesitznahme der Welt gerichtet, zerfällt diese in tausend Stücke. Damit sinkt der Mensch selber zum Maschinenteilchen im Getriebe herab.[52] In der Karikatur des „letzten Menschen" steht uns der Typus vor Augen, der Phantasie nicht mehr kennt. Ihn rührt nichts mehr, er hat allein sein ungestörtes Behagen im Sinn. Zu allem, was da sein und kommen mag, blinzelt er lediglich.[53]

Um gesund und kräftig zu sein, noch Ziele zu haben, bedarf der Mensch also eines gestalthaften, umschließenden Horizonts.[54] Phantasie ist deshalb für

zung von Phantasie; vgl. „Der Dichter und das Phantasieren", G.W. VII, 213 ff. Marx kritisiert aus dem Grund ebenfalls das Phantasieren i.S. des reinen Interpretierens; vgl. „Thesen über Feuerbach", Nr. 11, MEW 3, S. 7 (Berlin 1962). Dennoch besteht eine wesentliche Differenz zu Nietzsche. Was Realität oder materielle gesellschaftliche Basis ist, das scheint bei beiden verhältnismäßig klar. Nietzsche hingegen sieht gerade auch da das Interpretieren, Dichten, im Spiel. Für ihn ist die leibliche Welt überhaupt, als phantasierend geschaffen, ein Kernproblem.

50. vgl. II.300ff.
51. vgl. II.126ff.
52. vgl. II.1113
53. vgl. II.283ff.
54. vgl. I.214

die Fortbildung zum ganzen, selbstbewußten Menschen nötig. Sie soll jedoch nicht als Mittel der Kompensation, als Krücke dienen. Der Krüppel- und Bruchstückmensch soll überwunden werden. Es gilt, aus dem bewußten Willen zum Dasein heraus auf die Verwirklichung des Möglichen hinzuschaffen. Ziel ist der aus der Fülle seines Selbst tätige Mensch.

Nietzsche beschwört geradezu aus seiner Einschätzung der geschichtlichen Situation die Notwendigkeit der Phantasie. Das zeigt seinen Zweifel, ob sie sich zur rechten Zeit und in der rechten Weise einstellen werde. Das Leben auf Erden könnte sich als Zufall, Ereignis eines Augenblicks herausstellen.[55] Diese Skepsis[56] scheint mir ein erklärender Hinweis auf die Überanstrengung des Begriffs des Schaffens. Der Mensch wird zum Schöpfer der Welt gezwungen, obwohl ihm doch die Bilder einer guten Zukunft erst kommen müssen.[57] So bleibt auch Nietzsches Mythus vom „Übermenschen" blaß, er ist kaum in sichtbare und fühlbare Bilder umzusetzen.

55. vgl. III.836

56. Sie entspringt der Erschütterung durch den Tod Gottes. Damit ist die Welt vorerst sinnentleert. Um selbstbewußt auf sich zu stehen, muß der Mensch aber darauf vertrauen, daß die Welt seinem Bedürfnis nach Sinnerfüllung entgegenkommt.

57. vgl. II.375

Alfred Schöpf

SYMBOLISIERUNGSFÄHIGE UND NICHTSYMBOLISIERUNGSFÄHIGE PHANTASIE

I.

Als konkreten Ausgangspunkt meiner Überlegungen nehme ich ein bestimmtes Sprechen über Phantasien, das sich in einer psychologischen Beratungssituation entwickelte, die Ulli, ein 17 1/2jähriger Jugendlicher aufsuchte.[1] Er kam wegen Konzentrationsschwierigkeiten beim Lernen, die dazu führten, daß er trotz überdurchschnittlicher Intelligenz die Realschule und schließlich die Lehre abbrechen mußte. Dazu kamen verschiedene Ausreißversuche, von denen er durch die Polizei gesucht über Heime zurückgeholt wurde. Schließlich kam er, weil er selbst das Gefühl hatte, an der Wirklichkeit gescheitert zu sein. Er lebe auf einem anderen Stern.

Bei den ersten Gesprächen entwickelten sich zwei Phantasiekreise, die einen inneren Zusammenhang erkennen ließen. Im Erstgespräch bot ein Buch über die alten Ägypter, das ihn tief beeindruckt hatte, den Ansatzpunkt. Es stellte offenbar eine Art phantastische Archäologie dar, die ihm Stoff zum Nachgrübeln bot und ihn zu weiten Ausflügen in seine Vorstellungswelt verlockte. Die Anlage der Cheops-Pyramide als Mittelpunkt mit unterirdischen Verbindungen zu den anderen Pyramiden sieht Ulli als eine Konstruktion an, die ihren Sinn durch den Bezug zum Weltraum hat. Die alten Ägypter wären allen anderen Zeiten im Erfassen des Weltraums weit voraus gewesen, sie hätten auch die kosmischen Entfernungen besser berechnet. Ja, er vermutet sogar, „daß sie noch da unten sind, daß sie von da unten etwas steuern könnten."

Einen weiteren Ansatzpunkt zu den Phantasien bieten ihm Gestalten wie Napoleon und Hitler, in Bezug auf die Ulli wissen möchte, was die Psychologen dazu sagen, ob sie sie für krank erklären. Wer sei dann aber normal! Das Thema, wie man zur Normalität steht, wird hier schon provozierend angesprochen. Ulli ist fasziniert von der zerstörerischen Gewalt dieser Männer, „denn ohne Zerstörung geht es nicht." Ihr Fehler bestand für ihn nur darin, „daß sie auf der Erde geblieben sind", weshalb sie ihre Pläne nicht verwirklichen konnten. Sie hatten keine Weltraumfahrt. Hier verbinden sich wieder die Phantasien von überlege-

1. Diese Beratung fand im Rahmen eines Ausbildungspraktikums an der Erziehungsberatungsstelle der Akademie für Tiefenpsychologie und analytische Psychotherapie in Stuttgart statt.

ner Größe mit Weltraumfahrt, die Ulli aus Science-fiction-Filmen kennt, die auf ihn eine berauschende Wirkung haben.

Auch bei seinen Ausreißversuchen verwischt sich für ihn manchmal, was Phantasie und Wirklichkeit ist. Er steht auf der Straße, aber er denkt, daß er schläft. Er braucht keine Drogen, keinen Alkohol oder das Rauchen. Er kann auch so ausgepflippt sein. An der Realität kann er nichts Anziehendes finden. Wenn er seine Ideen nicht hätte, wäre er ein 08-15-Mensch. Er würde eine Ausbildung machen, heiraten, Kinder kriegen usw. Manche Leute haben normale Ziele, aber er kann damit nichts anfangen. Ohne seine Ideen weiß er nicht, ob er noch hier leben würde, und in Vermengung zweier Redensarten sagt er: „Soweit würde es bei mir nicht enden". Es stört ihn, daß die Leute in den Geschäftsstraßen so normal herumlaufen. Zufrieden sein könnte er nur in einer anderen Welt, in der Vergangenheit oder Zukunft. Oder es müßte ein anderer Zustand herrschen, z.B. Krieg, aber kein so normaler wie zwischen Amerikanern und Russen, „wo doch vermutlich ganz andere Feine da unten sind". Ganz entschieden stellt er fest: „Die Realität, damit kann ich mich nicht abfinden" und „Ich will mich nicht zufrieden geben, ich kann mich nicht zufrieden geben". Solange er den Himmel über sich sieht, wird sich nichts an seinen Ideen ändern und ganz grob bemerkt er: „Es ist mir egal, was die anderen von meinen Ideen denken".

Seine augenblickliche äußere Situation ist nicht günstig. Nach Abbruch der Realschule und der Lehre als Facharbeiter, bei der er an der Berufsschule gescheitert ist, verdingt er sich als Gelegenheitsarbeiter zuerst am Bau, dann in einem Supermarkt als Allroundarbeiter, dann in einem Familienbetrieb. Immer ist er ohne Freunde, denn er will keine Saufereien und ist nicht an Mädchen interessiert. Allerdings ist ihm klar, daß es ohne Geld nicht geht und daß er mit seinen Ideen nur vorankommt, wenn er einen schulischen Abschluß hat. Auf die Diskrepanz zwischen seiner jetzigen Situation und seinen Ideen angesprochen, phantasiert er Möglichkeiten aus, wie er sie verwirklichen könnte. Er glaubt, es gebe sicher Wissenschaftler, die so etwas schon gedacht haben. Man müßte sie nur finden. Deshalb sieht er eine große deutsche Tageszeitung durch und liest und hört zwischen die Zeilen der offiziellen Information, ob er darauf nicht einen Hinweis bekommen kann. Auch müßte er zu Geld kommen, um seine Ideen zu verwirklichen. An das große Geld kommt man nur, wenn man einen Rauschgifthandel mit Millionenumsätzen betreibt. Ein anderer Weg wäre, selbst zu studieren, etwa Astrophysik, was er als Berufswunsch angibt. Sein bisheriger beruflicher Weg als ungelernter Arbeiter erlaubt dies jedoch nicht, obgleich er das Gefühl hat, jedesmal eine Stufe höher gekommen zu sein. Er erwägt auch wieder auszureißen, um solche Leute kennenzulernen. Vielleicht gibt es den entscheidenen Schritt, wenn er demnächst 18 Jahre alt ist. „Dann läuft mir keiner mehr nach, dann kann mich keiner mehr zurückholen". Er kann sich auch vorstellen, daß er Dinge tut, die im engeren Sinne kriminell sind. Aber er würde nicht im Kittchen sitzen, da würde er sich vorher umbringen. Auch im Krieg wäre es anders. Er wollte schon einmal zur Fremdenlegion gehen. Er würde gerne kämpfen, in einem anderen Staat, denn bei der Bundeswehr könnte er ohne Ausbildung nur gemeiner Soldat werden. Und „wie es so steht, hat ja Deutschland sowieso keine Atombomben". Er hofft darauf, daß mit einem Schlag etwas passiert.

Die Information zur psychosozialen Entwicklung von Ulli und zum Familienhintergrund waren in den beiden Gesprächen nicht sehr umfangreich, aber einige doch davon bedeutsam. Seit vier Jahren (13 1/2 Jahre alt) ist er in der Großstadt, vorher war er in der Kleinstadt. Da gab es Steinbrüche, er hat nach Fossilien gegraben. Da fingen seine Phantasien an. Bis zum 15. Lebensjahr ist er, wie er sagt, als normales Kind herangewachsen, schön artig, nichts hat er sich erlaubt, bis er „die groben Schnitzer" gemacht hat. Er hat sich nie gewehrt, in Schlägereien und Wortgefechten stets den kürzeren gezogen. Alles hat er gemacht, was die Eltern, die Verwandten und die Gesellschaft gesagt haben. Dann mit 16 Jahren hatte er „eigene Ideen" und die waren anders. Zu der Zeit beginnen seine Ausreißversuche. Er bricht immer wieder die Schule ab. Zeitlich damit fällt die Scheidung der Eltern zusammen, weshalb bisher alle Berater und Ärzte die Gründe für sein Scheitern in der Scheidung gesucht haben. Aber Ulli wehrt sich dagegen, die Scheidung habe ihm nichts ausgemacht. Im Gegenteil habe er das Gefühl, daß seine Eltern „erst jetzt richtig zusammenleben", obwohl sein Vater eine eigene Wohnung bezogen hat. Er habe ein besseres Verhältnis zu ihnen als vorher. Der Vater hatte Bergmann gelernt und war dann Lkw-Fahrer. Er ist früher nur an den Wochenenden gekommen. Das hat ihn jedoch nicht berührt. Jetzt besucht er den Vater, wann er will am Sonntag für zwei bis drei Stunden. Dann gehen sie schwimmen. Die Scheidung ist für ihn nicht der Grund seiner Schwierigkeiten.

Ulli, ein stämmiger Jugendlicher, steht in beiden Gesprächen sehr unter Druck. Seine unterschwellige Aggressivität deckt er teilweise durch ein gleichbleibendes, gelegentlich etwas provozierendes Lächeln zu. Im Erstgespräch rief er mit 15 Minuten Verspätung an, daß er sich „verfahren" habe und ob er noch kommen solle. Schließlich kam er mit 40 Minuten Verspätung schwitzend an. Das Beratungsangebot des zweiten Gesprächs bestand darin, daß er zwar ein problematischer Mensch sei, aber doch therapiefähig. Als Probedeutung boten wir an, ob er sich vorstellen könne, daß seine Phantasien von den unterirdischen Kräften unter den Pyramiden etwas mit seinem inneren Zustand zu tun haben könnten, ob da auch Kräfte am Werk seien, die mit dem Übrigen unverbunden sind. Ulli kann sie jedoch nicht annehmen und geht emotional in eine aggressive Abwehr, die sich während des ganzen Gesprächs nicht lockert. Er kämpft um seine Ideen auch gegen den Berater. Letztlich ist er nur am Ergebnis des Intelligenztestes interessiert und an Tips, wie er mit seinen Ideen vorankommen könne.

Diese Äußerungen in den zwei Beratungsstunden erlauben natürlich nicht, Ullis Phantasiewelt eingehender kennenzulernen. Dennoch geben sie Stoff zum Nachdenken und zum Verstehen seiner Problematik. Im Erstgespräch inszeniert er gewissermaßen die „verfahrene Situation" seines Lebens, ob er sich auf die Realität der Beratung einlassen oder von ihr in die entgegengesetzte Richtung der Phantasie ausreißen soll. Das Interesse des Beraters für das, was ihn an dem Buch über die alten Ägypter so fasziniert hat, ermöglicht ihm, ein Stück seiner Phantasien mitzuteilen. Sie sind alternativ zur Wirklichkeit, wie er sie erlebt. Sie führen archäologisch in die tiefste Vergangenheit zu den alten Ägyptern oder in die Zukunft der Weltraumfahrt i.S. der science-fictions. Sie bewegen sich im Unterirdischen der Pyramidenkammern oder im Überirdischen der Galaxien. Gegenüber einer als unbefriedigend, ja unerträglich empfundenen Wirklichkeit sind sie das eigentlich Befriedigende und Lustvolle. Aber dieses kreative Potential ist weit weg geschoben in den hintersten Winkel der Geschichte und in die äußerste Entfernung des Weltalls. Sie ist geradezu durch Welten vom Wirklichkeitserleben getrennt.

Da die Phantasien jedoch das eigentlich Lebendige in Ulli darstellen, kämpft er für sie gegen eine als leblos erlebte Wirklichkeit. Es herrscht also Kriegszustand zwischen diesen beiden Seiten in ihm. Im Zweitgespräch inszeniert er diesen Konflikt, indem er die Seite der schlechten Wirklichkeit dem psychologischen Berater zuweist und gegen ihn für die lustvolle ideenreiche Seite in ihm kämpft. Das Großartige und Gewaltige dieser Phantasien wird in Napoleon und Hitler ausgedrückt, gegenüber dem die andere Seite eine 08-15-Realität, eine verächtliche und geringzuschätzende Normalität ist, die man zerstören muß.

Wenn die Seite der unbefriedigenden Wirklichkeit in ihm zu bedrängend wird, muß er sie betäuben: In Science-fiction-Filmen und im äußeren und inneren Ausreißen vor ihr. Das Mitkämpfen in einem Krieg würde den inneren Kampf erträglich machen. Wenn wir im Auge behalten, wie wichtig Ullis Ideen für ihn sind, weil sie seine ganze Lebendigkeit beinhalten, verstehen wir seine Vorstellungen, wie er der Verwirklichung näher kommen könnte: Einen großartigen Wissenschaftler zu finden, ihn mit unrechtmäßig erworbenen Millionen zu finanzieren, selbst dieser Wissenschaftler zu sein, beim Ausreißen auf solche seltenen Menschen zu treffen, in einer militärischen Auseinandersetzung einen vernichtenden Schlag zu führen. Aber es zeigen sich keine Möglichkeiten, diese Phantasien mit der vorgefundenen Wirklichkeit in Verbindung zu bringen. Die Phantasien sind abgespalten, führen ein Eigenleben. Ulli bewegt sich auf dem schmalen Grat zwischen ihnen und der sogenannten Wirklichkeit.

Zwei Äußerungen zu seiner Kindheit und seinem Jugendalter lassen sich mit dieser Hypothese eines gespaltenen Selbst in Zusammenhang bringen. Da ist einmal der Wendepunkt zwischen dem 15. und 16. Lebensjahr, also in der Pubertät, vor dem er völlig an die sogenannte Normalität mit angepaßt war, aber dabei auch die eigenen Bedürfnisse und Wünsche vergessen mußte und der plötzlichen Entdeckung, daß er eigene Ideen hatte, die alternativ dazu eine ganz andere Seite seiner selbst darstellten, die er lebendig und großartig, aber von der Wirklichkeit getrennt sah. Zeitlich damit fällt die Scheidung der Eltern zusammen, von der Ulli sagt, daß sie ihm nichts ausgemacht hat. Entgegen der Annahme der Ärzte und Psychologen sei sie nicht die Ursache für das Ausreißen und Flüchten in die Phantasien. Wenn wir Ullis auf Anhieb unverständliche Äußerung dazunehmen, daß er im Gegenteil das Gefühl habe, „daß seine Eltern erst jetzt richtig zusammenleben", daß er ein besseres Verhältnis zu ihnen habe als vorher, obgleich sie real nach der Scheidung getrennt leben, können wir folgende Hypothese aufstellen: Obgleich Ullis Eltern vor der Scheidung in einer äußerlich ganz normalen Ehe lebten, da sie wenigstens an den Wochenenden zusammen waren, erlebte sie Ulli bereits damals als innerlich getrennt. Er mußte unter dieser sogenannten Normalität leiden. Um sie zu ertragen, hat er sich ihr um den Preis angepaßt, seine eigenen Bedürfnisse, seine eigene Aktivität zu verleugnen. Als dann die Scheidung passierte, wurde er von diesem Anpassungsdruck befreit, konnte seine Ideen entdecken und in seine Phantasiewelt ausreißen. Ulli hat also recht, wenn er sagt, daß die Scheidung nicht an seinem Ausreißen schuld ist, sondern die für ihn unhaltbare Situation der elterlichen Ehe. Die Scheidung war also eine Art Befreiung, wenn auch für eine alternative Phantasiewelt.

Zum Abschluß unserer vorläufigen Überlegungen über die Bedeutung von Ullis Phantasien möchte ich noch auf die überraschenden Wendungen hinweisen, die diese Beratung genommen hat. Vor dem vereinbarten dritten Termin rief Ullis Mutter an, daß ihr Sohn wieder ausgerissen sei und fragte um Rat, was sie tun solle, ob sie ihn wieder polizeilich suchen lassen soll. Sie sei allmählich auch finanziell überfordert. Aufgrund der elterlichen Fürsorgepflicht kamen wir trotz der ungünstigen psychologischen Wirkungen nicht herum, ihr zuzuraten. Meine Phantasie bei diesem Ausreißversuch bestand darin, daß Ulli jetzt wahrgemacht hat, was er als entscheidenden Schritt angekündigt hat, wenn er demnächst 18 Jahre alt wird. „Dann läuft mir keiner mehr nach, dann kann mich keiner mehr zurückholen". Ich hatte nur die eine Seite der Erlebniswelt berücksichtigt, nicht den teilweisen Realitätsbezug, der ihn ja bis jetzt immer wieder zurückkommen ließ. Ca. eine Woche später meldete die Mutter telefonisch, daß er zurück sei und eine neue Arbeitsstelle angetreten habe. Er wolle zu einem späteren Termin zur Beratung kommen. Dies ist der Stand der Dinge, soweit ich Ullis Schicksal verfolgt habe und wir müssen offen lassen, wie sein Kampf zwischen Phantasie und Wirklichkeit ausgeht.

II.

Wenn wir im nächsten Schritt unserer Überlegungen dieses konkrete Sprechen über Phantasien in der psychologischen Beratungssituation und den Versuch seiner psychoanalytischen Deutung in den größeren Zusammenhang der Frage stellen, in welchem Maße wir überhaupt von Phantasien wissen können, insbesondere welche Möglichkeiten eines Zugangs zu ihnen wir unterscheiden können, dann befinden wir uns auf dem Boden einer philosophischen Reflexion erkenntnistheoretischer und anthropologischer Art. Wenn wir außerdem unterstellen, daß wir mit den Phantasien einen anthropologisch zentralen Bereich ansprechen, an dem sich ähnlich wie bei Verstand und Sprache der charakteristische Unterschied zwischen Mensch und Tier zeigen läßt, dann müßten diese methodischen Überlegungen für die Anthropologie als Ganzes von Relevanz sein.

Welches sind phänomenologisch die Bedingungen, daß wir von Ullis Phantasien Kenntnis erhalten? Zweifellos besteht die erste und unverzichtbare Voraussetzung darin, daß sie uns in der Sprache gegeben sind. Ansonsten wären sie für die betreffende Person selbst nicht faßlich und auch nicht anderen Personen mitteilbar. Unter Sprache verstehen wir dabei nicht nur die Wortsprache im engeren Sinn, sondern ebenso die sich in Mimik, Gestik und Handlung ausdrückende Körpersprache, die wir in Arbeit und Spiel erfahren können. Ebenso meinen wir damit nicht nur die sprechende Sprache des aktuellen Ausdrucksgeschehens, sondern auch die in Schrift, Zeichnung und Form der Gegenstände niedergelegte gesprochene Sprache. Die zweite Voraussetzung besteht darin, daß sich die Sprache in ihren Bedeutungen, d.h. im semantischen Gehalt auf Erfahrungen stützt, die den Begriffswörtern insofern vorausliegen, als sie ihnen überhaupt erst einen bildhaften-vorstellungsmäßigen Inhalt geben. Wie können wir nun in und mittels der Sprache zu dem Bereich Zugang gewinnen, der ihr in gewisser Weise anthropologisch vorgeordnet ist? Wenn wir Sprache dadurch charakterisieren, daß sie sich auf allgemein vollziehbare Bedeutungen stützt und sie kommunikativ vermittelt und Phantasien dadurch kennzeichnen, daß in ihr individuelle bildhaft-vorstellungsmäßige Erfahrungen gemacht werden, dann stellt sich die Frage, wie diese individuellen Inhalte in der Sprache erfaßt und mitgeteilt werden können? Wenn wir etwa Ullis Aussagen über die Wirklichkeit und Normalität nehmen, stellen wir fest, daß er sich hierin Wörter der Umgangssprache bedient, die in einer Sprachgemeinschaft eine durchschnittlich verständliche Bedeutung haben. Das Wort „normal“ bezeichnet etwa Erfahrungen, die von einer abwertenden Auffassung als schlechte Normalität bis zu einer zufriedenstellenden Sicht als Erfüllung von Normen oder Erwartungen reichen können. Dennoch haben wir das Gefühl, wenn wir mit Ulli über Normalität sprechen, daß er in seinem Reden noch etwas anderes meint, daß der Bedeutungshof der Worte in seinem Sprechen verändert ist. Offenbar bezieht er sich auf Erfahrungen, die in dieser Weise nur er selbst in seinem individuellen Lebensschicksal gemacht hat und die seinen Wortgebrauch modifizieren. Die Bedeutung der Wörter scheint also davon abhängig zu sein, was wir an Erfahrungsgehalten und Phantasien in sie einspeisen. Was aber ist dann Phantasie und können wir ihre Inhalte im sprachlichen Ausdruck erkennen und in der Kommunikation differenziert erfassen?

In der anthropologischen Diskussion in der Folge von A. Gehlen hat sich eine Bestimmung der Phantasie herauskristallisiert, daß sie als eine psychische Fähigkeit des Sich-versetzens in mögliche andere Standpunkte, in virtuelle Wahrnehmungs- und Bewegungsvollzüge zu begreifen ist.[2] Demnach muß sie von der Wahrnehmung unterschieden werden, die einen bestimmten Standpunkt zur Welt einnimmt, von dem her ihr der Inhalt unmittelbar sinnlich-anschaulich gegeben ist. Ebenso grenzt sie sich von der Bewegung ab, die eine motorische Aktion von einem solchen Standpunkt zur Welt darstellt. Die phänomenologische Auffassung einer Standpunktbezogenheit oder Perspektivität von Wahrnehmung und Bewegung ist hier impliziert, die durch die Leiblichkeit der wahrnehmend-sich bewegenden Person bedingt ist.[3] Im Unterschied zur Wahrnehmung und Bewegung löst sich jedoch die Phantasietätigkeit relativ von der Bindung an die materielle Voraussetzung des Leibes und der bestimmten Situation, in der er sich befindet. Sie variiert die Standpunkte in Raum und Zeit, versetzt sich in mögliche Wahrnehmungs- und Bewegungsvollzüge. Dies kann vorwiegend gegenstandszentriert geschehen, wobei der Phantasierende mögliche Gesichtspunkte zu den Dingen seiner Umwelt erfindet. Wir sprechen dann von Sachphantasien. Es kann aber auch mitmenschlich orientiert geschehen, wobei der Phantasierende mögliche Standpunkte anderer Personen sich zu eigen macht. Der symbolische Interaktionismus hat vor allem diesen Aspekt des „to take the role of the other" herausgearbeitet.[4] Wir sprechen dann von sozialer Phantasie. Wenn sich dieses Sich-versetzen vor allem auf die vergangenen Wahrnehmungen und Bewegungen bezieht, nennen wir es reproduktive Phantasie, die der Leistung des Gedächtnisses entspricht. Wenn es dagegen zukünftige Möglichkeiten vorwegnimmt oder ausprobiert, nennen wir es produktive Phantasie im Sinne der Einbildungskraft.

Phantasie ist nun zweifellos das durch und durch subjektive Verfahren, Gegenstände aus meinem Blickwinkel zu erleben bzw. mich in Bezug auf sie tätig vorzustellen und dies in völliger individueller Freiheit und Unabhängigkeit. Diese Fähigkeit des Vorstellenkönnens stellt somit die entscheidende Wurzel menschlicher Individualität und Einmaligkeit dar. Zugleich stellt jedoch dieses Verfahren eine Form von Verallgemeinerung dar. Die verschiedenen Blickwinkel auf

2. A. Gehlen, Der Mensch Wiesbaden [11]1976, S. 317
3. M. Merleau-Ponty, Phänomenologie der Wahrnehmung, Berlin 1966, S. 91 f.
4. G.H. Mead, Geist, Identität und Gesellschaft, Frankfurt a.M. [2]1975, S. 90 f.

die Dinge und Menschen zeigen mir, wie sie für einen anderen aussehen und zu handhaben wären. Zwischen ihnen entsteht ein Zusammenhang, bildet sich ein Gemeinsames gemäß den Assoziationsweisen der Nähe in Raum und Zeit und der Ähnlichkeit in der Sache.[5] Phantasie verallgemeinert also in diesen drei Vergleichshinsichten, jedoch nicht im Sinne eines starren, induktiven Verfahrens, sondern in der Weise eines gestalthaften Erfassens. Mit einem Male geht Ulli der Sinn der Pyramidenanlage auf, weil er etwas sieht, was die anderen nicht sehen, daß die Ausrichtung auf den Weltraum das Entscheidende dieser Anlage ist. Aus der Vielfalt der Gesichtspunkte schaut er gewissermaßen das Allgemeine heraus. In spontaner Intuition erschließt sich die Gestalt.

Wenn wir Phantasie als Fähigkeit des Sich-versetzens in virtuelle Wahrnehmungs- und Bewegungsvollzüge nicht i.S. eines Vermögens des Menschen als gegeben voraussetzen wollen, müssen wir ihren Ursprung klären. Aus welchen Bedingungen des Menschen ist ihre Entstehung zu begreifen? Eine solche Ursprungsfrage muß die naturhaften wie gesellschaftlichen Bedingungen der Entstehung von Phantasie zugleich im Auge behalten. Das Moment des Naturhaften bekommen wir vornehmlich dann in den Blick, wenn wir nach den Antrieben zur Ausbildung der Phantasietätigkeit fragen. Anthropo-biologische und psychoanalytische Theorien stimmen darin überein, daß unsere Phantasien aus Problemen der Befriedigung von Bedürfnissen und Wünschen erwachsen, die sie in höchst kunstvoller Weise ermöglichen. Diese Sicht des Ursprungs der Phantasietätigkeit stützt sich auf die biologische Einsicht, daß der Mensch als instinktreduziertes Lebewesen zu begreifen ist.[6] Wenn es wahr ist, daß er nur auf die Reste instinktmäßiger Präformation seiner Antriebe zurückgreifen kann und er in keine genetisch vorgeprägte Umwelt eingepaßt ist, dann ist sowohl die Ausbildung seiner Bedürfnisse und Wünsche wie die Gestaltung einer befriedigenden Umwelt in seine Tätigkeit gelegt. Er muß nicht nur seine leiblich gefühlten Bedürfnisse ausphantasieren, sondern sich auch die entsprechende kulturelle Umwelt schaffen. Phantasie als anthropologicum meint daher, daß aus biologischen Bedingungen des Menschseins die Entwicklung einer psychischen Tätigkeit erforderlich ist, mit der er seine Wunschbefriedigung selbsttätig organisiert. Phantasie muß somit als eine die biologischen Bedingungen transformierende psychische Tätigkeit begriffen werden.

Das organisierende Prinzip dieser psychischen Tätigkeit ist psychoanalytisch gesehen die Wunscherfüllung. Damit stellt sich die Frage, unter welchen Bedingungen die menschliche Phantasie dazu in der Lage ist, zur Befriedigung unserer Wünsche in der Wirklichkeit beizutragen und unter welchen Bedingungen sie

5. So schon bei D. Hume, Treatise concerning human understanding, dt. Eine Untersuchung über den menschlichen Verstand, Hamburg 1961, S. 25

6. A. Gehlen, a.a.O., S. 26

eine scheinbare Ersatzbefriedigung anbietet. Vor allem welcher Art müssen die gesellschaftlichen Bedingungen sein, damit sie sich in dieser Weise ausbildet. D.W. Winnicott geht in seiner Theorie auf die Annahme eines ungestörten, primär-prozeßhaften Erlebens der Wunscherfüllung als unerläßliche Bedingung der Entstehung von Phantasie zurück. Als soziale Bedingung dafür benennt er die „genügend gute Mutter" (good enough mother), die sich auf die Anforderungen des Säuglings einstellen kann. Sie vermittelt ihm dann das Gefühl, daß er seine Wünsche auf magische Weise in der Wirklichkeit befriedigen kann. Er entfaltet die Vorstellung einer Allmacht, in der sein Körper und der der Mutter, Innen und Außen noch ungeschieden sind und ihm zur Verfügung stehen. Winnicott nennt sie „schöpferische Illusion"[7]. In ihr sieht er bereits die Wurzel einer vom Körpergefühl noch ungeschiedenen Phantasietätigkeit.

Wie aber ist das Problem der Wunschbefriedigung zu lösen, wenn diese phantastische Weise durch Versagungen von seiten der Wirklichkeit aufgebrochen werden muß? Erste Bedingung dafür von seiten der Umwelt, daß die Mutter durch ausreichende Befriedigung die Voraussetzung dafür geschaffen hat, daß der Säugling ein sicheres Bild von ihr über Phasen ihrer Abwesenheit in sich festhalten kann. Dazu muß als zweite Bedingung das Anbieten einer die Verarbeitungsmöglichkeiten des Säuglings nicht überschreitenden Versagung kommen, d.h. er muß einen erträglichen Mangel erleiden. Wenn die erwartete Befriedigung nicht sofort eintritt, kann der Säugling halluzinatorisch das Bild der befriedigenden Mutter beleben. Die spontane Reproduktion dieses Bildes wäre gewissermaßen die erste Phantasieleistung. Solche Vorstellungen werden meist durch Daumenlutschen, Saugen am Bettzipfel oder Sich-streicheln mit Stoffgegenständen etc. unterstützt. Dadurch wird in einem schöpferischen Akt einer dieser Gegenstände mit der befriedigenden Mutterbrust in assoziative Verbindung gebracht. Der Bettzipfel steht dann imaginativ für Mutterbrust. Er wird zum symbolischen Gegenstand, weil das Kind zwischen seinem Wunsch und dem Mangel in der Wirklichkeit einen Gegenstand einschiebt, der als Repräsentant auf künftige Befriedigung verweist. Winnicott nennt ihn „Beschwichtiger", weil er die Leere oder den Mangel in der Wirklichkeit dadurch überbrückt, daß er symbolisch künftige Befriedigung verheißt.[8] Natürlich wird die genügend gute Mutter solche Symbole kindlicher Befriedigungserwartung aus dem Erfahrungsschatz des Umgangs mit Kindern anbieten. Aber die kindliche Wahl eines bestimmten Gegenstandes als Symbol künftiger Befriedigung stellt eine originäre, nicht auf gesellschaftliche Bedingungen reduzierbare Leistung seiner individuellen Phantasie dar.

Diese Symbolisierungsleistung mißlingt, wenn traumatische Trennungserleb-

7. D.W. Winnicott, Vom Spiel zur Kreativität, Stuttgart 1971, S. 10f.
8. D.W. Winnicott, a.a.O., S. 21

nisse das innere Bild der Mutter zum Verschwinden bringen. Der Gegenstand steht dann nicht mehr in assoziativer Verbindung mit dem Bild der guten Mutter, er verweist nicht mehr auf das künftige Befriedigungserlebnis, sondern wird selbst zum Inhalt einer ersatzweisen Befriedigung. Er verliert damit seine Symbolisierungsfunktion. Winnicott nennt ihn „Tröster“. Er bedeutet nicht mehr die befriedigende Mutter, sondern ist selbst die vermeintliche Befriedigung.

Die Frage der Unterscheidung von realitätshaltiger und realitätsloser Phantasie läßt sich daher nicht durch äußere Maßstäbe entscheiden, die ein Beobachter des Verhaltens anlegen würde. Wenn dieser zwischen realitätszugewandtem und -abgewandtem Verhalten, zwischen objektgerichteter und subjektgerichteter Phantasie, zwischen Vorstellungen von Tatsachen und bloßen Vorstellungen im Kopfe unterscheidet, setzt er im Grunde genommen die Unterscheidbarkeit bereits als objektiv gegeben voraus. Wenn wir jedoch dem Winnicottschen Weg folgen, müssen wir nach Kriterien fragen, mit denen wir von innen heraus, d.h. aus dem Erleben und Verstehen unserer selbst und des anderen entscheiden können, welche Phantasien Realität und welche uns ein Gefühl der Leere vermitteln. Die Unterscheidbarkeit als solche wird problematisiert. Winnicotts Antwort lautet: Für den in der bloßen Phantasie lebenden ist die Phantasie gleich Wirklichkeit. Sie ist als Phantasie nicht erkennbar und unterscheidbar, sondern wird als pure Wirklichkeit genommen. Die in die Wirklichkeit projizierten Wünsche scheitern jedoch, weil der Phantasierende keine symbolischen Ausdrucksformen und damit keine zwischenmenschlich anerkannten Mittel zur Erreichung seiner Ziele hervorbringen kann. Im Unterschied dazu sind die Phantasieproduktionen realitätsbezogener Art symbolisierungsfähig. Die Phantasie ist nicht gleich Wirklichkeit, sondern sie meint oder bedeutet Wirklichkeit. Sie ist also als Phantasie von ihr unterscheidbar und verweist auf sie in einer kommunikativ mitteilbaren und verständlichen Form.

D.W. Winnicott stellt die psychologische Frage nach dem Ursprung der Phantasietätigkeit zugleich in einem gesellschaftlichen Kontext. Er sieht, daß der menschliche Wunsch als solcher überhaupt nicht erfahrbar und befriedigbar ist, wenn er nicht durch den Wunsch des anderen anerkannt ist. Mit Lacan zu sprechen ist er immer Wunsch nach dem Wunsch des anderen.[9] Die gesellschaftliche Bedingung der Entstehung von Phantasie ist in einer ausreichenden mitmenschlichen Zuwendung zu sehen. Da diese immer in symbolischer Weise angeboten wird, sind darin Voraussetzungen einer nachschaffenden Phantasietätigkeit zu sehen. Diese passive Seite der Phantasietätigkeit nennen wir Nachahmung oder Imitation. Die Qualität des mütterlichen Angebots z.B. entscheidet darüber, ob es dem Kind gelingt, eine originär-schöpferische Phantasie zu entwickeln und

9. J. Lacan, Schriften I, Olten 1973, S. 220. Vgl. H. Lang, Die Sprache und das Unbewußte, Frankfurt a.M. 1973, S. 217f.

seine individuellen Fähigkeiten auszubilden. Diese aus eigenem Antrieb heraus schaffende und umgestaltende Phantasie nennen wir Kreativität. Ohne sie würde die Phantasietätigkeit auf äußere Anpassung reduziert.[10] In einer fördernden Umwelt, die ausreichende Befriedigung bietet und nur erträglichen Mangel zuläßt, kann das Kind diese schöpferischen Kräfte der Symbolisierung entwikkeln. In einer versagenden Umwelt, in der die Traumatisierung die Verarbeitungsmöglichkeiten des Kindes übersteigt, werden die symbolischen Bezüge der Phantasie zur Wirklichkeit unterbrochen, wird der Verweisungszusammenhang gestört. Phantasie wird zur Verkennung der Wirklichkeit. Winnicott unterscheidet somit zwischen einer notwendigen und entwicklungsmäßig vertretbaren Versagung im mitmenschlichen Angebot, der eine strukturelle Differenzierung des Menschen in unbewußte Phantasieproduktion und vorbewußt-bewußte Imagination entspricht. Davon verschieden ist jedoch die nichtnotwendige, entwicklungsmäßig unvertretbare Versagung durch soziale Unterdrückung, die innere Vorgänge der Abwehr i.S. der Abspaltung, der Verleugnung, der Verdrängung usw. produziert und ein pathologisch-unbewußtes Phantasieleben ohne ausreichende symbolische Verweise auf Realität hervorbringt.

Wie ist von diesen Voraussetzungen her das Verhältnis von Phantasie und Sprache zu bestimmen? Im Unterschied zum assoziativen Verfahren der Phantasie stellt Sprache einen diskursiven Prozeß des Ordnens und Klärens von bildhaft-symbolischen Verweisungszusammenhängen dar. Mit Hilfe der logischen Funktion des Ja und Nein kann einem bestimmten Begriff ein Prädikat zu- oder abgesprochen werden. Eine sprachliche Aussage faßt daher vereinbare Gehalte der Phantasie zu einer Wortbedeutung zusammen und trennt unvereinbare ab. Die anthropologische Notwendigkeit einer solchen Entwicklung von Sprachformen für die Wunschbefriedigung zwischen Mutter und Kind besteht generell gesprochen darin, daß sie einen flexibleren und differenzierteren Umgang zwischen Mutter und Kind im Hinblick auf das Erfassen der Wünsche und das Sondieren der Wege zu ihrer Befriedigung möglich macht. Wieder vermittelt die Mutter in ihrem Sprechen den allgemeinen Schatz an Bedeutungsgehalten der Umgangssprache, den sich das Kind nachahmend zu eigen macht. Zugleich vollzieht es jedoch sprechend den schöpferischen Akt, im Wort diejenige Bedeutung auszudrücken, die es ihm geben will. Dabei bezieht es sich auf die bildhaft-symbolischen Verweisungszusammenhänge seiner Phantasie. Sprechend bringt es seine Phantasie ins Spiel. Sprache ist also von der Vielfalt der bildhaft-symbolischen Verweisungszusammenhänge der Phantasie abhängig. Wo

10. Der Gesichtspunkt der Imitation und der Vorbildlichkeit der Institutionen für die Ausbildung von Phantasien wird von A. Gehlen, a.a.O., S. 320 einseitig in den Vordergrund gerückt. Damit wird die Spontaneität und individuelle Freiheit der Phantasie in unzulässiger Weise beschnitten.

sie durch Prozesse der Abwehr unterbrochen sind, verändert sich der Inhalt der Wörter und verliert seinen Realitätsbezug.

In Ullis Verwendungsweise des Wortes Normalität haben wir herausgehört, daß sich seine umgangssprachliche Verwendungsweise entscheidend verändert. Für ihn wird es zum Inbegriff einer unlustvollen, ja unerträglichen Realität, der gegenüber er sich nur in seinen Ideen frei fühlen kann. Der Bedeutungshof dieses Wortes sieht also für ihn anders aus, weil er andere Erfahrungen und Phantasien einspeist. Wir müssen hier vor allem seine Anpassung an eine unhaltbare Ehe- und Familiensituation in seiner Kindheit denken, in der seine Wünsche untergingen. In diesem Zusammenhang sind wir auf die unverständliche Äußerung Ullis gestoßen, daß seine Eltern erst seit der Scheidung richtig zusammenleben, obgleich der Vater eine eigene Wohnung bezogen hat. Diese Äußerung ergibt nur Sinn, wenn wir unterstellen, daß die Eltern vor der Scheidung in einer sogenannten normalen Ehe nicht richtig zusammenlebten und er kein gutes Verhältnis zu ihnen hatte, daß sie nach der Scheidung aber, als die normale Ehe zu Ende war, erst ihre richtige Beziehung zueinander fanden, weshalb er ein besseres Verhältnis zu ihnen hat. Wenn unsere Hypothese richtig ist, haben wir es also mit einer verwirrenden Welt zu tun: einer sogenannten Normalität, die erdrükkend ist und einer Anormalität, die befreiend wirkt. In der Verwendungsweise des Begriffswortes normal ist also bei Ulli aufgrund seiner Erlebnis- und Phantasiegehalte eine Verschiebung der Bedeutung eingetreten, die fast an eine Bedeutungsverkehrung heranreicht: die normale Wirklichkeit ist eigentlich anormal, weil unerträglich. Sie muß zerstört werden. Die anormale Wirklichkeit der Phantasie ist viel normaler, weil lustvoll und lebendig. Im therapeutischen Gespräch müssen wir versuchen, Ullis abgespaltene Phantasien in die Sprache zu bringen. Dies erfordert die Fähigkeit eines Hörens auf semantische Veränderungen in der Sprache, die solche Phantasiegehalte anzeigen. Nunmehr gilt es in mühsamer Kleinarbeit sprachlich auszudifferenzieren, auf Grund welcher unbewußter Phantasien sich solche Bedeutungsveränderungen in der Sprache ausgebildet haben. Ein solches Sprechen stellt die Verweisungszusammenhänge zwischen ihnen wieder her und knüpft die symbolischen Fäden zur Realität. Damit allein kann die Basis geschaffen werden, daß er seine Wünsche differenziert erfassen und mit den Wünschen der Mitmenschen sprachlich vermitteln kann.

III.

Im dritten Schritt unserer Überlegungen stellen wir uns die wissenschaftstheoretische Frage, welche methodischen Möglichkeiten wir in den Wissenschaften zur Verfügung haben, zu den Phantasien Zugang zu finden und insbesondere worin der Ansatz einer philosophisch-anthropologischen Überlegung zum Problemfeld der Phantasien bestehen könnte. Die Verschiedenheit der Ausgangspunkte in den Wissenschaften ist von der Vorentscheidung abhängig, ob sie den Menschen in Gemeinsamkeit mit der übrigen Natur, der Materie, den Pflanzen und Tieren als Naturtatsache auffassen und ihre kausalen Bedingungen erforschen wollen. Der Zugriff einer solchen Naturforschung auf den Menschen impliziert, daß ihr Gegenstand als Verhalten und die Wissensform als objektiv ausgerichtetes Beobachten bzw. Experimentieren und als kausales Erklären bestimmt wird. Als zweiter möglicher Ansatzpunkt bietet sich an, den Menschen in seiner Unterschiedenheit von der Natur als sprachliches Wesen zu sehen und diese spezifische Weise seiner humanen Selbstverwirklichung zu erforschen.[11] Ein solcher Zugriff betrachtet seinen Gegenstand, die sprachlichen Zeugnisse in Rede, Schrift und kulturellen Produkten, als Träger von Sinn und Bedeutung. Dieser kann nur durch eine Erklärung erschlossen werden, die die sprachlichen Äußerungen von ihrer Intention her versteht, die sie im Rahmen einer kulturellen und sprachlichen Gemeinschaft verfolgen. Wir können vom zielorientierten oder teleologischen Erklären sprechen. Diese verschiedenen Ausgangspunkte sind in der Sache begründet, da der Mensch sowohl Gemeinsamkeit mit der übrigen Natur aufweist, wie er sich als sprachliches Wesen von ihr unterscheidet.

In den Verhaltenswissenschaften erscheint das Problemfeld der menschlichen Phantasie unter dem Gesichtspunkt der subjektiven Bedingungen des Verhaltens, gleich ob mehr die erblich kodierten Bedingungen des Verhaltens im Vordergrund stehen wie in der Biologie oder die Bedingungen des Lernens wie in den behavioristischen Wissenschaften. Wenn etwa die Biologie das Verhalten von angeborenen Instinktbewegungen bzw. Auslösemechanismen, und von Schlüsselreizen abhängig macht, dann bedeutet dies, daß Träumen und Reproduzieren von Bildern eine subjektive Reaktion auf Reize innerer und äußerer Art darstellt. Zweifellos haben höhere Tiere ein reges Vorstellungsleben, wie wir an träumenden Hunden beobachten können. Gleichzeitig sehen wir in den Köhlerschen Affenexperimenten, wo die Grenzen der tierischen Vorstellungskraft liegen, nämlich sich von den Erfordernissen der spezifischen Umwelt abgelöste, imaginäre Räume, Zeiten und Eigenschaften vorzustellen. Offenbar ist die Notwendigkeit der Verarbeitung von Körper- und Umweltreizen im Traum und bildhaften Vorstellungen eine biologische Bedingung, die wir Menschen mit den Tieren teilen. Gleichzeitig lehrt der Vergleich mit dem Verhalten der Tiere, daß beim Menschen die Anpassung an eine spezifische Umwelt als Naturgegebenheit wegfällt und damit Phantasie im anthropologischen Sinne freigesetzt wird. In den Lerntheorien, die das Verhalten von Belohnung und Bestrafung durch die Umwelt abhängig machen, wird die Phantasie unter den Emotionen als intervenierende Variable, d.h. als Zwischenglied interner Orga-

11. E. Husserl, Ideen zu einer reinen Phänomenologie und phänomenologischen Philosophie II, Husserliana Bd. IV, Den Haag 1972, S. 173f.

nismusbedingungen betrachtet, die die Verhaltensreaktion beeinflussen.[12] Phantasie ist eigentlich nur durch die Abweichungen in den Verhaltensreaktionen feststellbar, die ihrem Einfluß zugeschrieben werden müssen. Dazu kommen die verbalen Äußerungen des Phantasierenden, der im selbstbeschreibenden Verhalten seine subjektiven Eindrücke mitteilen kann. An Ullis Problematik wäre verhaltenstheoretisch vor allem das Schulversagen, die Konzentrationsstörungen und das Ausreißen als abweichendes Verhalten auffällig, für das unter anderem auch solche subjektiven Bedingungen wie Phantasie mitzuberücksichtigen wären. Daß er sie jedoch in diesem Übermaß ausgebildet hat, liegt in dieser Sicht allein an den Einwirkungen von Ullis Familie, in der offenbar angepaßtes Verhalten und Rückzug in Grübeln erwünschter war und mehr belohnt wurde als aktives spontanes Verhalten. Mit dieser einseitigen Erforschung der Umweltabhängigkeit des Verhaltens können jedoch die Inhalte des Erlebens und Phantasierens in ihrer Eigenbedeutung nicht erklärt werden. Sie gelten daher in der behavioristischen Verhaltensforschung als subjektiv und wissenschaftlich fragwürdig. Therapeutisch praktisch sind sie nur in der Hinsicht interessant, ob und in welchem Maße solche Reaktionen verstärkt und gelöscht werden sollen. Da wo jedoch die Verhaltensforschung den Inhalten des selbstbeschreibenden Verhaltens selbst Aufmerksamkeit zuwendet, muß sie nach Sinn und Bedeutung dieser Äußerung für das Subjekt fragen und überschreitet damit den Rahmen ihrer Wissenschaftsorientierung in Richtung auf hermeneutische Wissenschaft.

Für diese erschließt sich Phantasie unter dem Blickwinkel des Inhalts von sprachlichen Bedeutungen. Erstens stehen dabei die wortsprachlich-begrifflichen Bedeutungen im Vordergrund. Selbst da, wo Produkte der Kunst oder Zeugnisse der Archäologie wissenschaftlich erforscht werden, in denen bildsprachliche Elemente eine wesentliche Rolle spielen, werden sie in wortsprachlich-begrifflichen Beschreibungen Gegenstand der Forschung. Das Problem der Phantasie stellt sich somit für die hermeneutischen Wissenschaften in der Weise, wie wir im Medium der Wortsprache die Bildersprache erfassen können, d.h. als Frage des Verhältnisses von Form und Inhalt der Sprache. Wenn aber zweitens Phantasien nur in Form von sprachlichen Texten hermeneutisch zugänglich sind, stellt sich die Frage, wie die Äußerungen eines einzelnen Sprechers, in denen er seine Vorstellungswelt mitteilt, anderen verständlich sein können. Die hermeneutischen Wissenschaften lösen das Problem dadurch, daß sie die Intention einer sprachlichen Äußerung im Rahmen allgemeiner Intentionen oder Ziel-Mittel-Vorstellungen einer sprachlich-kulturellen Gemeinschaft sehen. Das Verständnis von Phantasien eines Subjekts verlangt daher die Berücksichtigung des

12. Vgl. B.F. Skinner, Wissenschaft und menschliches Verhalten, München 1973, S. 242f.

gesellschaftlichen Kontextes, innerhalb dessen sie verständlich werden.[13] Drittens müssen die hermeneutischen Wissenschaftler darauf reflektieren, daß eine bestimmte sprachliche Äußerung zu einem bestimmten Zeitpunkt erfolgt ist und daß die Frage des Forschers aus einem zeitlichen Abstand heraus an sie gerichtet ist. Die Intention der Forscherfrage steht daher in einem anderen gesellschaftlichen Kontext als die zu erforschende Äußerung. Hier taucht also das Problem auf, daß sprachliche Äußerungen und ihr Phantasiegehalt dem historischen Wandel unterliegen und sie nur verstanden werden können, wenn man die damalige Zeit und ihr Verständnis zu unserer Zeit und ihrem Verständnis in eine fruchtbare Relation setzt.[14] An Ullis Phantasieerzählung können wir die sprachliche Form gut erkennen, die Rede, in der sie für den Berater gegeben war und das schriftliche Protokoll, in der sie festgehalten ist. Die Differenz im gesellschaftlichen Kontext ist ebenfalls deutlich: Der jugendliche Proband und der erwachsene Berater, der Gelegenheitsarbeiter und der in einem akademischen Beruf Stehende usw. Auch die historische Differenz sehen wir im Generationsunterschied zwischen Proband und Berater. Allerdings müßten wir noch einige wichtige Differenzierungen vornehmen, die den Unterschied zwischen einem wissenschaftlichen Umgang mit einer Phantasieerzählung i.S. der üblichen hermeneutischen Wissenschaften und der Psychoanalyse ausmachen. Während wir in den hermeneutischen Wissenschaften unterstellen, daß der Gesprächspartner im wesentlichen seine Phantasien wissentlich erfassen kann, daß Bedeutung und Absicht ihm also zugänglich sind, gehen wir in der Psychoanalyse davon aus, daß der offenkundige Sinn der Erzählung nur die eine Seite der Medaille darstellt, die durch den anderen des verborgenen Sinnes mitbestimmt wird.[15] Bei Ulli haben wir es mit ursprünglich abgespaltenen unbewußten Phantasien zu tun, die jedoch auf Grund der unstabilen sekundär-prozeßhaften Organisation seiner Persönlichkeit, d.h. auf Grund fehlender Ichkräfte seine Abwehr durchbrechen. Sie mischen sich in sein bewußtes Erleben ein, ohne daß er zwischen bloßer Phantasie und Realitätswahrnehmung unterscheiden konnte. Psychoanalytische Hermeneutik besteht darin, die unbewußten Seiten des Phantasielebens mit den bewußten in einen sprachlichen Zusammenhang zu bringen, daß ein symbolischer Austausch über sie möglich wird.

Welchen Stellenwert hat schließlich das philosophische Sprechen über die

13. G.H. v. Wright, Erklären und Verstehen, Frankfurt a.M. 1974, S. 105

14. Der historische Aspekt der Hermeneutik wird einseitig in Gadamers Konzeption in den Vordergrund gerückt. H.G. Gadamer, Wahrheit und Methode, Tübingen [2]1965, S.275f.

15. Psychoanalyse ist als Tiefenhermeneutik im wissenschaftlichen Verfahren von Freud angelegt. Vgl. S. Freud, GW XI, S. 97f. und 264f. Dieser Gesichtspunkt wurde von den wissenschaftstheoretischen Interpreten hermeneutischer Provenienz stets gesehen. Vgl. A. Lorenzer, Sprachzerstörung und Rekonstruktion, Frankfurt a.M. 1971, S. 196 und P. Ricoeur, Die Interpretation. Ein Versuch über Freud, Frankfurt a.M. 1969, S. 385f.

Bedeutung von Phantasien, das wir in unseren erkenntnistheoretischen und anthropologischen Überlegungen geübt haben? Wie können wir selbstreflexiv unseren eigenen Standpunkt bestimmen? Sicher ist dieses Sprechen viel vermittelter und abstrakter als das der therapeutischen Beratung und der wissenschaftlichen Erforschung von Äußerungen der Phantasie. Diese Weisen des Sprechens stehen in einem direkten Erfahrungsbezug zu ihrem Gegenstand wenn auch in je verschiedener Art: Der Berater in verstehender und praktisch helfender Einstellung, der Verhaltenswissenschaftler in der des Naturbeobachters, der hermeneutische Wissenschaftler in der des Sprachinterpreten. Dagegen muß sich die philosophische Reflexion diese Erfahrung vorgeben lassen, sei es durch die eigene Lebenserfahrung, sei es durch die den Wissenschaften entlehnte Erfahrung. Die philosophische Reflexion ist durch das indirekte Sprechen darüber zu charakterisieren, in welcher Weise man in Lebenspraxis und Wissenschaft von den Phantasien spricht. Dieses Sprechen über das Sprechen kann nur den Sinn einer Klärung der Frage haben, welche Bedeutung diese verschiedenen Weisen des Sprechens für eine Wissenschaft vom Menschen im Ganzen haben. Dazu muß das jeweilige Sprechen auf seine spezifische wissenschaftliche Einstellung, seine Voraussetzungen, auf die Reichweite seiner Aussagen und sein Verhältnis zu anderen Weisen des Sprechens befragt werden. Eine philosophische Reflexion über die anthropologische Bedeutung der Phantasie muß daher die verschiedenen Weisen des inhaltlichen Sprechens in ein Verhältnis zueinander setzen. Da das philosophische Sprechen dabei selbst von den berücksichtigten Formen der Lebenspraxis und dem historischen Stand der Wissenschaft mitbedingt ist, kann dies nicht in endgültig und abschließender Weise i.S. eines systematischen Gesamtentwurfes vom Menschen geschehen, sondern bleibt die historisch zu erfüllende Aufgabe des Philosophierens.

IV.

Versuchen wir abschließend Ullis Phantasien in den Zusammenhang eines Konzeptes einer philosophischen Anthropologie zu stellen und von daher zu überdenken.

1. Ausgangspunkt aller Überlegung muß die fundamentale und nicht zu hintergehende Tatsache sein, daß wir von seinen Phantasien nur in der Sprache wissen können, daß wir sie als Erzählung oder Text angeboten bekommen. a. Dabei kommt, wie wir gesehen haben, der Wort- oder Begriffssprache insofern ein erkenntnistheoretischer Vorrang zu, als auch die bildhafte Symbolik des Spiels und die Körpersprache potentiell wortsprachlich ausgedrückt oder aufgefaßt werden müssen, wenn sie der Erkenntnis zugänglich sein sollen. Das Anbieten von Phantasien in einer Erzählung oder in einem Text setzt ebenso unumstößlich einen Gesprächspartner voraus, an den sich die Rede oder die

Schrift wendet. Kurzum: Für das Erfassen der Phantasien ist die hermeneutische Relation von Sprecher und Angesprochenem, von Ausdruck und Mitteilung, von Kundgabe und Kundnahme fundamental. b. Freilich genügt es nicht, diese Beziehung als Ereignis eines wortsprachlichen Austausches der Kommunikanten zu verstehen ohne einzubeziehen, was hier ausgetauscht wird, was der sprachlichen Mitteilung Sinn und Inhalt gibt. Hierzu müssen wir die Dimension bildhaften Sich-vorstellens und Sich-versetzens mitberücksichtigen, die sich in Form von Assoziationen aufbaut und im Spiel mit dem symbolischen Gegenstand ausdrückt. Im wechselseitigen Austausch der Phantasien im symbolischen Spiel erkennen wir die inhaltliche Dimension der Sprache, die im hermeneutischen Konzept miteinbezogen werden muß. c. Wenn wir schließlich weiter fragen, aus welchen Antrieben und Motiven heraus diese Ausbildung von Phantasien und ihr kommunikativer Austausch erfolgen, bemerken wir, daß sie in Bedürfnissen und Wünschen wurzeln, die im Leib in Form von Affekten und Stimmungen erfahrbar sind. Symbolische und sprachliche Mitteilung von Phantasien geschieht also letztlich um der Befriedigung dieser leiblich gefühlten Bedürfnisse willen.

2. Mit der Einbeziehung der psychisch erfahrbaren Bedürfnisse und Wünsche stoßen wir auf ihren biologischen Kern, unsere Bedingtheit durch die innere Natur, die durch materiellen Austausch mit der äußeren befriedigt werden will. Wir stoßen ferner auf die Bedingtheit durch die Reaktion der Umwelt, die diese Befriedigung ermöglicht oder versagt. Wenn wir diese naturhaft-materiellen Bedingungen der Bedürfnisbefriedigung in unserer Umwelt anthropologisch berücksichtigen wollen, müssen wir einen methodisch-abstraktiven Schritt vollziehen, der die Sprachlichkeit und Symbolhaftigkeit menschlicher Selbstverwirklichung ausklammert und sie im Kontext der Natur untersucht. Wir sprechen dann über sie als Naturereignis wie der Biologe, der ihre erbmäßige Bedingtheit durch die Evolution der Arten oder wie der behavioristische Verhaltensforscher, der die Naturgesetze des Lernerwerbs untersucht. a. Im biologischen Feld erscheint, wie wir gesehen haben, Phantasie als subjektive Bedingung des Verhaltens. Sie tritt in Zusammenhang der Entwicklung des Gedächtnisses der höheren Lebewesen auf. Ihre Funktion ist die Bewältigung innerer und äußerer Reize, sei es im Traum, um die Regeneration im Schlaf zu gewährleisten, sei es im Wachzustand, um die durch die Umwelt gestellten Aufgaben bewältigen zu können. Anthropologisch bedeutsam ist dabei die biologische Feststellung, daß die Phantasietätigkeit höherer Tiere ihre naturgegebene Grenze in ihrer spezifischen Umwelt nicht überschreitet. b. In der behavioristischen Verhaltensforschung erscheint Phantasie gleichfalls als subjektive Bedingung des Verhaltens, als besondere Zuständlichkeit des Organismus, die für die Anpassung an die Umwelt nützlich oder schädlich sein kann. Sie gilt als durch Umwelteinflüsse geformt und kann durch Belohnung und Bestrafung gesteuert werden, je nachdem welche Phantasietätigkeit in welchem Maße erwünscht oder unerwünscht ist. Anthro-

pologisch bedeutsam ist hier vor allem die Beeinflußbarkeit der Phantasie durch Umweltbedingungen und ihre Entwicklungsfähigkeit in Lernprozessen.

3. Wenn wir die Ergebnisse der Verhaltenswissenschaften von unseren Naturbedingungen anthropologisch fruchtbar machen wollen, müssen wir sie den besonderen Bedingungen der Sprachlichkeit des Menschen integrieren und hermeneutisch interpretieren. Dies bedeutet a. daß die natürlichen Antriebe des Menschen als Bedürfnisse und Wünsche psychisch erlebbar einer Befriedigung in der äußeren Natur bedürfen, die nicht naturgegeben ist, sondern im symbolischen Umgang mit der Natur mittels Werkzeuge hergestellt, d.h. erarbeitet werden muß. b. Daß diese Befriedigung nur in der symbolischen Beziehung zur mitmenschlichen Wirklichkeit, d.h. der Beziehung mit anderen in der Gesellschaft erreicht werden kann, daß sie also davon abhängt, ob wir wechselseitig unsere Bedürfnisse akzeptieren oder versagen. Die doppelte Beziehung zu Natur und Mitmensch ist im Phantasieren in Symbolen untrennbar verbunden. Der symbolische Gegenstand, mit dem wir uns die Natur aneignen, verweist meinen Wunsch an den Wunsch des anderen, der ihn befriedigen oder versagen kann.

4. In diesem anthropologischen Konzept eines von Natur aufgegebenen Wunsches nach Befriedigung in mitmenschlichen Beziehungen kommt es wesentlich darauf an zu berücksichtigen, in welcher historisch bestimmten Weise sich diese Beziehungen ausgebildet haben. Hier müssen wir genau differenzieren, welche Phantasien kommunikativ ausgetauscht werden können und welche unterdrückt werden müssen, welches Maß an Versagung uns durch die unvermeidbaren Anforderungen der Wirklichkeit auferlegt ist und welches in Form von Unterdrückung gesellschaftlich-politischer Art auftritt. Ferner ist zu unterscheiden, in welcher Weise sich gesellschaftliche Unterdrückung in inneren Unterdrückungsformen psychischer Art fortsetzt. Dabei ist zu beachten, daß psychisches Erleben nicht schlicht als Resultat gesellschaftlicher Verhältnisse aufgefaßt werden kann, weil diese ja in eine besondere biologisch-psychische Bedürfnislage hineinwirken. Dennoch ist ein bedingter Rückschluß von den gesellschaftlichen Verhältnissen auf die psychischen Erlebnisweisen wie umgekehrt möglich. Das wechselseitige Ineinandergreifen beider kennzeichnet die konkrete, historisch-hermeneutisch zu begreifende Situation des Menschen in der Gesellschaft.

Welche Konsequenzen für die Betrachtungsweise von Ullis Phantasien sind aus diesem anthropologischen Konzept abzuleiten? Ein psychologisches Verständnis der innerpsychischen Schwierigkeiten Ullis verweist uns notwenigerweise über die Konflikte in den zwischenmenschlichen Beziehungen an die der Gesellschaft. Denn schließlich sind es reale gesellschaftliche Probleme, die Ulli in sich austragen und verarbeiten muß. Der gesellschaftliche Aspekt kommt im psychologischen Verständnis immer dann ins Spiel, wenn es um das Realitätsverhältnis geht. Um die persönlichen Schwierigkeiten zu verstehen, müssen wir auf die Kenntnis der realen Schwierigkeiten in der Familien-, Arbeits- und politischen Situation der Zeit zurückgreifen. Solche gesellschaftlichen Problemfelder werden auch in Ullis Fallgeschichte greifbar. In seiner Familiensituation wird der Konflikt der modernen Kleinfamilie sichtbar, die einerseits die Aufgabe der partnerschaftlichen Selbstverwirklichung und der Kindererziehung erfüllen soll, andererseits aber durch die gesellschaftliche Aufgabe der Arbeit jedes Partners an einem getrennten Arbeitsplatz auf eine Zerreißprobe gestellt wird. Solche realen Schwierigkeiten zeigen sich z.B. in den Auswirkungen der beruflichen Tätigkeit von Ullis Vater als Lkw-Fahrer, der die ganze Woche über abwesend war. Kein Wunder also, daß Ulli das Gefühl hatte, daß die Familie nicht richtig zusammenlebt, sondern innerlich getrennt und entfremdet ist. Seine Aufspaltung des Erlebens in eine unbefriedigende Wirklichkeit, der man sich anpassen muß und eine phantasierte Wunschwelt, in der man auflebt, ist ein möglicher Ausweg aus dieser Schwierigkeit. In seine Berufs- und Arbeitssituation spielt das Spannungsverhältnis herein, das aus den gegensätzlichen gesellschaftlichen Anforderungen des Arbeitens aus wirtschaftlichem Eigennutz und der Notwendigkeit des Zusammenarbeitens resultiert, die im Begriff der Konkurrenz zusammengedacht werden. Ulli kann sein Eigeninteresse nicht wahrnehmen und gleichzeitig mit anderen zusammenarbeiten. In der Schule zieht ihn seine individuelle Phantasiewelt von den schulischen Aufgaben ab und läßt ihn an den Anforderungen scheitern, obgleich seine Intelligenz nachweisbar für eine höhere Schule ausreichen würde. In der Arbeitswelt möchte er vorankommen und seine ehrgeizigen Ziele verwirklichen, aber er kann die Lehre nicht durchhalten, wird Hilfsarbeiter und bricht immer wieder seine Arbeitsverhältnisse ab, um in die Phantasiewelt auszureißen. Auch das reale Spannungsverhältnis in unserer Gesellschaft zwischen Arbeitnehmern, die für Lohn ihre Arbeit anbieten und Arbeitgebern, die für ihren Kapitaleinsatz größtmöglichen Gewinn erzielen wollen, spielt in seine Entwicklung mit herein. Die Abhängigkeit von einer Arbeit, deren Ziele er nicht mitbestimmen kann, wirkt sich in seinem Erleben aus. Er ist real auf seinen Lohn als Hilfsarbeiter angewiesen. Dies zwingt ihn, nach jedem Ausreißversuch wieder Arbeit zu suchen. Gleichzeitig phantasiert er sich in leitender Position. Er möchte wirtschaftlich unabhängig sein, indem er das „Millionending" dreht. Er möchte militärisch in einer Befehlszentrale sitzen, wo er über den Einsatz von Atombomben entscheiden kann. Oder er möchte der große Wissenschaftler sein, der die künftige Entwicklung bestimmt. Schließlich hat auch das politische Spannungsfeld seine Auswirkungen auf Ullis Erleben. Da ist einmal der Konflikt in der westlichen Welt zwischen einer Wirtschaft, die beansprucht, möglichst eigengesetzlich dem Marktprinzip folgend sich zu entwickeln und dem politischen Anspruch, daß sich alle Bürger in freier und gleicher Wahl selbst bestimmen können. Demgegenüber besteht das Spannungsverhältnis der östlichen Welt darin, daß der gesellschaftliche Anspruch freier und gleicher Selbstbestimmung mit der zentralen und staatlichen Planung und Lenkung konfligiert. Ulli erlebt die Rivalität zwischen Rußland und Amerika als ein politisches Oberflächengeschehen, das von ganz anderen Kräften in der Tiefe bestimmt wird. Als junger Mann an der Schwelle der Volljährigkeit und politischen Mündigkeit ist dies Geschehen für ihn nur begreiflich, wenn er jenseits der offiziellen Politik die wirklichen Machtfaktoren ausphantasiert, die er in eine archäologisch zu begreifende Tiefe und eine futuristisch anmutende Ferne unserer Welt verlegt.

Die Berücksichtigung der realen gesellschaftlichen Probleme reicht aber nicht aus, um die individuelle Entwicklung von Ulli zu verstehen. Die Spannungsfelder in Familie, Arbeitswelt und Staat wirken auf jeden Menschen individuell verschieden, weil sie auf eine spezifische Bedürfnisdisposition treffen, die nur ihm zu diesem Zeitpunkt zu eigen ist. Die biologischen Antriebe werden entsprechend seinen Erfahrungen der Befriedigung und Versagung von seiten der Umwelt individuell erlebt und ausphantasiert. Soziologisch können wir also lediglich gesellschaftliche Konfliktfelder zu Formen psychischer Spannungen in Beziehung setzen, ohne das Schicksal dieser bestimmten Person daraus vollständig abzuleiten. Den gesellschaftlichen Konflikten unserer Zeit entsprechen bestimmte psychische Konflikte im Objekt- und Selbsterleben. Im psychosexuellen Erlebnisbereich wirkt sich die Spannung zwischen einer notwendigen partnerschaftlichen Orientierung und der gesellschaftlichen Isolierung des Einzelnen dahingehend aus, daß Sexualität immer mehr zum Genußmittel für den Einzelnen wird und eine objektbezogene Einstellung immer schwerer zu verwirklichen ist. Aber reicht diese Einsicht hin, um Ullis individuelle Einstellung zu begreifen, der jedes Interesse an Mädchen verleugnet und alle lustvollen Gefühle in seine Phantasien verlegt? Im Bereich aggressiver Auseinandersetzung bewirkt der Konkurrenzkampf ein Spannungsfeld, das extreme Lösungen i.S. der Anpassung und Unterwerfung oder der kämpferischen Selbstbehauptung und Machtausübung fördert. Gewiß finden wir diese Seiten in Ullis einseitigem Anpassungsverhalten und Unterwerfung in der Kindheit und der aggressiven Selbstbehauptung mit Hilfe seiner Phantasien in der Pubertät. Aber damit haben wir noch nicht erklärt, warum Ulli seine Selbstbehauptung über Phantasien dieses bestimmten Inhalts gewinnt, welche Bedeutung etwa Napoleon und Hitler für ihn ganz persönlich haben. Schließlich zeigt sich im Bereich des Selbsterlebens, daß die Spannungen in unserer Gesellschaft zwischen freier Selbstverwirklichung und Abhängigkeit von der Marktentwicklung ein labiles Selbstgefühl bedingen, das zwischen der Vorstellung von überlegener Größe und depressiver Vernichtungsangst schwankt. Auch in Ullis Erleben finden wir die Phantasien der Großartigkeit als Millionär, militärischer Befehlshaber und Wissenschaftler und die Wut und Enttäuschung über die unbefriedigende Wirklichkeit. Aber nicht jeder, der sich diesen Spannungen ausgesetzt sieht, teilt mit ihm das individuelle Schicksal, daß er diese Phantasien zuerst von sich abspalten mußte und dann von ihnen überwältigt wird. Wenn wir der Besonderheit der psychischen Erlebniswirklichkeit gerecht werden wollen, können wir nur eine mittelbare Beziehung zwischen ihr und den gesellschaftlich-politischen Spannungsfeldern herstellen. Nur in diesem Sinne ist eine gesellschaftliche Anthropologie auf psychoanalytischer Basis möglich.

Alfred S. Kessler

DAS REALE ALS MOMENT DER PHANTASIE. EINE THESE

I

Die Phantasie bezeichnet von Anfang an ein Moment äußerster Gefährdung ebenso wie den Kern unserer Hoffnung. So vieldeutig wie der Begriff der Phantasie erscheint auch die Ambivalenz, die mit ihm gesetzt scheint. Die Phantasie ist aber nicht nur als solche problematisch, sondern selbst nur Indiz einer Gefährdung und Problematik, der sie als Phantasie entspringt. Man mag die Ambivalenz der Phantasie benennen, wie man will, als Dialektik von Endlichkeit und Unendlichkeit, als Flucht aus der Realität in einen Naturschutzpark tagträumerischer Wunschbefriedigung, als Differenz zwischen dem Trost der Hoffnung und dem Konkretismus der Hoffnungslosigkeit, als Vorschein des Wesens gegen die Inauthentizität, als Eröffnung sensibilisierter Wahrnehmung des Realen gegen eine von phantastischen Projektionen verstellte Wahrnehmungswelt – es setzt sich in diesen Kennzeichnungen eine Struktur durch, die zeigt, daß Phantasie nicht ein selbst ursprünglich Ambivalentes ist, sondern von einer Ambivalenz sich herleitet, die allererst Phantasie möglich und notwendig macht: es ist dies die Struktur eines Lebens, das in der Dialektik von Anwesenheit und Abwesenheit, von innen und außen notwendig sich bewegt. Die Realität, die wir der Phantasie kontrastieren und die so der Phantasie allererst ihre Ambivalenz einschreibt, ist selbst ambivalent strukturiert. Die Problematik der Phantasie entspringt unter anderem offenbar dort, wo für *den* Menschen, aus welchen Gründen auch immer, das, was „Realität", gar „wirkliche Wirklichkeit" im Gegensatz zur Phantasie, heißen soll, immer selbst nur als *Resultat* einer komplexen und dialektischen Arbeit bestimmt werden kann. Einer Arbeit, die sich an jener Ambivalenz abarbeitet, die wir unter dem Titel der „Realität" der Phantasie *negativ* oder *positiv* (als Transzendierung des „bloß" Realen) uns zuzuschreiben gewöhnt haben.

II

Von der Psychoanalyse, insbesondere der Schule Melanie KLEINs ausgehend, liegt der Beginn des sozialen Lebens in einem Geflecht phantastischer Projektionen und Introjektionen, sind wir im Ursprung phantasierende Wesen. Das heißt *vor* jeder realen Welt erscheint uns an ihr einzig unser eigenes phantastisch-imaginäres Wesen *als real* und da „real" hier nicht bedeuten kann einen Gegensatz zum Irrealen oder Phantasierten, wird für uns immer, was real überhaupt heißen kann, mit dieser Geschichte ursprünglicher Phantasmen verbunden bleiben müssen. Da dies Phantastische freilich selbst wieder nicht reiner Ursprung ist, sondern schon „Sprache" der Libido und Aggression, wird, was „real" heißen und das heißt als „real" erlebt und gelebt werden kann, allein von seinem Bezug zum Leib und seiner Sprache letztlich bestimmt werden können.

Das Erwachsenwerden als die wachsende Anerkennung und Aneignung einer ganz *anderen* Realität, nämlich jener, die wir alle meinen (oder zu meinen glauben), heißt nun, der Phantasie ihre Ambivalenz einschreiben als eben die Realität eines ganz anders „Realen", ein Innen und Außen voneinander zu scheiden und dennoch das Kunststück zuwege zu bringen, das ganz anders „Reale", das Außen *als* real zu erleben und gelten zu lassen – also denn doch auf eine schwierige Weise als das im Sinne der Phantasie Reale, nämlich Lebendige. Von der Phantasie her gedacht müßte man also sagen: die Phantasie lernt, was ihr als real gilt als das Moment Phantasie am ganz anders Realen identifizieren, wahrnehmen, erleben. Das Reale draußen ist „real" sofern es das Objekt ist, das selbst phantasiert und dieses Phantasieren als Lebendigsein für sie, die Phantasie des Subjekts, real wird. Der Gegensatz zur Phantasie des Subjekts als dessen ursprünglichem Gefühl und Leben des Realen, ist also nicht und kann nicht sein, der *abstrakte* Gegensatz eines nur äußerlich als ganz Anders, Totes ihm Gegenüberstehen – von dem die Phantasie als Phantasie nie wissen könnte – sondern es ist sie selbst als Phantasie des Anderen.

Dies bedeutet, die Frage nach der Konstitution von Wirklichkeit im Sinne der Realität, die von uns geteilt wird, auf das Feld einer Beziehung zwischen zwei Subjekten einschränken, die sofern sie füreinander in ihrer Lebendigkeit und Phantasie erlebbar werden, „Realität" konstituieren. Eine Realität, die sich nicht „gegen" die Phantasie setzt, sondern ihre Dichte und Fülle dem „für mich" der realen Phantasie des Anderen sowohl als meiner selbst verdankt.

Die Leistung, die Realität im Sinne des Gegensatzes zur Phantasie möglich macht und zwar nicht als toter Gegen-stand, sondern als selbst real-lebendig, ist die Anerkennung des Anderen als „anders" und dennoch von der Art meiner Lebendigkeit. Ja, meine Phantasie ist nicht ohne diese andere und umgekehrt – so wahr ich ein in und mit meinem Leib wünschendes und Mangel leidendes Wesen bin. Aber mein Mangel tritt mir entgegen in des Anderen Mangel, wie seine Fülle mir die meinige offenbar macht.

Diese eingeschränkte und auf einen Punkt ausschließlich gerichtete Analyse kennzeichnet in meiner These das „psychoanalytische Feld". Sodaß, wenn ich im Folgenden von „Objekt" spreche, damit im vollen psychoanalytischen Sinne der Andere gemeint ist, als „ganzes Objekt" im Sinne des „Liebes-Objekts" in seiner „Verschiedenheit" und dem ganzen „Reichtum seiner Qualitäten".[1]

1. Vgl. J. Laplanche, J.B. Pontalis, Das Vokabular der Psychoanalyse. Artikel „Objekt". Frankfurt am Main 1970.

III

Weniger spekulativ und, was unser Bewußtsein von Realität betrifft, ein wenig beruhigender, nimmt sich die Phantasie und das ihr entgegengesetzte Reale erst einmal bei FREUD aus. Realität heißt nichts anderes als Einschränkung, von der Phantasie her gesehen Ent-phantasmierung, Desillusionierung ihrer ursprünglichen Welt. Wenn FREUD sagt, die Phantasie im Sinne ausfabulierter Phantasien sei eine Wunscherfüllung, so ist die Realität als das der Phantasie Konträre erst einmal als das Nicht-wunscherfüllende gesetzt. Die Phantasie, streng genommen, unterschiede sich dann von der Realität dadurch, daß in ihr ein Wunsch erfüllt wird – während *eben dieser* Wunsch auch nicht erfüllt wird, sofern das Bewußtsein von Realität nicht geschwunden ist. Das Bewußtsein von Realität ist nicht geschwunden, sofern in der Wunscherfüllung, die die Phantasie darstellt, der Wunsch unerfüllt bleibt. Wir drücken dies natürlich viel einfacher aus und sagen (mit FREUD), die Phantasie unterscheide sich von der Realität dadurch, daß wir *wissen*, sie sei nicht wirklich. Dieses Wissen beziehen wir mehr oder weniger bewußt auf den Zusammenhang von Realität und *Wahrnehmung* und nicht auf Realität im Sinne der erlebbaren Lebendigkeit eines Außen im Sinne des Objekts.

Die Phantasie ist die Erfüllung eines Wunsches im Medium des bloßen Vorstellens. Da aber doch gesagt wird, in ihr sei die Erfüllung des Wunsches wirklich, also „real“, so hat FREUD Schwierigkeiten, plausibel zu machen, warum nicht alle Phantasien *als reale* Wunscherfüllungen Halluzinationen sind, also die Wahrnehmungsidentität selbst produzieren – was nach den FREUDschen Prämissen nicht nur nicht unmöglich, sondern gegenüber dem faktischen Charakter der Phantasien das viel Wahrscheinlichere ist, wenn Phantasien reale Wunscherfüllungen sind und *nicht* in sich selbst bereits strukturiert sind nach einer Dialektik des Erfüllens eines Wunsches in seiner Nichterfüllung.

Für ein Wesen, an dessen Beginn die Halluzination, das Phantasma, die Illusion und in all diesem aber die *erlebte*, reale, sich bewahrheitende Allmacht seines Wünschens steht, kann Realität offenbar nur noch *negativ* bestimmt werden: als steigendes Maß der Frustration, der Desillusionierung, der Einschränkung der gefühlten Allmacht, als gefühlte und schließlich gewußte Abhängigkeit, kurz als radikale Verendlichung. Eine Verendlichung, die sich ursprünglich als das „Böse“ eines Nicht-Ich nach außen projizieren muß, sodaß das Reale als das ganz Andere, das „Nicht“ gegen dieses Ich, nur als Verzweiflung einer ohnmächtig gewordenen Lust erscheint, bis gelernt wird, daß eben dies Nicht-Ich *auch* Quelle meiner Lust ist, sofern auch ich ihm Quelle seiner Lust bin und selbst auch ein Nicht-Ich. In dieser Dialektik aber und vielleicht nur in dieser kommt die Endlichkeit, die sich darin herstellt, auch zu einer relativen Ruhe. Das Reale ist so zwar negativ bestimmt in seiner Genese, aber es geht in dieser negativen Bestimmung auch bei FREUD nicht auf. Obgleich wir noch im Terminus „Realitätsprinzip" zuerst an diese negative Bestimmung denken als an den Inbegriff all dessen, was vom Wunsch Beschränkung, Umweg, Anerkennung eines ganz anderen, Fremden verlangt, so ist es doch eben diese Realität, welche, derart negativ bestimmt, auch einzig die „reale" Befriedigung ermöglichen kann. Hier freilich will FREUD behaupten, daß in der Sublimation und in der Phantasie der Wunsch in Unabhängigkeit von der Realität real befriedigt wird. Die Realität, die FREUD meint, ist bestimmt als gerade dasjenige, was uns Versagungen, Leid, Verzicht usw. auferlegt. Als solche „begründet" sie Phantasie als eine Form der Leidabwehr. Womit freilich über die Quelle, den Ursprung dieses Phantasierens als „Vermögen" bei FREUD nicht viel ausgesagt ist. Für ihn gehört dieses „Vermögen" zum Denken selbst, das aus sich als eine Möglichkeit die schöpferische Kombinatorik, das freie Fabulieren mit Elementen des Wirklichen gemäß der dramaturgischen Strategie des Wunsches, ausgliedert. Die Phantasien erlauben also eine Leidabwehr und das heißt, eine Abwehr der Realität, durch Unabhängigkeit von dieser als schierer Außenwelt, darin der Sublimation verwandt, aber ohne deren mühsame Arbeit der Verschiebung der Triebziele selbst. „Wenn schon bei diesem Verfahren (der Sublimation A.K.) die Absicht deutlich wird, sich von der Außenwelt unabhängig zu machen, indem man seine Befriedigung in inneren, psychischen Vorgängen sucht, so treten die gleichen Züge noch stärker bei dem nächsten hervor. Hier wird der Zusammenhang mit der Realität noch mehr gelockert, die Befriedigung wird aus Illusionen gewonnen, die man als solche erkennt, ohne sich durch deren Abweichung von der Wirklichkeit im Genuß stören zu lassen. Das Gebiet, aus dem diese Illusionen stammen, ist das des Phantasielebens; es wurde seinerzeit, als sich die Entwicklung des Realitätssinns vollzog, ausdrücklich den Ansprüchen der Realitätsprüfung entzogen und blieb für die Erfüllung schwer durchsetzbarer Wünsche bestimmt."[2] Freilich ist dies (beim Gesunden?) „nicht mehr als eine flüchtige Entrückung aus den Nöten des Lebens" und „nicht stark genug, um reales Elend vergessen zu machen".[3] FREUD sieht sich veranlaßt, immer wieder zu betonen, daß die Phantasien Wunscherfüllungen sind, *obwohl* das Bewußtsein, sie seien nicht *real* ungetrübt ist. „... es ist kein Zweifel, daß das Verweilen bei den Wunscherfüllungen der Phantasie eine Befriedigung mit sich bringt, obwohl das Wissen, es handle sich nicht um Realität, dabei nicht getrübt ist."[4] Hierin liegt, einmal abgesehen von der inhaltlichen Struktur von Phantasien, offenbar einer der Gründe, warum FREUD das Phantasieren zum Denken, also Sekundärprozeßhaften rechnen muß, anders ist der Tatsache, daß wir als Phantasierende nicht halluzinieren in FREUDs Ansatz schwer

2. S. Freud, Gesammelte Werke. Band XIV, S. 439. Frankfurt am Main 1952. (= Das Unbehagen in der Kultur).

3. ibid.

4. a.a.O., Band XI, S. 386.

Rechnung zu tragen. Aber das Wissen um die Nichtwirklichkeit der Phantasie bleibt dieser in FREUDs Bestimmung grundsätzlich äußerlich. Es sei denn, man nimmt einen Hinweis FREUDs sehr ernst, der besagt, das Phantasieren *entlaste* von eben der leidvollen Realität und zwar nicht um einer leicht erreichbaren Wunschbefriedigung willen, *sondern um Handeln in der Realität wieder möglich zu machen*. Die relative Triebabfuhr, die das Phantasieren erlaubt, „gibt dem Ich Zeit, die äußeren Umstände zu ändern, um Triebabfuhr zu erreichen"[5]. Dies hieße ja nun, die Phantasie ist keine bloß flüchtende Form der Abkehr von der Realität, sondern eine besondere Form des Bezugs zur Realität, sofern diese als solche so etwas wie „Zeit" erfordert, um bewältigt, als Realität bewältigt zu werden.

Dies wird vielleicht später noch deutlicher werden. Hier gilt es erst einmal festzuhalten, daß der Begriff der Realität oder des Realen selbst in Bezug auf die Phantasie vieldeutig wird. Die Realität ist einmal das Unbefriedigende, die *Not* des Lebens, real ist aber auch die Befriedigung, die die „irreale" Phantasie gewährt (und vielleicht sogar gewährt sie die Befriedigung im Hinblick gerade auf die unbefriedigende Realität), real ist weiter in dieser realen Befriedigung die Realität selbst, insofern wir wissen, die Phantasie ist nicht wirklich. Es soll also die Vorstellung einer Befriedigung nicht Befriedigung bloß vorstellen, sondern real befriedigen. (SANDLER hat versucht, dieses Problem mit dem Hinweis auf die Wahrnehmungsidentität zu lösen.[6] FEDERN hatte versucht dasselbe Problem mit einem modifizierten Konzept der Vorlust aus seiner Aporie zu befreien. Ich kann auf diese Seite des Problems nun nicht näher eingehen.) In dieser realen Befriedigung wird nicht die Befriedigung als irreal gewußt, sondern es wird gewußt, daß das, was da als Vorstellung einer Befriedigung befriedigt, bloß Vorstellung ist, also nicht Realität. Wird aber nicht zur Befriedigung wenn nicht vorausgesetzt, so doch erwartet, daß es Realität sei? Befriedigt dann also an diesem Irrealen nicht sein Vorstellungsgehalt sondern ein diesen Vorstellungsgehalt *formal* bestimmendes Moment: nämlich das sich im Wissen, dies alles sei nicht real durchhaltende Moment es *könne* real sein? Wir könnten dann aber überhaupt befriedigt werden und uns eine Reihe psychischer Problematiken ersparen (ja, sie würden wohl unmöglich), wenn die Vorstellung der Möglichkeit einer Realität hinreichend wäre, den Wunsch zu befriedigen. Das Unglück mit der Phantasie wäre nicht, daß sie nicht wirklich befriedigt, sondern einzig, daß sie weil sie so befriedigt, uns gar nicht mehr zum Handeln kommen läßt. Und uns also zu einer bestimmten Form der Auseinandersetzung mit der Realität untauglich macht, nämlich mit der Reali-

5. J. Sandler und U. Nagera, Einige Aspekte der Metapsychologie der Phantasie. In: Psyche, Jg. 20, 1966, S. 188 ff.

6. Vgl. J. Sandler, Träume, unbewußte Phantasien und „Wahrnehmungsidentität". In: Psyche, Jg. 30, 1976, S. 769-785.

tät, sofern wir sie zu unserer Subsistenz in all jenen „Bedürfnissen" brauchen, die wirkliches Essen verlangen und nicht nur die Speisekarte. Wenn man FREUD so liest, als sei seine These über Phantasie tatsächlich gezeichnet von relativer Verachtung und Geringschätzung dieser „Flucht" vor der Realität, als sei der Titel „Naturschutzpark", den er der Phantasie gab, abschätzig gemeint und weise auf jene, die sich in ihre Phantasiewelt zurückziehen und an der Realität nur noch schmarotzen, um weiter phantasieren zu können, dann bleibt in einem systematischen Sinne unklar, warum die Phantasierenden nicht alle sich in psychotische und halluzinatorische Zustände zurückziehen. Ich meine, daß FREUD die Realität als die Not des Lebens zu ernst nahm, um der Phantasie einen solchen Platz zuzuweisen. Diese Formulierung mag paradox sein. Aber man darf nicht vergessen, daß nach den Prämissen FREUDs in diesem Naturschutzpark es die Natur selbst ist, die sich vor sich schützt. Und ist dies nicht auch bei FREUD die Kennzeichnung für den Ort des Menschlichen?

Ist aber derart die Phantasie nicht bloße Flucht aus der Realität (dafür spricht, daß sie die Schwelle zur Verkennung der Realität nicht überschreitet und ihre Entlastungsfunktion), so muß die Realität *in ihr selbst* als ein Moment gesetzt sein, das über die Äußerlichkeit des bloßen Wissens, die Phantasie sei nicht real, hinausgeht. In der realen Wunschbefriedigung in der Phantasie muß selbst ein Moment „Realität" so mitgemeint sein, daß dies der Phantasie gerade nicht äußerlich bleibt, sondern von innen her, aus der Phantasie selbst die Realität als das „Außen" aufbrechen läßt. Das heißt, was FREUD als Befriedigung bezeichnet „obwohl ...", muß selbst in sich ein in und für die Phantasie unaufhebbares Moment enthalten, das auf die Realität nicht nur verweist, sondern Realität konstituiert. Die Realität wäre also in der Phantasie nicht als das bloß Mögliche oder als äußere Realität als das gerade in der Phantasie nicht Wirkliche repräsentiert, sondern *als* Realität. Wenn wir nämlich sagen, die Realität sei in der Phantasie als unser Wissen gegeben, daß sie, die Phantasie eben nicht real sei, so bleibt dies in Bezug auf die psychische Realität der Wunschbefriedigung ganz unklar insofern, als sich diese Aussage auf eine *intellektuelle* Operation bezieht, der das Reale jederzeit das Tote, bloß Äußerliche bleibt, während ja die Befriedigung im Vorstellen, im Phantasieren eben selbst keine intellektuelle Operation meint. In der intellektuellen Operation, die das Urteil fällt „nicht wirklich", muß ein Anknüpfungspunkt zum emotionalen und affektiven, zum Erlebnisbereich gegeben sein der das „nicht wirklich" *als* wirkliche Befriedigung erlebbar macht. „Die Phantasiegebilde sind zwar *unreal*, aber die Zuversicht, die sie uns im Blick auf uns selbst und unsere Zukunft einflößen, ist *real*, und diese reale Zuversicht brauchen wir, um nicht zu verzweifeln."[7] Was macht nun diese Doppelstruktur aus: einerseits

7. B. Bettelheim, Kinder brauchen Märchen. Stuttgart 1977, S. 120.

erlebbare Realität der „Zuversicht“, andererseits und ebenso real erlebt die Irrealität der Vorstellung selbst. Wie hängt das „Wissen“ der Irrealität in der Phantasie zusammen mit unserem Wissen von Realität, wenn sie „wirklich real“ ist? Und dies eben nicht betrachtet auf einer rein intellektuellen Ebene, die sich in diesem Wissen von ihrem Soma und ihrer Lebendigkeit abspalten würde, sondern auf der Seite des Erlebnisgehalts selbt? Wir wissen ja auch die Realität als das Nicht-Ich einer Not des Lebens, der wir uns anpassen, von der wir abhängen, die uns beschränkt nicht nur theoretisch, sondern wir erleben sie als *real* im selben Grade der Dichte und Fülle wie wir sie als das Reale erleben, das unseren Wunsch befriedigt. Es ist wichtig, an dieser Stelle nochmals zu betonen, daß auch die Wahrnehmung nicht der Index sein kann, der diese „Realitäten“ fein säuberlich trennt. Alle Versuche FREUDs, die Wahrnehmung derart zum Index zu machen, enden aporetisch. Schon die mit dem Gefühl der Derealisation begleiteten Wahrnehmungen sind *als* Wahrnehmungen voll gültig. Auch ein ökonomischer Index wäre ganz unzulänglich, weil ein Spiel mit Quantitäten von Besetzungen wieder vor das Problem führen würde, warum der Phantasierende nicht halluziniert – also seine Wunschvorstellung gerade nur soweit besetzt, daß die Realität, um die er dabei dennoch weiß, ebenso besetzt bleibt. Die ökonomische Erklärung müßte sich wieder selbst erklären und führte in einen unendlichen Regreß. Wenn wir sagen, in der Phantasie werde eine Vorstellung hinreichend libidinös besetzt, um in der Entschlüsselung des Unbewußten als Wahrnehmungsidentität fungierend, den Wunsch befriedigen zu können, gleichzeitig sei aber die äußere Wirklichkeit auch hinreichend besetzt, um dem Trug der Phantasiebesetzung zu widerstehen, so mag dies etwas über den sekundärprozeßhaften Charakter der Phantasie sagen – aber es sagt nichts über *Phantasie*.

In dieser komplizierten Situation bediene ich mich nun WINNICOTTs Modell des Übergangsobjekts und seiner *symbolischen* Funktion. Ein Modell, das offenbar auch auf die Phantasietätigkeit sinnvoll angewendet werden kann, wenn man ausklammert, was WINNICOTT selbst als „fantasy“ im Sinne abgespaltener Phantasien, diskutiert. Auch für WINNICOTTs Übergangsobjekt und „Beschwichtiger“ gilt, daß der Trost, den es in der Abwesenheit der realen Mutter spendet, *reale* Befriedigung ist und auch für dieses Objekt gilt, analog der Phantasievorstellung, daß es auf die „wirkliche Mutter“, auf eine „reale“ Befriedigung gewissermaßen zweiter Ordnung, verweist. Man könnte nun sagen, die Symbolfunktion bestehe darin, eine erhoffte und für möglich gehaltene Befriedigung durch ein reales Objekt sich zu *vergegenwärtigen*, die Vergegenwärtigung aber nicht mit einer Gegenwart zu verwechseln, sondern auf deren mögliche Wirklichkeit bezogen zu bleiben. Dies freilich nicht als eine intellektuelle Operation. Versetzen und Vorstellen als Momente der Phantasie reichen nicht aus, jenes Moment an Realem umd zugleich Nicht-Realem zu bestimmen, das sowohl in WINNICOTTs Beschwichtiger als in szenischen Phantasien gemeint ist. Ich helfe mir nun mit folgendem Gedanken weiter: In der Phantasie wird nicht nur ein mögliches Objekt vorstellend vergegenwärtigt oder an einem real anwesenden Gegenstand ein real Abwesendes „vergegenwärtigt", sondern das Erlebnis der Gegenwart, das Erlebnis der Realität in der Form vorweggenommen, daß die Gegenwart und Realität der Phantasie selbst *als Phantasieren* den Phantasierenden der grundsätzlichen Möglichkeit von Realität versichert.

Es käme hier also nicht in erster Linie auf ein material inhaltliches Moment an, sondern auf ein scheinbar formalabstraktes Moment, das freilich in seiner psychischen und Erlebnisbedeutung alles andere als abstrakt ist. Nicht die vorgestellte Anwesenheit eines real Abwesenden, nicht also ein Täuschungsmanöver, das gleichzeitig funktioniert (nämlich Befriedigung möglich macht) und gleichzeitig nicht funktioniert (sofern unser Wissen von seiner Irrealität bestehen bleibt), sondern jenseits irgendeines Täuschungsmanövers das Erlebnis noch oder wieder „Realität" überhaupt haben zu können. Darin ist aber gerade der Begriff der Realität so vieldeutig, wie die Diskussion oben ihn herauszustellen versucht hat, aber er bezieht sich primär auf die Realität des Objekts als des psychoanalytischen Inbegriffs von Realität, sofern sie im Feld des Wunsches konstituiert wird. Ich möchte das die „Glaubensfunktion" der Phantasie nennen. Wobei ich den Begriff „glauben" nun so gebrauche, wie „glauben" *Voraussetzung* der Beschwichtigerfunktion in der Struktur der Übergangsobjekte bei WINNICOTT ist. Nur weil aus genügend guter Erfahrung an die Realisierbarkeit der Wirklichkeit der Mutter geglaubt wird (ohne daß dies eine selbstreflexive Struktur begründen müßte: wissen, daß man glaubt), kann das real vorhandene gegenständliche Objekt Symbolfunktion erhalten und Befriedigung geben. Daß aber für das Kleinkind dieses Objekt real, dinglich vorhanden sein muß, scheint mir für die Phantasie zu bestätigen, daß in ihr als „reinem Phantasieren", die Vorstellung einer realen Gegenwärtigkeit eines nicht Gegenwärtigen selbst Symbolfunktion erhält: nämlich Symbol für und zugleich Betätigung eines aktiven Glaubens an die Wiederkehr und die aktive Wiederbringbarkeit von Realität als Realität. Die Phantasie wäre also der Versuch (der nicht gelingen *muß*), an das Glauben selbst zu glauben. Die Phantasie versichert sich nicht nur vorstellend dieses oder jenes Objekts oder einer Szene möglicher bis unmöglicher Wunscherfüllung, sondern sie kann dies Versichern nur leisten, weil sie in diesem Tun und davon nur in reflexiver Analyse ablösbar, sich der Fähigkeit versichert, die Präsenz, die Gegenwärtigkeit des Objekts, also des Anderen als selbst mich als Realität erlebenden, des Anderen als des Garanten meiner eigenen Gegenwärtigkeit, noch oder wieder oder immer herzustellen. In der Phantasie als lebendiger Aktivität versichert sich das

Subjekt seiner eigenen Lebendigkeit durch die Repräsentation der Lebendigkeit des abwesenden Anderen.

So wäre die Phantasie in einem ihrer Momente die Fähigkeit einer von Anfang an durch die Dialektik von Anwesenheit und Abwesenheit, von eigenem und anderem Mangel unaufhebbar gekennzeichnete Psyche, den Glauben und die Erlebnisgewißheit eigener und fremder Realität über die Abgründe andauernden Verlustes hinweg zu erhalten.

Die Phantasie *als* Phantasie wäre demnach nicht die Affirmation allein beliebiger Was-Gehalte in Vorstellungen, sondern die notwendige *Erlebnisstruktur von Affirmation* angesichts von und in realer Negation. Jenseits und diesseits dieser Struktur stirbt das Subjekt oder die Welt für das Subjekt.

IV

Ist das Moment an der Phantasie, das ich herauszustellen versucht habe, richtig getroffen, dann bedeutet dies, daß Phantasie eine Anweisung auf *Erfahrung* ist. Und zwar in zwei Richtungen gemäß den „Realitäten", die in ihr gemeint sind. Sie ist Anweisung auf Erfahrung mit dem Objekt wie mit mir selbst. Auch in Bezug auf „Dinge" ist Phantasie einzig Anweisung auf Erfahrung als sie Dinge einer Menschenwelt sind, als sie mit psychischer Realität und mit der Realität der Objekte zu tun haben.

Die ambivalente Struktur der Phantasie, in deren negativer Seite sie, was in ihr intendiert ist, immer nur zugleich verfehlen kann, nämlich meine Wirklichkeit zugleich mit der Wirklichkeit des Anderen, diese Ambivalenz gehört ihr nicht als ein Ursprüngliches zu. Meine These impliziert ja, daß Phantasie nicht ursprünglich heißt, eine nicht befriedigende Welt hinter sich zu lassen, um Befriedigung in einer imaginären Welt zu finden. Das bloß Imaginäre, die Phantasie, die in eins auf kein Objekt und keine psychische Wirklichkeit mehr verweist, ist Resultat einer Geschichte, die niemals unabhängig gesehen werden kann von der Geschichte des Subjekts mit seinen Objekten. Die Struktur dieser Geschichte ist so sehr die der „äußeren Wirklichkeit" selbst wie die des Subjekts in ihr. Die Ambivalenz wird der Phantasie auf dem Wege einer *Nötigung* eingeschrieben, die selbst Erfahrung ist und nicht Wahn. Der Wahn oder der Rückzug ins reine Imaginäre mag Ergebnis der Geschichte sein, aber immer ist der Wahn dann auch der Versuch, aus dieser Geschichte an Subjekt noch zu retten, was zu retten ist und das heißt, dem Subjekt eine Welt der Objekte zu retten – wenn auch wahnhaft. Die Phantasie schlägt dann ins scheinbar Lebensundienliche um, wenn im Anfang ihrer Geschichte oder in katastrophalen Momenten ihrer Geschichte überhaupt, dem Glauben, den sie konstituiert, keine je mögliche Welt mehr korrespondiert. Wann dies der Fall ist, entscheidet sich weder in der „wirklichen Wirklichkeit" noch allein im Subjekt, sondern ist eben selbst *Erfahrung* und kein dinglich festmachbares Ereignis.

Wenn Versagung eine solche Intensität annimmt, daß Überleben unmöglich wird, mag Phantasie eine Möglichkeit sein, zu überleben. Weder muß die „Realität" tatsächlich so versagend sein, noch Überleben unmöglich. Aber dies kann dennoch Resultat der Geschichte des Subjekts mit der Realität sein. Die Phantasie ist dann eine der letzten „Spalten, durch die die Realität wiederzukehren vermag" (Bernanos).

V

Wenn ich behaupte, die Phantasie sei eine Anweisung auf Erfahrung mit einer Menschenwelt, so hat dies Konsequenzen für jene Seite der Phantasie, die wir Kreativität nennen. Wir halten die Phantasie für dasjenige, das uns instand setzt, die Realität als den Inbegriff dessen, was der Fall und ist wie es ist, zu transzendieren auf Mögliches hin. Im günstigen Falle schöpferischer Kreativität und einer „objektiven Phantasie" mag dies Mögliche auch wirklich werden. Sei es durch Veränderung der äußeren Realität oder durch die Schaffung des Bereichs der „Kultur" als eines „zwischen" der Not des Lebens und der Nötigung der Realität des Wunsches. Diese Transzendierung des Wirklichen gilt auch für die „innere Natur". Die Veränderung dessen, was uns als „Bedürfnisse" und Wünsche gilt, setzt eine phantasierende Neuinterpretation der sozialen, „äußeren" Strukturen der Befriedigungsmöglichkeiten ebenso voraus, wie neue, interpretierende und interpretierte Erfahrungen mit der „inneren Natur" der Bedürftigkeit selbst[8]. Dabei ist die Phantasie die gewissermaßen methodisch und im besten Falle sozial wie innerpsychisch abgesicherte Regression auf noch nicht die äußere Realität strukturierende primäre Wunsch- und Befriedigungserfahrungen als Erfahrungen mit Objekten, die ins Licht möglicher sozial und allgemein vermittelbarer und realisierbarer Struktur gehoben werden sollen. Zu diesem Begriff von Phantasie gehört die aktive Darstellung von Individualität in einem kreativen Tun, das zu einem jemaligen Ende im Werk kommt.[9] Eine Phantasie, die unter der Prämisse der Anerkennung der Eigenständigkeit der Welt der Objekte diese dennoch in einer symbolisierenden Handlung als Gestaltung seines Objektbezugs zu erleben gestattet, sodaß die äußere Realität wie die innere dem Subjekt nicht nur negativ und fremd gegenüberstehen oder als Korrespondenzen seines Triebs. Damit darf aber die Kreativität nicht mißverstanden werden als ein solipsistischer Akt, der einen „Einzigen" zum Ausdruck brächte, indem dieser ex nihilo neue Gehalte kreiert und die Objekte zu seiner Darstellung benutzt. Vielmehr heißt Darstellung

8. Vgl. Jürgen Habermas, Moralentwicklung und Ich-Identität. In: J.H., Zur Rekonstruktion des Historischen Materialismus. Frankfurt am Main 1976. S. 63-91, passim.

9. Vgl. hierzu A. Mitscherlich's Begriff der „subjektiven Endgültigkeit" in seinem Aufsatz „Lust- und Realitätsprinzip in ihrer Beziehung zur Phantasie". In: Psyche, Jg. 6, 1952/53, S. 401 ff.

bereits Einbezug der Objekte als Kern der Dialektik des Darzustellenden. Und diese intersubjektive Struktur ist – um die These zu wiederholen – zentrales Moment des Phantasierens selbst, nicht nur der inhaltlich ausfabulierten Phantasien, in denen ohnehin dieses Moment bis zur Unkenntlichkeit verzerrt und verschoben sein mag. Die kreative Phantasie kann derart in ihrem Wesen nicht meinen, daß wir darin eine neue Erfahrung bloß vorstellen, die wir dann auch noch zu verwirklichen suchen, um sie „real" zu erleben. Das Neue, das Mögliche *ist* das neu Erfahrbare als ein Vermitteltes. Wenn Jürgen HABERMAS in Erkenntnis und Interesse noch sagte, das gute Leben müsse phantasiert werden, aber die Phantasie müsse so genau sein, daß sie auch ein Interesse treffe, so war darin noch eine Art des „trial and error"-Verfahrens angesprochen, in dem die Realität der Phantasie als einer gewissermaßen „blinden" äußerlich blieb, wie denn auch der Begriff des „Interesses", das „getroffen" werden sollte als abstrakt erschien.[10] Im Sinne meines Versuchs müßte man nun sagen, das gute Leben werde und müsse phantasiert werden aber im Maßstab der Erfahrung des guten Lebens. Auch der kreativen Phantasie muß ein Reales als der Sinn ihres Phantasierens gegeben sein und dies ist kein beliebig Wünschbares oder ein blind auf real Wünschbares Zielendes, sondern Erfahrung des Wünschbaren als eine Erfahrung mit Objekten, die *gemacht worden sein muß, um kreativ neu gemacht werden zu können*.

Wir sind immer, auch und gerade als Phantasierende, in dieser Struktur der Endlichkeit was wir sind: für uns nur und solange Andere für uns sind, denen wir für sie sind. Die Phantasie ist die Kraft, diese Endlichkeit über die Realität der Not des Lebens hinweg zu retten soweit und solange das Leben diese Not ist. Aber die Not des Lebens ist nicht der Ursprung der Phantasie, sondern die Erfahrung der guten Objekte, die der Not standhält.

VI

Wo die bloßen Dinge die Fülle und Lebendigkeit des Objekts vortäuschen, stirbt die Phantasie. Und der Tod herrscht in der Maske des Phantastischen.

10. Vgl. J. Habermas, Erkenntnis und Interesse. Frankfurt am Main 1968, S. 332 ff.

Henning Ottmann

DER MENSCH ALS PHANTASIEWESEN. ARNOLD GEHLENS THEORIE DER PHANTASIE

I

Wir haben Phantasie, weil es uns schlecht geht. Wer sie nicht hat, wäre demnach glücklich oder sollte es doch sein. Dies ist ein Axiom, das sich in Freuds Theorie der Phantasie wie in vielen anderen Phantasietheorien findet. „Man darf sagen, der Glückliche phantasiert nie, nur der Unbefriedigte. Unbefriedigte Wünsche sind Triebkräfte der Phantasie“.[1] Aber so gewiß wir phantasieren, weil wir uns wünschen, was wir nicht haben (oder sind), so ungewiß ist die Gleichsetzung von Phantasielosigkeit und Glück. Der Glückliche bedürfte der Phantasie nur dann nicht, wenn Phantasie selbst nur vorgespiegeltes Glück, nur Ersatzbefriedigung und nur Surrogat wäre. Wer alles hat, was er haben möchte, oder alles ist, was er sein möchte, der könnte sich allerdings auch in einem bedauernswerten Zustand höchster Langeweile befinden, im dem das Gleiche ewig wiederkehrt. Einen solchen Zustand aushalten zu können, würde ein Wesen eigenartiger Präsenz und Aktualität erfordern, das vermutlich entweder in zoologischen oder theologischen Kategorien zu beschreiben wäre. Ein menschliches Wesen wäre es nicht.

Wir haben Phantasie, weil es uns schlecht geht. Jedoch geht es uns wiederum nicht so schlecht, wie es uns gehen würde, hätten wir sie nicht. Zweifelsohne, Phantasie kann Ersatz und Surrogat sein, mangelnde Präsenz und Flucht. Ein bloßer Mangel ist sie nicht. Eher scheint sie wie der platonische Eros ein Mittelding zu sein, weder arm noch reich und zwischen Weisheit und Unverstand in der Mitte. Wenn wir durch sie wünschen, was wir weder haben noch sein sollten, dann ist sie Ausdruck des Mangels, Spiegel schlechter Realität und Schein. Aber wenn wir durch sie wünschen, was wir – nach anzugebenden Kriterien – sehr wohl haben oder sein könnten, dann kann Phantasie mehr sein als Schein, Kritik jener schlechten Realität, welche die Wunscherfüllung versagt, und vielleicht sogar Vor-Schein von Wirklichkeit und Glück.

Wir haben Phantasie, weil es uns schlecht geht. Wir wünschen uns durch sie, was wir nicht haben oder sind. Die Frage ist nur, was wir haben oder sein sollten. Erst die Antwort auf diese Frage vermag zu entscheiden, wo die Gefahr der Phantasie endet und wo ihre Chance beginnt. Sie wird aber ganz un-

1. S. Freud: Der Dichter und das Phantasieren, in: Gesammelte Werke VII, Frankfurt a.M. [4]1966, 216.

terschiedlich ausfallen, je nachdem welches Maß an Glück oder Unglück dem Menschen zugemutet wird. Sie wird jeweils anders lauten, je nachdem ob der Mensch als ein vorstellendes und reflektierendes oder eher als ein sich in Handlungen realisierendes Wesen verstanden wird. Zwischen dem Hiob des Alten Testaments und dem bürgerlichen Schmied seines Glücks liegt ein weites Feld möglicher Antworten, in dem die zweideutige Rolle der Phantasie wohl jeweils unterschiedlich gewichtet wird.

Wer Arnold Gehlens frühe Philosophie, seine Anthropologie, Institutionenlehre und Zeitkritik kennt, wird nach diesen Vorbemerkungen vermuten, daß der Titel dieses Artikels irreführend ist. „Der Mensch als Phantasiewesen" – das scheint eine Definition des Menschen zu sein, die sich bei Arnold Gehlen gerade nicht finden läßt. Zwar wäre niemand überrascht, wenn Gehlen, der den Menschen bekanntlich als ein „Mängelwesen" bestimmte, Phantasie aus den Mängeln unserer Naturausstattung ableiten würde. Aber darüber hinaus, müßte – so scheint es zunächst – Phantasie bei Gehlen selbst nur wieder ein Mangel sein. Da ist ja die Lehre vom Menschen als einem „handelnden" Wesen, die der Phantasie, wie dem Denken und Vorstellen überhaupt, eine sekundäre Rolle zuweisen müßte. Da sind die bei Gehlen, ähnlich wie bei Freud und Schopenhauer, gemäßigten Ansprüche an das Glück, die vom Bild der melancholischen Existenz des Menschen überschattet werden. Da ist die Lehre von den Institutionen, in denen die Ansprüche des Subjekts, seine Vorstellungen und Reflexionen, radikal kanalisiert werden, und da ist schließlich die Zeitkritik, die dem Subjekt der Moderne den Vorwurf nicht erspart, daß es den Kontakt zur Welt verloren habe und phantastisch geworden sei.

Aber so sehr bei Gehlen Phantasie immer auch die Bedeutung von Mangel und Schein, von Vorspiegelung und Derealisation hat, so vielschichtig ist Gehlens Theorie der Phantasie als ganze. Sie ist in keinem Abschnitt des Gehlenschen Denkweges auf die negative Bedeutung der Phantasie als Schein und Ersatz zu reduzieren. Zwar ist beim jungen Gehlen zunächst das Motiv dominant, das der Gehlen-Kenner erwartet. Es ist Gehlens Habilitationsschrift „Wirklicher und unwirklicher Geist" (1928/29), in welcher Phantasie hauptsächlich als ein minderer Seinsgrad und minderer Seinswert beschrieben wird. Aber es ist in den bisherigen Gehlen-Interpretationen übersehen worden, daß schon Gehlens frühe Philosophie wie seine spätere Anthropologie von der These gelesen werden können, daß der Mensch durch und durch ein „Phantasiewesen" ist. Schon in dem kurz vor der Habilitationsschrift verfaßten Aufsatz „Reflexionen über Gewohnheit" (1927) kann Gehlen sagen, in der Phantasie liege „alle Möglichkeit wirklichen Lebens"[2], und in Gehlens Hauptwerk „Der Mensch"

2. Den Hinweis auf diesen Aufsatz verdanke ich L. Samson. Wäre Gehlens Artikel nicht so kurz geraten, so wäre man versucht, in ihm die erste Gehlensche Theorie der Phan-

(1940) stößt der Leser auf den Satz, daß der Mensch als ein *„Phantasiewesen so richtig bezeichnet (wäre), wie als Vernunftwesen“* (M 317)[3]. Dies ist zu erklären.

II

Gehlens Theorie der Phantasie entwickelt sich in zwei Phasen. Als erste Phase ist die Theorie anzusehen, die Gehlen in „Wirklicher und unwirklicher Geist“ entwirft. Als zweite Phase kann man die Theorie betrachten, die im Zuge der Zuwendung Gehlens zur Anthropologie entsteht. Der frühe Ansatz muß dabei sowohl als ein allmählich überwundenes Frühstadium wie als ein in mancher Hinsicht nie ganz verlassener Ausgangspunkt gelten.

„Wirklicher und unwirklicher Geist“ – das ist die Suche nach Seinszuständen und Seinsgraden der Person, das ist die Suche nach Wirklichkeit auf dem Wege der Existentialanalyse einer Einzelperson. Gehlen hat die Methode dieser Seins- und Wirklichkeitssuche „absolute Phänomenologie“ genannt. Konkrete „Situationen“ der Existenz sollen in reiner Anschauung betrachtet werden. Man kann allerdings auch von einer Existentialanalyse sprechen, die sich in manchem mit Heideggers „Sein und Zeit“ berührt. Denn für Gehlen ist die Suche nach dem Sein keine Angelegenheit der traditionellen metaphysischen oder theologischen Philosophie. Der „Geist“, der als Religion oder Metaphysik noch zu Zeiten des Deutschen Idealismus eine Lebensform war, ist „unwirklich“ geworden. Er hat mitsamt dem metaphysischen Absoluten zugunsten neuer lebensbestimmender Mächte abgedankt: der Wirtschaft und der Politik. Mit dem Absoluten sind alle Überzeugungen fragwürdig geworden, die sich nicht unmittelbar auf Zustände der Person beziehen. Und diese Person versteht sich – da sind Gehlen der Pragmatismus und die Lebensphilosophie die Zeugen – als ein vitales Zentrum unbewußter Kräfte, denen Bewußtsein und Geist nur noch zu dienen haben.

Gehlens absolute Phänomenologie folgt der Entwicklung der Person von der Jugend zum Erwachsenwerden. In einer Art dialektischem Dreischritt werden drei Grundsituationen vorgeführt: die Jugend als ein „Sein durch Andere“, das Erwachsenwerden als ein „Man selbst sein wollen“, das für Krankheit und Entzweiung steht, und schließlich das sich erfüllende Leben, vita activa, von Gehlen „Handlung“ genannt. Es handelt sich also um eine Phänomenologie des individuellen Geistes; auf dem Wege der Kritik unwirklicher Gestalten des Geistes wird Wirklichkeit als „Handlung“ zu erreichen versucht. Den Stufen des Bewußtseins entsprechen jeweils verschiedene Formen der Phantasie, die sich als Medium des Erwachsenwerdens, als Entfremdung wie als Heilmittel der Entfremdung erweist.

tasie zu sehen. A. Gehlen: Reflexionen über Gewohnheit, in: Gesamtausgabe I, L. Samson (Hrsg.), Frankfurt 1978, 110.

3. A. Gehlen: Der Mensch, Wiesbaden [11]1976, 317 (im folgenden abgekürzt als „M“).

In der ersten Grundsituation, der Jugend, wird eine fraglose Einheit von Ich und Welt erlebt. Es ist der Existenzmodus eines „*Seins durch Andere*". Man versucht, über das eigene Sein hinauszugehen und das andere Sein in der gläubigen „Nachahmung" eines Vorbildes zu erfahren. Phantasie ist hier so etwas wie „passive Einbildungskraft". Die Bildung des eigenen Selbst am Anderen kann als eine Zeit des Glücks erlebt werden, so wenn der Jugendliche durch den Anderen in den Reichtum der geistigen Welt eingeführt wird. Aber der ganze Existenzmodus ruht auf einer brüchigen Grundlage. Der berechtigte Wunsch nach einem anderen als dem eigenen Sein realisiert sich nur in dem Verlangen, der Andere sein zu wollen. Statt sich selbst zu gewinnen, verliert man sich. Und wie Heidegger vom „Verfallensein" an das „Man", so spricht Gehlen vom „Verfallensein" an den Anderen (WUG 175)[4]. Das Leben verflacht zur leeren „Wiederholung" und Gewohnheit, wenn nicht die dialektische Grenze dieses Seins-im-Anderen, die Individualität der Person erfahren wird. Diese Individualität ist unaufhebbar, und ihre Unaufhebbarkeit wirft den Einzelnen auf sich selbst zurück. Er wird in diesem Existenzmodus notwendig enttäuscht, und an die Stelle des „der Andere sein wollen" tritt eine neue Lebensform, der Wunsch: „Man selbst sein zu wollen".

Mit dem „*Man selbst sein wollen*" wird das „Sein durch Andere" von einer Lebensform abgelöst, aus der das Zutrauen, die gläubige Nachahmung und die fraglose Einheit von Ich und Welt geschwunden sind. Das „Sein im Anderen" wandelt sich zum „Fürsichsein". Aber dieses Bewußtsein von sich selbst ist nicht in sich gefestigt. Es erleidet ein ständiges Schwanken zwischen „Fürsichsein und Sein im Anderen" (WUG 184). Die vormals nur empfangende „passive" Einbildungskraft wird nun „aktiv", allerdings nicht auf eine wahrhaft produktive, schöpferische Weise. Aktive Einbildungskraft als Phantasie dieses Subjekts ist ein doppelsinniges Mittel der Existenz: krankhafte Entfremdung auf der einen, notwendiges Durchgangsstadium und notwendige Enttäuschung auf der anderen Seite. Das Ich verschließt sich in sich selbst und zieht die Welt in sich hinein, oder es verliert sich in der Welt, die zu einem absolut Fremden und zu einem subjektlosen Objektbereich hypostasiert wird. Zustände der Selbstüberschätzung und Hypertrophie des Subjekts, wie Eitelkeit, Ehrgeiz, Leichtsinn, die Erfahrung der Welt als eines Reservoirs sensationeller Reize, wechseln mit Zuständen der Langeweile, der Angst, der Schwermut und Verzweiflung. So ist Phantasie zunächst einmal Krankheit; man hofft „etwas zu sein ... weil man nicht eigentlich ist" (WUG 221). Und selbst die höchsten Formen der Reflexion, die „Selbstreflexion" und die „Sachreflexion", können von der Krankheit dieser Phantasie befallen werden. In der Selbstreflexion kreist

4. A. Gehlen: Wirklicher und unwirklicher Geist, in: Gesamtausgabe I, L. Samson (Hrsg.), Frankfurt 1978, 178 (im folgenden abgekürzt als „WUG")

das Ich dann nur noch um sich selbst und wird solipsistisch; die historischen Geisteswissenschaften, die das Sein auf dem Wege des Verstehens suchen, erweisen sich dann als eine bloß phantastische Selbstverwirklichung; sie bieten „das Schauspiel eines allbereiten gegenstandsgleichgültigen, völlig folgenlosen und vagen Verstehenkönnens, das die Flut des historisch-psychologischen Literaturmaterials niemandem zur Lust und niemandem zu Leide ausbreitet“ (WUG 343). Wie die Selbstreflexion der Philosophie und der Geisteswissenschaften zum Weltverlust führen kann, so kann die Sachreflexion der Naturwissenschaften im Ichverlust und in der Übersteigerung der Welt zum eigentlichen Ort der Realität kulminieren. Selbstvergessen wendet sich der Techniker der Welt zu, er sucht das Sein in der „schlechten Unendlichkeit“ (WUG 314) immer neuer Erkenntnisse und technischer Produktionen. Aber die Wahrheit über Ich und Welt kann in der Selbstreflexion wie in der Sachreflexion für Gehlen nicht erscheinen. Denn durch bloßes Wissen ist, so Gehlen, eine Teilnahme am Sein als ganzen überhaupt nicht zu erzielen (WUG 228, 311, 343, u.ö.).

In der Krise des „Man selbst sein Wollens“ erweist sich die Phantasie jedoch zugleich als Leiter des Aufstiegs zum „ganzen“ Sein. Die aktive, krankhafte Einbildungskraft kann zur „produktiven“ Einbildungskraft werden, wenn die Enttäuschung über das direkte „Man selbst sein wollen“ total und das Leben als ganzes „unwirklich“ geworden ist. Dies läßt in uns die Erfahrung eines Bereichs aufbrechen, der nur keimhaft bewußt ist: des Bereichs der „pantomorphen Sphäre“ (WUG 287 ff.). Sie ist der Name für unsere Fähigkeit, uns „in alles einzugliedern und in der Unwirklichkeit zu erfahren“ (WUG 287). Es ist das Zentrum unserer Vitalität und Daseinskraft, das im Zerfall der Person übrigbleibt als das, was Realität als ganze will. Wir sind durch diese produktive Einbildungskraft schon immer mit allem auf vorbewußte, aber sinnvolle Weise verbunden, in das Ganze des Seins aufgenommen. Kein vollbewußtes Ich, aber auch nicht nur Es, kein linearer Bewußtseinsstrom, sondern ein mehrdimensionales dynamisches Geschehen hat uns schon mit allem eingerichtet, was existiert. Es kommt zu sich in der nun nicht mehr leeren, sondern „produktiven Wiederholung“ (WUG 291), die sich als „Handlung“ verwirklicht. Auch das Begreifen ist mitsamt der Handlung Erscheinungsweise dieser „Wiederholung“, weil Begriffe nun nicht mehr enthalten, „als man realisiert hat“ (WUG 375).

In der Jugend finden wir unser Selbst nicht, weil wir es nur im Anderen suchen. Im „Man selbst sein wollen“ verfehlen wir uns und die Welt, weil es einen direkten Weg zum Selbstbewußtsein genauso wenig gibt wie einen Weg zum Sein durch Wissen. Erst in der „*Handlung*“ kommt der Einzelne zu sich, zur Welt und zum Anderen, weil er weder unmittelbar der Andere noch unmittelbar er selbst sein will. In der „produktiven“ Einbildungskraft der panatomorphen Sphäre läßt er sich ein auf das Sein als ganzes. In der totalen Enttäuschung über sich selbst und die unwirklichen Zustände der Welt reift der

Entschluß zu der einen „transzendentalen" Handlung, es ist ein „Sprung" (WUG 175) in das Ganze des Seins oder ein „Entschluß von potentiell absoluter Realität zum Seinwollen des ganzen Seins" (WUG 300). Dieser Entschluß befähigt uns, das Negative der eigenen Person, der Welt und des Anderen zu ertragen, sich ihm auszusetzen und vor ihm zu bestehen. Realität eröffnet sich dann als die Fülle des Seins, die uns immer schon trägt, die „mich gutheißt und seinläßt" (WUG 256). Welt erscheint, wie sie objektiv ist, nicht mehr als „Aufgabe, Anregung oder Vorwurf" (WUG 379). Und auch der Andere eröffnet sich als er selbst, weil wir ihm, so wie uns selbst, das Negative nicht länger ersparen (WUG 266).

Gehlens Theorie der Handlung erinnert an Fichtes „Tathandlung", die Bedingung aller Realität sein soll. Sie erinnert an die moralische Aufhebung des kantischen Ding an sich und an den Primat des Willens vor der Vernunft. Aber was zunächst nach Idealismus klingt, das ist mehrfach gebrochen, existentialistisch, weil die Handlung nicht in der übersinnlichen moralischen Welt, sondern in der konkreten Existenzsituation beheimatet ist, lebensphilosophisch, weil hier nicht ein Vernunftwesen angesetzt wird, das sich und seine Welt erzeugt, sondern ein vitalistisches Lebewesen, das hinter Bewußtsein und Reflexion auf das dynamische Zentrum seines Lebenswillens zurückgreift, pragmatistisch, weil die Handlung, die sich im Anschaulichen vollzieht, zugleich der Inhalt aller Begriffe ist, spinozistisch schließlich, weil das Getragensein von der Fülle des Seins einem „spinozistischen Seinsgefühl"[5] entspricht, das dann auch konsequent in der Identifizierung von Freiheit und Notwendigkeit endet. „Nichts kann mehr sein, als es sein muß, und ist darin notwendig stark und befriedigt" (WUG 374). Oder wie es die spätere „Theorie der Willensfreiheit" noch deutlicher formuliert: „Amor fati ist ... ein tiefes und richtiges Symbol der Freiheit: Bejahen dessen, was sowieso geschieht."[6]

Gehlens frühe Theorie des Geistes und der Phantasie endet bei der paradoxen Austreibung der Phantasie durch Handlung, obwohl sich die Handlung selbst der Daseinskraft der „produktiven" Phantasie verdankt. Was die Handlung dieser Phantasie schuldet, verschwindet im Bild des handelnden Menschen, der als ein Wesen eigenartiger Aktualität und Präsenz erscheint, auf das nun in der Tat nur noch zoologische oder theologische Kategorien zu passen scheinen. Zwar kann man hier noch die Erinnerung an das antike Ethos, an ein Leben secundum naturam, an stoische Selbstbeherrschung und Unerschütterlichkeit

5. So ganz zutreffend L. Samson: Naturteleologie und Freiheit bei Arnold Gehlen, Freiburg-München 1976, 94. Die Studie von Samson bietet die bisher aufschlußreichste Darstellung der Gehlenschen Frühschriften. Manchmal zu psychologisierend verfährt dagegen C. Hagemann-White: Legitimation als Anthropologie, Stuttgart 1973, 28 ff.

6. A. Gehlen: Theorie der Willensfreiheit und frühe philosophische Schriften, Neuwied-Berlin 1965, 203.

aufspüren, von vita activa und von einer Ethik sprechen[7], aber wie immer geistvoll man die halbe Geschichte der Philosophie aufbieten kann, um Gehlens früher Lehre gerecht zu werden, so offensichtlich unbefriedigend ist diese Position. Das ist unbefriedigender Positivismus, der Kriterien der Unterscheidung bloßer Positivität und vernünftiger Wirklichkeit auf der Ebene der Handlung nicht mehr nennen kann. Existentialistische Situationsanalyse, Lebensphilosophie, Pragmatismus und Spinozismus konvergieren in einem Positivismus, der sich auf die metaphorische Feier des immer schon gelebten Lebens reduziert. So gehören zum Leben der Handlung: „die Liebe, die fruchtbare Liebe – das Kind –, das Glück und das Unglück im empirischen Sinn, wie Ruhm, Reichtum, Not; die Heimat, die Fremde, die Krankheit; der Tod eines Nächsten; die Jugend, die Leistung und die Erfahrung, was Altern heißt; Kampf, Sieg, Erfolg und Enttäuschung ... wenig mehr“ (WUG 374). Oder aber die Existentiallyrik wird, erinnernd an Heideggers Sprung in die Unmittelbarkeit, vorzugsweise des bäuerlichen Lebens, zum Lobpreis der „einfachen Existenz, geduldig und fruchtbar wie der Boden, über den seit 2000 Jahren der Pflug geht, namenlos und stark, hart und zart, doch gerecht“ (WUG 240). Dieser Positivismus ist zugleich unbefriedigender Idealismus. Daß der Idealismus die Substanz in das Subjekt aufhob, soll rückgängig gemacht werden, und doch verbleibt das Leben im Bannkreis eines idealistischen, ja sogar subjektivistischen Begriffs von Handlung. Die Person, der Andere und die Welt werden nicht eigentlich „sein gelassen“. Sie werden vom dezisionistischen Subjekt und seiner existentialistischen Seinsgier unterworfen. Das Subjekt, es ist nicht Hüter oder Hirte eines sich zuschickenden Seins, es ist Vollender und Vollstrecker. „Wir haben“, so heißt es, „an unserer Stelle für das Sein zu sorgen und es entscheiden zu helfen“ (WUG 374).

III

Gehlen hat sich schon während der dreißiger Jahre vom existentialistischen Pathos von „Wirklicher und unwirklicher Geist“ diastanziert. Das Bedürfnis „nach strengerem Denken“[8] hat ihn zunächst den Idealismus erneuern lassen, den er durch eine freie Weiterbildung Fichtes zu aktualisieren hoffte. Er hatte so, nach seinen eigenen Worten, „einen Subjektivismus ... gerettet“[9], den er trotz der Subjektivismuskritik seiner frühen Jahre nicht hatte überwinden können. Der Aufsatz „Der Idealismus und die Lehre vom menschlichen Handeln“ (1935) steht für den Anfang des Versuchs (noch immer aufbauend auf dem Begriff der „Situation“) aus dem Idealismus herauszufinden. Aber es

7. Vgl. L. Samson: Naturteleologie und Freiheit bei Arnold Gehlen, a.a.O. 101 ff.
8. A. Gehlen: Theorie der Willensfreiheit und frühe philosophische Schriften, a.a.O. 8.
9. ebd.

ist erst die Wende zur Anthropologie als einer „empirischen Wissenschaft" und die Auflösung des Situationsbegriffs in eine dynamische, Physis und Psyche umgreifende Betrachtung des Menschen, die Gehlen zu einem neuen Ansatz befähigt. Für Gehlens damit entstehende zweite Theorie der Phantasie bringt dies die grundlegende Neuerung mit sich, daß Phantasie nun nicht mehr als zu überwindende Krankheit und Durchgangsstadium gilt, sondern zum zentralen Kennzeichen des Menschen als Menschen avanciert.

In Gehlens Anthropologie bleibt der Mensch ein „handelndes" Wesen, und es bleibt auch die Voraussetzung, die in „Wirklicher und unwirklicher Geist" die Methode der Untersuchung zu rechtfertigen hatte. Noch immer ist für Gehlen das „Mißtrauen" gegen den Geist Pflicht, noch immer soll der Weg von unten nach oben genommen werden, weil man nicht mehr „schnell" ins Absolute kommen kann, „ohne gelaufen zu sein"[10].

Aber der Weg beginnt nicht mehr bei den Seinszuständen der Einzelperson, sondern bei der Natur des Menschen. Noch immer gebietet der Zeitgeist, daß man sich aller Metaphysik „technisch" enthält (M 11) und die Frage einklammert, ob der Mensch nicht eigentlich ein Geschöpf Gottes ist. Man muß zunächst einmal mit dem beginnen, was wir empirisch über den Menschen als ein Naturwesen wissen, und diese Betrachtung eröffnet den Weg zum Verständnis des Geistwesens Mensch verläßlicher und sicherer als die metaphysische Behauptung der Vernünftigkeit und Geistigkeit. Denn schon die Betrachtung des Menschen als eines Naturwesens demonstriert, daß der Mensch weder als Produkt des Milieus noch als „arrivierter Affe" begriffen werden kann.

Gehlens zweite Theorie der Phantasie baut auf der Grundthese seiner Anthropologie auf, daß der Mensch in der Natur eine „Sonderstellung" einnehme. Was bei Scheler als „Stellung des Menschen im Kosmos" oder bei Plessner im Begriff der „exzentrischen Positionalität" ausgedrückt wurde, findet bei Gehlen seinen Niederschlag in der These vom Menschen als einem „Mängelwesen". Die Sonderstellung des Menschen in der Natur ist die Mängelhaftigkeit seiner Naturausstattung. Dem Menschen fehlen jene Mittel, mit deren Hilfe sich die Tiere am Leben erhalten können: die feste Einpassung in ein Ausschnittsmilieu, der hohe Grad der Spezialisierung und die verläßliche Leitung durch Instinkte. Der solchermaßen von der Natur freigelassene Mensch ist „weltoffen", er hat Welt, statt daß sie ihn hat. Er ist jedoch zugleich ein biologisch „riskiertes" Wesen, überflutet von einer Fülle von Außenreizen und getrieben von einem chronischen „Antriebsüberschuß" (M 57), den die fehlende Spezialisierung und die reduzierten Instinkte ihm hinterlassen haben. Am Leben erhalten kann sich das „riskierte" Wesen Mensch nur, wenn es sich von den Män-

10. A. Gehlen: Stellungnahme zu den Hauptsachen, in: Zeitschrift für philosophische Forschung 6 (1951/52) 95.

geln seiner Existenz „eigentätig" (M 36) entlastet, die ihm feindliche Umwelt ins Lebensdienliche umschafft und sein Innenleben zu immer höheren Leistungen formiert. Weltbewältigung und Formierung des Innenlebens aber sind zu einem großen Teil Aufgabe der Phantasie. Sie ist beim Mängelwesen Mensch nicht mehr minderer Seinsgrad und minderer Seinswert, sondern Bedingung der Möglichkeit seiner Existenz. Die Kluft zwischen den Antrieben und ihrer Erfüllung in der Handlung, von Gehlen „Hiatus" genannt (M 53), ist Mangel im Vergleich zur Instinktsicherheit der Tiere. Sie ist zugleich Chance der Höherentwicklung, die Möglichkeit, zwischen die Antriebe und ihre Erfüllung immer mehr an Hemmung, an Symbolik, an Bildern und Begriffen zu schieben, mit deren Hilfe sich das Leben meistern läßt.

Phantasie ist bei Gehlen somit zunächst einmal nicht jene künstlerische oder dichterische Phantasie, die wir gewöhnlich mit dem Begriff assoziieren. Phantasie ist zunächst das, was wir alle haben, um uns als Mängelwesen am Leben zu erhalten, nicht das, was wir zwar alle haben möchten, aber nur ganz wenige von uns besitzen. Als das wir alle haben, ist Phantasie die Fähigkeit des Sich-Versetzen-Könnens in Dinge und Bewegungsabläufe, in andere Orte und Zeiten, in den Anderen und in jene großen Phantasmen, die nach Gehlen die Geburtsstätte der Institutionen sind. Phantasie ist die „kommunikative" Grundstruktur unseres ganzen Verhaltens, ein „sprachmäßiges" Vermögen, mit dessen Hilfe wir in eine Art Dialog mit Dingen und Personen treten können.

Gehlens Anthropologie unterscheidet *sechs Formen* der Phantasie, die alle auf die tiefste Schicht unseres Wesens, die „Urphantasie", zurückweisen. Sie lassen sich, in aufsteigender Linie zunehmender Entlastungsfähigkeit, als Formen der „Einbildungskraft" zusammenfassen:[11]

1. Die *passive Einbildungskraft* oder das Gedächtnis, Einbildung schon durchlaufener Zustände, die dem weltoffenen Wesen Mensch als Hilfsmittel „künftiger" Orientierung dienen (M 316).

2. Die *reproduktive Einbildungskraft*, auch „Bewegungs- und Empfindungsphantasie" genannt (M 185-187). Sie ist Wiederholung und Vorentwurf bereits durchlaufener Zustände, so wenn wir den Sprung über den Graben zunächst einmal in der Phantasie probieren. In der Wiederholung macht sich bereits die „kommunikative" Struktur der Phantasie bemerkbar. Wir sind in der Lage, das Antwortverhalten von Menschen und Dingen vorwegzunehmen.

3. Die *spielerische Einbildungskraft* (M 206-209). Sie ist Selbstgenuß des weltoffenen Menschen, der sich im entlasteten Durchprobieren wechselnder Interessenlagen erfährt, und sie ist Einübung in das Sozialverhalten, da sie zur

11. Der Begriff „Einbildungskraft" wurde als Sammelbegriff für die Formen der Phantasie bei Gehlen gewählt, weil er, besser als der Phantasiebegriff, ausdrückt, wie wichtig nach Gehlen die Außenwelt für die Innenwelt ist.

Versachlichung in den Regeln des Spiels, zur Selbstentfremdung und zur Rollenübernahme führt.

4. Die *spracheigene Einbildungskraft* (M 283-290). Sie manifestiert sich in den Bildern der Sprache, angefangen von den spontanen Wortschöpfungen der Kinder („Ballsuppe" statt „Klößchensuppe"), über die Ausuferung eines Bewegungsphantasmas (etwa von „fliegen" zu „Vogel", „Feder", „Flügel") bis zur metaphorischen Rede überhaupt. Spracheigene Phantasie sitzt außerdem im Grundgerüst der Sprachen. So kennen z.B. manche Sprachen den indogermanischen Unterschied zwischen Aktiv und Passiv nicht, so daß es statt „ich höre" „Mein Ertönen" oder statt „ich töte ihn" „er stirbt mir" heißt.

5. Die *aktive Einbildungskraft* unserer Vorstellungen (M 252-260). Diese baut auf der Entlastung durch Sprache auf und befähigt zur vollständig freien Verfügung über Erinnerungsphantasmen. Vorstellungen sind demnach Erinnerungsbilder, die durch „Rückwirkung" der Wörter auf die Phantasmen an der Verfügbarkeit und sogar an der Intentionalität der Sprache teilnehmen. Ihre Verfügbarkeit befreit uns von der unmittelbaren Gegenwart in solchem Maße, daß wir durch sie zu einem Zukunftswesen werden.

6. In diesen ersten Formen der Phantasie erscheint der Mensch somit als Gedächtniswesen, als wiederholendes Wesen, als spielendes Wesen, als Sprachwesen und als ein Wesen mit Vorstellungen. Dabei kann zunächst der Eindruck entstehen, als ob das Modell der Phantasie bei Gehlen die Welterfahrung eines „Einzel"-Ich sei, das sich in einsamer, eigentätiger Veränderung der Aussenwelt allmählich eine Innenwelt bildet. Daß dem nicht so ist, wird durch die letzte und entscheidende Form der Phantasie deutlich, die Gehlen nun nicht mehr „pantomorphe Sphäre", sondern „*Urphantasie*" tauft. Sie ist noch immer der Name für den Überschuß an Daseinskraft, den das Mängelwesen so gut wie der frühere Handlungsmensch erfährt, sie ist noch immer ein vorbewußtes vitales Geschehen, und sie ist noch immer Sinnbild der Auffassung, daß der Mensch sein Bewußtsein nicht unmittelbar, im „Man selbst sein wollen", sondern nur indirekt gewinnen kann. Das Grundmodell der Phantasie bei Gehlen ist Phantasie als Gesamtversetzung mehrerer Menschen in ein gemeinsames Phantasma, das ihr „Sozialorgan" (M 319), ja man könnte sogar sagen, ihr „Kulturorgan" ist.

IV

Gehlen hat in „Urmensch und Spätkultur"[12] seine Anthropologie kulturtheoretisch, durch eine Institutionenlehre, erweitert. In ihr begegnet uns die „Urphantasie" als das innere Gefüge oder „Skelett" der archaischen Gesellschaften (M 323). Sie trägt die Riten der Urvölker, aus denen die Institutionen hervorgegan-

12. A. Gehlen: Urmensch und Spätkultur, Frankfurt a.M. ^{3}1975 (im folgenden abgekürzt als „US").

gen sein sollen. Ritualisierung im Verhalten des Mängelwesens ist anders als die Ritualisierung tierischen Verhaltens ohne Phantasie nicht denkbar. Denn während die Ritualisierung tierischen Verhaltens, z.B. die Kommentkämpfe der Hirsche oder die Paarungstänze mancher Vogelarten, durch eindeutige Auslöser angesprochen werden, um dann als starre Instinktbewegung abzulaufen, sind beim Mängelwesen die Auslöser entdifferenziert und die Instinkte reduziert. Geblieben ist allerdings ein Rest der uralten Verbindung von Auslöser und Instinkt, und er macht sich bemerkbar in der Bereitschaft, auf bestimmte „Reize" mit einem Gefühlsstoß zu reagieren, und zwar immer dann, wenn diese „Reize" ganz besonders unwahrscheinlich, prägnant, außergewöhnlich oder bedrohlich sind. Solche „Reize" sind für den Urmenschen das mächtige Jagdtier, Tod und Krankheit, das Erlebnis von Naturereignissen und Naturkatastrophen (wie Erdbeben, Vollmond oder Regenbogen) gewesen. Diese „Reize" hatten keine unmittelbare Auslösewirkung, aber eine „Appellqualität" (US 136/137); sie appellierten an den Urmenschen, „irgendetwas zu tun"[13]. Es regte sich ein Gefühl der „unbestimmten Verpflichtung", und der Urmensch reagierte darauf, indem er den „Reiz", also z.B. das mächtige Jagdtier oder den Leichnam, „nachahmte"; er veranstaltete rituelle Tänze, wie den Bärentanz, in denen das Jagdtier dargestellt, seine Tötung vorweggenommen oder der Leichnam in schrecklichen Masken abgebildet wird. Diese Nachahmung war ein Miteinander-Nachahmen, ein Rücksichtnehmen auf und ein Übernehmen der Rolle des Anderen, so daß im Ritus Gemeinschaft und Wir-Bewußtsein geboren wurden.[14]

Für Gehlens Auffassung von Phantasie ist nun ganz entscheidend, daß diese Chance der Institutionalisierung nicht aus der Planung der Urmenschen hervorgegangen ist. Die Reihenfolge der Ursachen, die zum Ritus führt, ist nicht Hunger – Tötung des Tieres – Sättigung. Es ist auch nicht die Einsicht in die ökonomische Notwendigkeit der Gemeinschaft, welche die Menschen zusammenführt. Ja selbst der Vorgang des Miteinander-Nachahmens ist nicht das Zentrum der Institution. Was Institutionalisierung erzeugt, ist letztlich Versetzung in das Phantasma, z.B. des Tieres, das Totemtier und Stammestier wird, so daß die Mitglieder des Bärenclans sich selbst als Bären bezeichnen. Und diese phantastische Versetzung ist der Ursprung der Institutionen auch nur dann, wenn sie als ein „Selbstwert" erlebt wird, den es ohne jede zweckrationale Intention „darzustellen" gilt. Schon das instrumentelle Verhalten, Arbeit und Technik, wird von Gehlen als eine Handlungsform aufgefaßt, die bedürfnislos, spielerisch, an der Sache ausgerichtet ist und nicht unmittelbar den Nutzen intendiert. Mehr noch sind Riten und Institutionen Formen eines selbstzweckhaften Handelns,

13. Das „Irgendetwas-Tun-Müssen" ist Gehlens Ausdruck für Paretos „besoin de faire quelque chose".

14. Gehlen beruft sich in diesem Zusammenhang meist auf Meads „taking the role of the other".

„Darstellung" eines Verhaltens, das überhaupt nicht Weltveränderung zum Ziel hat. Gefühlsstoß, unbestimmte Verpflichtung und Versetzung in das Phantasma werden vielmehr als ein Sollen erlebt, als der Imperativ: Du sollst bei gegebenem Anlaß diesen Ritus vollziehen. Nur die Erfahrung dieses Eigenwertes stellt sicher, daß das Verhaten Dauer erhält. Nur sie ermöglicht die „Umkehr der Antriebsrichtung"[15], d.h. die Chance, daß das Bedürfnis nach der Tötung des Tieres eingeklammert, aufgeschoben und versachlicht wird. So erwacht überhaupt erst ein Bewußtsein des eigenen Bedürfnisses, so wird es überhaupt möglich, z.B. vom Tier her zu handeln, was wiederum Voraussetzung für Tierhege und Tierzüchtung ist. Im Nachhinein erweist sich die Ausrichtung am Selbstwert als nützlich, aber die Nützlichkeit ist Nebeneffekt; und nur weil sie nicht primär intendiert war, ist die Entlastung vom Bedürfnis, das Erwachen des Bewußtseins, die Anerkennung des Daseinswertes des Tieres, die Versachlichung und die Freisetzung des neuen Motivs (Tierhege) gelungen. Die Institutionen steigern das Mängelwesen zur Kultur, gerade weil sie „*sekundäre* Zweckmäßigkeiten" (US 106 f.) sind. Aber nur als Selbstzwecke, oder wie Gehlen sie auch nennt, als „Transzendenzen", sind sie für das Mängelwesen „die" große Entlastung: Entlastung von allzuvielen Entscheidungen, Entlastung vom Streit um Statusfragen, Entlastung von stets neuem affektivem Engagement. Nur als „Transzendenzen" ermöglichen sie „bienfaisante certitude", wohltätige Fraglosigkeit und Sicherheit. Zwar werden durch diese Institutionen auch unsere biologischen und ökonomischen Bedürfnisse erfüllt, aber diese Bedürfniserfüllung steht im „Hintergrund" (US 50 ff.). Die eigentliche Aufgabe der Institutionen ist die (über Eigenwert, Bedürfnishemmung und Freisetzung neuer Motive vermittelte) Steigerung des Menschen zur Kultur. In ihrem Kern sind Institutionen „geistige" Bewältigungen drastischer Erfahrungen und Spannungen, die durch zweckrationales Handeln weder zu bannen noch zu stabilisieren sind.[16]

V

Gehlens Theorie der Institutionen stellt die Fage nach dem Menschen als einem Phantasiewesen vor schwierige Deutungsprobleme. Ist das nun Biologismus, wie Gehlen aus der überschüssigen Daseinskraft der „Urphantasie" Institutionen und Kultur entstehen läßt? Bis vor kurzem sind die Gehleninterpreten ja weitgehend einig gewesen, daß Gehlens Anthropologie und Institutionenlehre „biologistisch" sei, und man war allenthalben bestrebt, den biologistischen Gehlen von den Füßen wieder auf den Kopf zu stellen, sei es daß man (wie Litt, Mahn,

15. Die „Umkehr der Antriebsrichtung" (US 235ff.) kann entweder als Rausch oder Askese auftreten, wobei nach Gehlen nur letztere stabilisierbar ist.

16. Daß Gehlens Institutionenlehre mehr ist als eine funktionalistische und pragmatistische Lehre hatte schon F. Jonas in seiner noch immer grundlegenden Studie betont. F. Jonas: Die Institutionenlehre Arnold Gehlens, Tübingen 1966, 62ff.

Haering oder Hagemann-White) Hegel, sei es daß man (wie Zeltner) Fichte, sei es daß man (wie Ballauf und Weiß) Heidegger oder sei es daß man (wie Apel, Böhler, Liebrucks oder Habermas) irgendeine aktuelle hermeneutische, transzendentale oder dialektische Sprachphilosophie als Hebel der Umkehrung benutzte.[17]

Aber grobschlächtiger Biologismus ist Gehlens Theorie auf keinen Fall. Schon die These vom Mängelwesen ist insofern nicht biologistisch, als sie die „Sonderstellung" des Menschen in der Natur zum Ausgangspunkt hat und mit ihren Hinweisen auf Umweltbefreiung, Unspezialisiertheit und Instinktreduktion eher der Kulturanthropologie eines unendlich formbaren und plastischen Menschen das Wort redet als einer Theorie eines naturbestimmten oder gar triebverfallenen Wesens. Ähnlich ist die Institutionenlehre nicht in der Befriedigung biologischer oder materialistischer Bedürfnisse, sondern in der These vom Eigenwert, von der „Umkehr" der Antriebsrichtung, von der „sekundären" Zweckmäßigkeit, der Sachgerechtigkeit der Welterfahrung und der Steigerung zu immer höheren Formen der Kultur zentriert. Dies sind Züge der Gehlenschen Phanatsie- und Institutionenlehre, die weder biologistisch noch pragmatistisch, noch funktionalistisch angemessen gedeutet werden können. Ja bei näherem Hinsehen fällt sogar auf, daß Gehlens Theorie der „Urphantasie" vom engen Pfade der „empirischen" Anthropologie abgewichen und in Metaphysik abgeglitten ist. Das Versprechen der Anthropologie, den Menschen als ein sich „*eigen*-tätig" entlastendes Wesen vorzuführen, ist nicht eingehalten worden. Denn, nachdem es nicht die Menschen mit ihren Plänen und Zielen sind, welche die Institutionen entwerfen und einrichten, kann es nur die überschüssige Daseinskraft in der Form der „Urphantasie" selbst ein, die als eine Art „List" des Lebenswillen uns auf den ungewollten Weg der Kultur geführt hat.[18] Das Leben selbst wird damit zum „Metaphysikum", das seine eigene Teleologie vorantreibt, indem es die evolutionäre Entwicklung der Organismen beim Menschen als listige Verführung zur Kultur fortsetzt. Statt von einem Biologismus müßte man in diesem Fall eher von einer vitalistischen Metaphysik sprechen.

Freilich, wenn die pauschale Anwendung des Biologismusvorwurfes zu undifferenziert ist, um Gehlens Lehre zu erfassen, so bleibt doch die Frage, was denn für Gehlen der Maßstab ist, der ihn Phanstasie so eng an den Institutionenbegriff und diesen wiederum so eng an Vorstellungen eines festgelegten, in sich ruhenden, quasi-automatischen, gesicherten Handlens binden läßt. Schon den verschiedenen Formen der Phantasie in „Der Mensch" ist deutlich anzu-

17. Es sei erlaubt, für die Einschätzung dieser Interpretation zu verweisen auf H. Ottmann: Arnold Gehlen in der Literatur. Bericht über einen fast noch unbekannten Autor, in: Philosophisches Jahrbuch 86 (1979) 148-184.

18. D. Claessens: Instinkt, Psyche, Geltung, Köln ^{2}1970, 38, 42.

merken, daß sie zur Außenstützung des Verhaltens gravitieren, zu einer *subjektlosen* Phantasie, der die Innenwelt nur als „innere Außenwelt" (M 345) und der Seelenzustand als eine „Halbentfremdung" (M 319) gilt, entfremdet an die sozialen Phantasmata, die wie Vaterlandsgefühl, Familiengefühl, Standesgefühl oder Zeitgeist auch noch die scheinbar ureigensten Gefühle präformieren und modellieren. Alle höheren, das Leben leitenden Ideen („Idées directrices" genannt), von Technik und Recht bis zu Religion und Kunst (M 382), sitzen auf dieser institutionellen Festlegung auf.

Es scheint für diese folgenschwere theoretische Weichenstellung nur eine Erklärung zu geben. Es ist der zwar nicht grobschlächtig, aber der subtil biologistische, oder besser, vitalistisch-metaphysische Maßstab der tierischen Existenz, der sich als Modell des auf Dauer gestellten, festgelegten Handelns erweist. „... im Tier bewundert der Mensch eine ihm *nicht* gegebene Weise des ungestörten, unbeeinflußbaren Daseins ... eine nicht menschliche und von seiner Phantasie als übermenschlich ausgelegte Vollkommenheit" (M 326). Und es ist diese Bewunderung, oder soll man sagen, dieser metaphysische Neid auf die „göttliche" Daseinsmacht der Tiere, welcher Phantasie und Institutionen nun auch als Surrogat für die fehlende Instinktsicherheit für die biologischen Mängel des Menschen verstehbar machen soll. Dieser Maßstab verträgt sich nicht mit jenen Grundzügen der Gehlenschen Lehre, die durch Begriffe wie Weltoffenheit und Welthabe, Eigenwert und Selbstzweckhaftigkeit des darstellenden Handelns geprägt sind. Mit dem Maßstab der tierischen Existenz hat Gehlen selbst das Niveau unterboten, auf dem er seine Theorie gegründet hat.

Wie Gehlen in seiner ersten Theorie der Phantasie diese in „Handlung" auflöste, so scheint er durch den Maßstab der tierischen Existenz seine zweite Theorie der Phantasie gewisser Möglichkeiten zu berauben. Was so gefährdet wird, ist das Eigenrecht und die Autonomie der Phantasie und der höheren Leistungen wie Sprache oder Geist[19]. Was so gänzlich verlorengeht, ist ein Begriff von Phantasie, der subjektive und individuelle, nicht nur institutionell festgelegte Phantasie einschließen kann. Und was nicht in Ansatz zu bringen ist, das ist Phantasie als Vor-Schein eines nicht-festgelegten Handelns, Phantasie als Vor-Schein von Freiheit. Mit der Institutionenlehre hat Gehlen uns die Phantasie des „Urmenschen" vor Augen geführt – Phantasie, die wir alle einmal hatten. Was darin fehlt, ist die Phantasie, die wir als Subjekte und Individuen haben, sowie schließlich jene Phantasie, die wir einmal haben könnten.

19. Daß Gehlens vitalistischer Maßstab den höheren Leistungen des Menschen nicht gerecht werden kann, hat P. Jansen anhand eines von N. Hartmann entlehnten Schichtenmodells nachgewiesen. Besonders Gehlens Behauptung, seine Kategorien seien psycho-physisch neutral, „durchlaufend", erweist sich als Hindernis für die adäquate Erfassung der Autonomie und des Reichtums der höheren Schichten. P. Jansen: Arnold Gehlen. Die anthropologische Kategorienlehre, Bonn 1975.

Von hier aus führen zwei Wege weiter. Einmal kann man den Weg gehen, den Gehlen eingeschlagen hat, als er die Moderne als Zeit des Institutionenzerfalls und des damit aufbrechenden „Subjektivismus“ charakterisierte. Zum anderen kann man nach Wegen suchen, Gehlens Theorie der Phantasie um das zu erweitern, was ihr fehlt. Für Gehlen war der Weg konsequent, die letzten 250 Jahre des technisch-industriellen Zeitlaters als eine Epoche der Hypertrophie des Subjekts und des phantastischen Weltverlustes zu begreifen. Denn wenn es wahr ist, daß Institutionen eigenwertige, nur im „Hintergrund“ Bedürfnisse erfüllende Gebilde sind, und wenn es wahr ist, daß sie ihre den Menschen zur Kultur steigernde Kraft gerade ihrer nur „sekundären“ Zweckmäßigkeit verdanken, dann müssen sie in der Moderne in der Tat in eine höchst prekäre Lage geraten. Denn in der Moderne werden die Institutionen Mittel zum Zweck, der Mensch wird sich selbst zum Thema, und das alte Verhältnis von Kultur und Natur kehrt sich um. Statt daß die Natur Kultur zum Ziel hat, steht Kultur nun im Dienst der Natur und der natürlichen Bedürfnisse. Dann sind die nur noch vom Nutzen zusammengehaltenen Institutionen nicht mehr in der Lage, dem Menschen ein Leben in Gelassenheit und Würde, in Selbstverständlichkeit und fragloser Sicherheit zu garantieren. Dann tritt Subjektivismus auf, und damit all jene Phänomene, die Gehlens Kritik der „Seele im technischen Zeitalter“ immer wieder zu sondieren versuchte: Verunsicherung, intellektuelle Überbelastung, Angst, Reizbarkeit, zunehmende Aggression, nach außen verlegte Atemnot, Rache am Ideal und Reprimitivisierung. Andererseits kann dann diesem Subjektivismus paradoxerweise eine ausgesprochen stabile technische Welt entsprechen, die sich im Endzustand der „Kristallisation“[20], der Versteinerung, befindet. Durch die enormen Leistungen der Technik ist diese moderne Welt eine hochentlastete Welt geworden, eine sachgerechte und sachrationale Welt, in der es für die verstörten Subjekte eigentlich nichts Wesentliches mehr zu besorgen gibt. Das komfortable Überleben wird zum Höchsten aller Werte, und angesichts der Millionenmassen,die auf der Erde leben und noch immer Hunger leiden, hat die Menschheit gar keine andere Wahl, als den technischen Apparat am Funktionieren zu halten. In der sachrationalen Bedürfnisbefriedigungswelt haben die Subjekte dann wieder nur zu vollziehen, was sowieso geschieht. Jeder muß an seinem Platze tun, was funktional richtig ist. Die Geschichte der Menschheit als eine Steigerung zur Kultur wäre dann am Ende, und die Epoche des „post-histoire“ angebrochen.[21]

20. Den Begriff „Kristallisation“ hat Gehlen von Pareto übernommen. A. Gehlen: Über kulturelle Kristallisation, Bremen 1961; ders: Über kulturelle Evolutionen, in: H. Kuhn / F. Wiedmann (Hrsg.): Die Philosophie und die Frage nach dem Fortschritt, München 1974, 207-220.

21. Cournots Begriff „posthistoire“ lernte Gehlen durch das Buch von H. de Man: Vermassung und Kulturverfall, München 1951, kennen. A. Gehlen: Ende der Geschichte?, in:

Gehlen kehrt am Ende wieder zu jener spinozistischen Position zurück, die auch seine Habilitationsschrift empfahl. Melancholie, stoische Heiterkeit und, wenn man unbedingt praktisch werden will, die Formen der Askese, das sind dann die Auswege des Einzelnen aus einer Situation, aus der es für die Menschheit als ganze kein Entrinnen gibt. Aber Gehlens so konsequenter Weg ist nicht die einzige Möglichkeit, seine Theorie zur Konsequenz zu bringen. Denn statt alle Voraussetzungen der Institutionentheorie anzunehmen, kann man einige modifizieren. So empfiehlt es sich, alle kompensatorischen Züge der späten Theorie, welche Phantasie ebenso wie Sprache oder Geist als Ersatz für die fehlenden Instinkte wie für die mangelnde natürliche Verhaltenssicherheit erscheinen lassen, zugunsten jener Motive zu mildern, die bei Gehlen sehr wohl vorhanden, aber bisher allzuoft übersehen worden sind, die Motive der Weltoffenheit und sachgerechten Welthabe, der Eigenwertigkeit, Hintergrundserfüllung und nur sekundären Zweckmäßigkeit aller Institutionen und Kultur. So wäre die Theorie des *nur* indirekten Selbstbewußtseins durch eine dialogische Theorie von Sprache und Geist zu komplementieren. Ansatzpunkt dazu kann Gehlens Kategorie der „Gegenseitigkeit" sein, die schon in „Urmensch und Spätkultur" als Kennzeichen des Menschen wie als Grundelement aller Institutionen eingeführt (US 45 ff.) und in Gehlens letztem Werk „Moral und Hypermoral" sogar als eine der vier, voneinader unabhängigen triebartigen „Sozialregulationen" herausgestellt worden ist.[22] Und ein weiterer Ansatz zur produktiven Weiterentwicklung kann im Begriff der „Sprachmäßigkeit" unserer Antriebe gesehen werden. Diese Kategorie erlaubt es mühelos, die „kommunikative" Struktur der Phantasie gegen die These vom allein indirekt vermittelten Selbstbewußtsein zu stärken.[23]

Freilich muß dann nicht alles über Bord geworfen werden, was uns Gehlens anthropologische und kulturtheoretische Theorie der Phantasie zu bieten hat. So sehr in sie erst die Ansprüche des modernen Subjekts wie des Individuums einzubringen sind, so sehr ist der Kern der Institutionenlehre zu bewahren. Erst Gehlens Theorie der eigenwertigen Institutionen im Verein mit einer dialogi-

Einblicke, Frankfurt a.M. 1975, 115-135.

22. „Moral und Hypermoral" ist eine Apologie der Macht und des Institutionenethos gegen das hypertroph gewordene masseneudaimonistische und humanitaristische Ethos. In der Systematik der vier, nicht aufeinander reduzierbaren Wurzeln der Moral („Gegenseitigkeit", „physiologische Tugenden", „Familien"- und „Staatsethos") ist jedoch auch die Möglichkeit angelegt, im Falle eines hypertroph werdenden Staatsethos die anderen Ethosformen, und damit auch die Gegenseitigkeit, vor einer Auflösung des Pluralismus zu bewahren. Daß Gehlen in seinem letzten Werk eine Hypertrophie des Staatsethos ablehnt, lassen manche Seiten des Buches wie ein unveröffentlichter Brief an L. Samson ahnen. A. Gehlen: Moral und Hypermoral, Frankfurt a.M., ^{3}1973, 119, 149.

23. Erste Schritte in dieser Richtung unternimmt J. Weiß: Weltverlust und Subjektivität, Freiburg 1971, 29-74.

schen Theorie sich wechselseitig anerkennender Subjekte führt überhaupt zum Problem der Institutionen in der Moderne. Vielleicht hat Hegel besser als Gehlen den modernen Konflikt begriffen, wenn er sowohl das Recht der Institutionen als auch das „unendliche Recht" des freien Subjekts als Momente ansah, die zu versöhnen sind. Das Recht des modernen Subjekts auf Freiheit ist nicht allein als „Subjektivismus" klassifizierbar. Andererseits ist die Gefahr des Subjektivismus nicht zu übersehen, wenn die Institutionen nur noch als Spielmaterial der subjektiven Zwecke und Bedürfnisse gelten. Die heute übliche Verklärung der Sprache zur „Institution der Institutionen"[24] (Apel) oder des Diskurses zur „Anti-Institution" schlechthin[25] (Habermas) schwebt ihrerseits in der Gefahr, zu einem naturvergessenen Sprachidealismus zu werden, welcher Phantasie und Sprache vom Antriebsleben löst und die Festlegung unseres Verhaltens wie seine Steigerung zur Kultur nicht erklären kann. Als Spezialformen eines hochentlasteten Verhaltens bedürfen Kommunikationsgemeinschaft und Diskurs selbst der institutionellen Festlegung, die schon bei den Regeln alles Miteinandersprechens beginnt. Und es wäre Sprachidealismus im schlechten Sinn des Wortes, wollte man eine stabile Gesellschaft allein auf Dauerreflexion gründen. Denn aus sich heraus ist Dauerreflexion nicht auf Dauer zu stellen. Deshalb dürfte es am fruchtbarsten sein, wenn wir über Gehlens Theorie der Phantasie als einen Ansatz weiterdenken, der durch subjektive, individuelle, dialogische und Freiheit vorspiegelnde Phantasie zu erweitern, aber nicht zu ersetzen ist.

24. K.O. Apel: Arnold Gehlens Philosophie der Institutionen, in: Philosophische Rundschau 10 (1962) 17.

25. J. Habermas / N. Luhmann: Theorie der Gesellschaft oder Sozialtechnologie, Frankfurt 1971, 201.

Arno Waschkuhn

DIE VERNACHLÄSSIGUNG DES „MENSCHLICHEN FAKTORS" UND DIE „VERFESTIGUNG VON PHANTASIE" IN DEN INSTITUTIONSTHEORETISCHEN ANSÄTZEN VON GEHLEN, PARSONS UND LUHMANN

1. Arnold Gehlens anthropo-biologisch fundierter Ansatz[1]

1.1. Elementare Anthropologie: „Mängelwesen" Mensch

Arnold Gehlen (1904–1976) nimmt in Abhebung vom erbfest und instinktsicher montierten Umweltverhalten des Tieres die morphologische Sonderstellung eines uns mehr angehenden Abstrakt-Genus in den Blick: „der Mensch" ist das „noch nicht festgestellte Tier" (F. Nietzsche) und daher ex ovo auf Handlung (und somit auch auf „Phantasie") verwiesen, um sich im Dasein zu erhalten. Dem Menschen eignen, von Residuen abgesehen, keine artspezifisch angebbaren Außenbedingungen erster Hand, in die er sich instiktiv einpassen könnte; er ist in dieser Hinsicht ein auf die eigentätige Durcharbeitung der Welt gestelltes „Mängelwesen" (J.G. Herder). Die biologische Mängelausstattung und Unspezialisiertheit seiner Physis sind außerordentliche Belastungen seines Inderwelt-

1. Meine Überlegungen rekurrieren zu einem großen Teil auf: Arno Waschkuhn, Zur Theorie politischer Institutionen, Phil.Diss. München 1974. Die dortigen Ausführungen sind hier jedoch aktualisiert und themenspezifisch komprimiert worden. Vgl. zu Gehlen insbesondere: Carol Hagemann-White, Legitimation als Anthropologie. Eine Kritik der Philosophie Arnold Gehlens, Stuttgart u.a. 1973. – Friedrich Jonas, Die Institutionenlehre Arnold Gehlens, Tübingen 1966. – Johannes Weiß, Weltverlust und Subjektivität. Zur Kritik der Institutionenlehre Arnold Gehlens, Freiburg 1971, ders., „Handlungslehre oder administrative Hilfswissenschaft? Kritische Bemerkungen zur Soziologie Arnold Gehlens", in: Kölner Zeitschrift für Soziologie und Sozialpsychologie 24 (1972), S. 455ff. – Siehe ferner: Ernst Forsthoff, Reinhard Hörstel (Hrsg.), Standorte im Zeitstrom. Festschrift für Arnold Gehlen zum 70. Geburtstag, Frankfurt/M. 1974. – Ephrem Else Lau, Interaktion und Institution, Berlin 1978, S. 73ff. – Karl-Siegbert Rehberg, „Metaphern des Stillhaltens. In memoriam Arnold Gehlen", in: Kölner Zeitschrift für Soziologie und Sozialpsychologie 28 (1976), S. 389-398. – Hans Ryffel, „Der Beitrag von Arnold Gehlen zur philosophischen Anthroplogie", in: Arnold Gehlen zum Gedächtnis (Schriftenreihe der Hochschule Speyer, Bd. 61), Berlin 1976, S. 11-22. – Helmut Schelsky, „Ein politischer Denker gegen die Zeit. Der Soziologe und Philosoph Arnold Gehlen. Anthropologie und Institutionenlehre. Ein Nachruf", in: Frankfurter Allgemeine Zeitung vom 2.2.1976, S. 19. Siehe für unser Thema auch ders. (Hrsg.), Zur Theorie der Institution, Düsseldorf ^{2}1973.

seins, Lebenkönnens wie Welthabens und verschränken sich zur konstitutionellen „Weltoffenheit“ (M. Scheler) und „chronischen Bedürftigkeit“ des Menschen angesichts einer sinnlich ein- und andringenden Weltfülle. In Ansehung seiner ungedeckten Verfassung und unmittelbar riskierten Ausgangslage ist die tätige Transfomation seiner Umraumbedingungen, die zweckrational gerichtete Naturveränderung ins Lebensdienliche, ein primäres Erfordernis des instinktverunsicherten, prometheischen Menschen; denn „aus eigenen Mitteln und eigentätig muß der Mensch sich entlasten, d.h. die Mängelbedingungen seiner Existenz eigentätig in Chancen seiner Lebensführung umarbeiten.“[2]

Es gilt, ein reizüberflutetes „Überraschungsfeld“ handelnd in Erfahrung zu ziehen und der Welt von Anbeginn die Bedingungen möglicher Verfügbarkeit abzugewinnen. Der Mensch bestimmt sich hierin als ein Kulturwesen sui generis: „Der Mensch ist, um existenzfähig zu sein, auf Umschaffung und Bewältigung der Natur hin gebaut, und deswegen auch auf die Möglichkeit der Erfahrung der Welt hin; er ist handelndes Wesen, weil er unspezialisiert ist, und also der natürlich angepaßten Umwelt entbehrt. Der Inbegriff der von ihm ins Lebensdienliche umgearbeiteten Natur heißt Kultur, und die Kulturwelt ist die menschliche Welt.“[3] Die „Kultur(um)welt“ ist die „zweite Natur“ des Menschen. Im Kontext produktiver Weltbemächtigung des zuvörderst auf Instrumentalhandeln gestellten Menschen wird nach Gehlen zugleich ein grundsätzlicher psycho-physischer Zusammenhang dominant; denn „das Antriebsleben des Menschen ist von der Handlung abgehängt, es besteht ein ‚Hiatus‘ zwischen den Antrieben und der Handlung. Das Antriebsleben des Menschen ist weltoffen, es ist orientierbar an den Sachverhalten und Inhalten der Außenwelt, weil es eben nicht instinktiv und blind-zielsicher ist. Damit ist es dem Menschen selbst gegeben, er verhält sich zu sich selbst kommunikativ.“[4]

Der konstitutionelle Antriebsüberschuß unterliegt einem Verarbeitungs- und Disziplinierungszwang zur Beständigung in Richtung auf Handlung; denn ein handelndes Wesen darf nicht antriebsgestört, sondern muß orientierbar sein, d.h. seine Bedürfnisse unterliegen der Versachlichung und die „Entlastung“ vom Drangpotential seiner Antriebe ist auf Dauer zu stellen: „Der Mensch lebt nicht, sonder er führt sein Leben.“[5] Indem der Mensch sich selbst entäußert, vereinnahmt er die Außenwelt, er ist in der Welt und diese in ihm. Außen- und Innenwelt werden Gehlen zufolge vor allem in der Sprachdimension ineins; die eigenmächtige Organisation seines intelligenten Handeln- und Verfügenkönnens im planvollen Aufbau eines selbstvermittelten Symbolfeldes der Dinge ge-

2. Arnold Gehlen, Der Mensch. Seine Natur und seine Stellung in der Welt, Wiesbaden
12 1978, S. 36.

3. Ebd., S. 38.

4. Ebd., S. 195.

5. Ebd., S. 165.

lingt dem Menschen über das sozialkommunikative Medium der Sprache und enthebt ihn der unmittelbaren Gegenwart seiner situativen Eingespanntheit. Die Prozesse des handgreiflichen *und* symbolischen Umgangs mit dem Seienden konvergieren in ihrer Entlastungsqualität und befördern eine „Reduktion von Weltkomplexität" (N. Luhmann): „Damit, daß der Mensch die Dinge benennt, hat er bereits gehandelt – er kann die Handlung zurückbehalten und über sie selbst verfügen."[6] – „Die Sprache ermöglicht nun die willkürliche Verfügbarkeit von Erinnerungsphantasmen, die damit an der Intention des Gedankens teilnehmen: Vorstellungen sind entlastete, ent-aktualisiert und intentional gewordene Erinnerungsphantasmen."[7]

Hierbei proponiert Gehlen einen instrumentellen Begriff der Sprache und läßt den Handlungsprimat unangetastet; das Handeln ist der Sprache vorgeordnet, diese als „spezialisierte Handlung" oder Ersatzhandlung definiert.[8] Der „natürliche" Mensch figuriert sich im kommunikativen Umgang mit der Welt, seine ihn befreiende Tat im Verfügbarmachen der Dinge wirkt auf sein entartungsbereites und zuchtbedürftiges Innenleben zurück: der Mensch besetzt seine Bedürfnisse mit „ Sacherfordernissen" der Handlung. Diese Permutation ist ein Vorgang der „Selbstentfremdung" und zugleich die Möglichkeit des Menschen, zu sich selbst zu kommen. Das bedeutet dann aber auch, daß der Mensch in die Lage versetzt ist, über sich selbst hinauszugehen und „Zukunft" zu antizipieren.

1.2. Marginalien zu einer Theorie der Phantasie[9]

Für Gehlen ist (trotz der umfänglichen Problemstudien von Hans Kunz[10]) nach wie vor der Satz Herders gültig: „Überhaupt ist die Phantasie noch die unerforschteste und vielleicht die unerforschlichste aller menschlichen Seelenkräfte." Für eine Anthropologie, die den Menschen von der Handlung aus begreift, ist die Einbildungskraft ein „sehr reelles und vitales Geschehen", das (in moderner Terminologie) kybernetische Steuerungsfähigkeiten impliziert: „Unter Einbildungskraft im allgemeinen versteht man die Fähigkeit eines Organismus, die von ihm durchlaufenen Zustände sich einzuverleiben, in sich

6. Ebd., S. 242.
7. Ebd., S. 254.
8. Die Gegenposition – „Handlung als spezialisierte Sprachlichkeit" – markiert Bruno Liebrucks, Sprache und Bewußtsein, Bd. 1, Frankfurt/M. 1964, S. 111ff. Siehe auch Theo Stammen, Politik und Sprache. Studien zum Problem ihrer Zuordnung, Habilitationsschrift München 1969.
9. Siehe Gehlen, Der Mensch, Kap. 37: „Zur Theorie der Phantasie", a.a.O., S. 316-326.
10. Hans Kunz, Die anthropologische Bedeutung der Phantasie, 2 Bde., Basel 1946.

hineinzubilden, mit dem Zweck, sich künftig auf Grund vorheriger Erfahrungen oder Zustände verhalten zu können. Die erstere Leistung, allein angesehen, kann in allgemeiner Bedeutung Gedächtnis heißen, und es ist dieses unmittelbare Gedächtnis passiven Aufnehmens und Festhaltens eine vitale Fähigkeit nicht weiter erklärbarer Art, vielleicht schon alles Lebendigen, sicher aber aller Tiere. ... Wenn also im Gedächtnis eine Belastung des Organismus mit seinen früheren Reaktionen und Eindrücken, eine gewisse Fesselung an die Vergangenheit vorliegt, so hat dies eben den Sinn einer Leistung: diese Vergangenheit verfügbar zu machen für die günstige Bewältigung einer jetzt auftretenden und sich ‚nach vorn' erstreckenden Situation. In dieser anderen Richtung, nach der Zukunft hin betrachtet, heißt die Einbildungskraft Erwartung, Entwurf oder aktive Phantasie im engeren Sinne."[11]

Mithin wäre der Mensch, so Gehlen, „als Phantasiewesen so richtig bezeichnet, wie als Vernunftwesen"[12]; er ist bereits im aristotelischen Philosophiekontext, wie wir hinzufügen, das einzige Lebewesen, das Sprache (logos) besitzt und in der Bestimmung als zoon politikon auf ein Leben in geordneter Gemeinschaft hin angelegt ist. Hierbei hat der Begriff des logos eine weitgefächerte Bedeutungsskala; er entfaltet nicht nur eine polis-resp. kommunikationsstiftende Kraft, sondern meint „sowohl die Ordnung des Mannigfaltigen im Kosmos als auch die Erkenntnis, durch die die Ordnung zur Erscheinung kommt; logos meint das Wort, den Begriff und die Rede, ferner die Vernunft sowie das diskursive Wissen."[13]

Diese im Zusammenhang von „realen Gesamtversetzungen" notwendige Abschweifung macht deutlich, daß der Topos "to take the role of the other" (G.H. Mead) für soziale Phantasieleistungen nicht ausreicht, Phantasie als ein (retrospektives und zukunftsorientiertes) „elementares Sozialorgan" weiter ausgreift. Damit ist zugleich eine „letzte und vielleicht tiefste Schicht der Phantasie" angesprochen, die Gehlen „Urphantasie" nennt: „etwas Unausgegebenes", eine „unerschöpfte Potenz".[14] Der im Gesamtzusammenhang der Formierung hierdurch entstehende spezifische „Entwicklungsdruck" wird von Gehlen charakterisiert wie folgt: „Diese im Leben liegende Tendenz auf ‚mehr Leben' müßte daher im Menschen den Bereich seines Selbstvollzuges treffen, und zwar gerade deswegen, weil sie nicht in Richtung der Instinkte sprechen kann."[15]

11. Gehlen, Der Mensch, a.a.O., S. 316f.

12. Ebd., S. 317.

13. Otfried Höffe, „Grundaussagen über den Menschen bei Aristoteles", in: ders., Ethik und Politik. Grundmodelle und -probleme der praktischen Philosophie, Frankfurt/M. 1979, S. 13-37, 23 (zuerst in: Zeitschrift für philosophische Forschung 30 (1976), S. 227-245, 236).

14. Gehlen, Der Mensch, a.a.O., S. 321.

15. Ebd., S. 322.

Dieser Anspruch indes wird zurückgestuft mit dem Bemerken, daß das menschliche Bewußtsein oberflächenstrukturiert sei, d.h. die Beschaffenheit der Außenwelt „an sich" und das „Wie" der inneren Vollzüge ist dem Menschen selbst entzogen.[16] Hinzu kommt, daß Gehlen vom „Abstraktum des einzelnen handelnden Menschen" ausgeht und in diesem Kontext weithin ohne soziale Komponenten auskommt.[17] In späteren („denknotwendig" genannten) analytischen Verknüpfungsversuchen schließlich wird der „ungeheure Phantasieüberschuß" in (oberste) „Führungssysteme" sozialer Art abgeleitet. Dahinter steht die von Sigmund Freud entliehene Annahme: „Jeder Fortschritt der menschlichen Kultur ist auch daran erkennbar gewesen, daß er eine neue Form der Zucht stabilisiert hat."[18]

Diese Sichtweise akzentuiert Gehlen in seiner Institutionenlehre, der wir uns als nächstes zuwenden.[19] Sie macht zugleich die Bedingtheiten seines Ansatzes deutlich, die wir als „Vernachlässigung des menschlichen (subjektiven) Faktors" und als „Verfestigung (Kasernierung) von Phantasie" nach einer Erörterung der institutionstheoretischen Ansätze von Talcott Parsons und Niklas Luhmann noch gesondert, aber in komparativer Weise behandeln werden.

1.3. Institutionenlehre: „Entlastung" großgeschrieben

In bezug auf die Institutionenproblematik erhebt sich für Gehlen erneut und grundlegend die Frage, wie der gegenüber der Animalität als ein biologisches Mängelwesen charakterisierte und auf das Konstituens eigener Handlung in der Welt verwiesene Mensch zu kulturspezifischen Regelmäßigkeiten in seinem Daseinsverhalten gelangen kann: „So fragen, heißt das Problem der Institutionen stellen. Man kann geradezu sagen, wie die tierischen Gruppen und Symbiosen durch Auslöser und durch Instinktbewegungen zusammengehalten werden, so

16. Ebd.
17. Ebd., S. 382f.
18. Ebd., Kap. 44: „Exposition einiger Probleme des Geistes", S. 381-404, 404.
19. Vgl. vor allem: Gehlen, Urmensch und Spätkultur. Philosophische Ergebnisse und Aussagen, Frankfurt/M.-Bonn [2]1964 (Wiesbaden [4]1977), insbesondere Teil I: „Institutionen", S. 7-121; ders., „Mensch und Institution" (1960), in: ders., Anthropologische Forschung. Zur Selbstbegegnung und Selbstentdeckung des Menschen, Reinbek b. Hamburg [13]1977, S. 69-77. — Zur Kritik siehe u.a. Karl-Otto Apel, „Arnold Gehlens ‚Philosophie der Institutionen'", in: ders., Transformation der Philosophie, Bd. I, Frankfurt/M. 1973, S. 197-221. — Helmut Dubiel, Identität und Institution. Studien über moderne Sozialphilosophien, Düsseldorf 1973, S. 30-50. — Wolfgang Harich, Zur Kritik der revolutionären Ungeduld, Basel 1971, S. 45ff. — Hans Kammler, „Zur anthropologischen Fundierung der Theorie der Institutionen", in: Politische Viertelsjahreszeitschrift 9 (1968), S. 353-371. — Wolf Lepenies, „Handlung und Reflexion. Aspekte der Anthropologie Arnold Gehlens", in: Soziale Welt 18 (1967), S. 41-66. — Walter Schulz, Philosophie in der veränderten Welt, Pfullingen 1972, S. 442-456.

die menschlichen durch Institutionen und die darin erst ‚sich feststellenden' quasiautomatischen Gewohnheiten des Denkens, Fühlens, Wertens und Handelns, die allein als institutionell gefaßte sich vereinseitigen, habitualisieren und damit stabilisieren. Erst so werden sie in ihrer Vereinseitigung gewohnheitsmäßig und einigermaßen zuverlässig, d.h. voraussehbar."[20]

Das menschliche Tier eignet sich mangels zentrischer Instinktreaktionen ein praktisches Gewohnheitsverhalten an, das in Institutionen endet. In „Urmensch und Spätkultur" unternimmt es Gehlen daher, Institution und Handlung miteinander zu verflechten: „Alles gesellschaftliche Handeln wird nur durch Institutionen hindurch effektiv, auf Dauer gestellt, normierbar, quasiautomatisch und voraussehbar"[21] und der Stoff, aus dem die Institutionen sich erheben, sind wiederum die ineinander verschränkten, regulierten, obligatorisch gewordenen wirklichen Handlungen selbst."[22] Dies kann jedoch keinesfalls den Umstand verdecken, daß ein primär an den Sacherfordernissen lebensdienlicher Handlung direkt orientiertes, subjektiv-zweckmäßiges Verhalten nicht unbedingt auch ein gut verspanntes, daseinssicherndes Institutionennetz verbürgt; nach Gehlen muß wesentlich ein „ideatives Bewußtsein" als Phantsiesubstrat hinzutreten, um die perspektivisch verorteten sekundär-objektiven Zweckmäßigkeiten festzuhalten: „Die Institutionen halten also objektive, übergreifende Zweckmäßigkeiten fest, sie kristallisieren sie, nachdem sie durch ein ideatives Verhalten freigelegt wurden, und deshalb ist ihre Idée directrice, ihre Führungsnorm stets diejenige Idee, an der sich das ideative Bewußtsein zuerst orientiert hatte."[23]

Gesellschaftliche Institutionen sind dauernde Ordnungsgefüge menschlichen Zusammenwirkens und allein in ihnen gelingt die Steigerung des Menschen zu sich selbst. Sie versetzen die „idées directrices" (M. Hauriou) in den Zustandsmodus ihrer zeitresistenten Valenz und werden gelebt als Systeme interdependent verteilter Handlungsgewohnheiten in einem soziokulturell determinierten Insgesamt: „Und Gewohnheiten ihrerseits sind wieder auf die Institutionskörper bezogen. Die Invarianz der Ideen und der Institutionen bedingen sich gegenseitig."[24] Das ideative, institutionell angebundene Welt-Bewußtsein stellt „Leitideen" bereit, die mit ideengeführten Handlungsgeflechten sich habituell verbinden und diese schließlich übersteigen. Damit ist zunächst der spezielle Sachverhalt einer „Hintergrundserfüllung" biologischer Vitalinteressen als Ausgangsbedingung der gesellschaftlichen Institutionen angesprochen. Der Mensch bedarf ihrer wesentlich, um die Vordergrunddynamik seiner Primärbedürfnisse stabil abzuschotten, die kanalisiert oder „trivialisiert" werden mittels instituti-

20. Gehlen, Der Mensch, a.a.O., S. 79.
21. ders., Urmensch und Spätkultur, a.a.O., S. 42.
22. Ebd., S. 9.
23. Gehlen, Der Mensch, a.a.O., S. 403.
24. ders., Urmensch und Spätkultur, a.a.O., S. 41.

onell beisichbehaltener „Bedürfnisdeckungsanlagen". Der ideative Topos muß daher selbst zum Leitmotiv sozialer Interaktion werden, um den Menschen auf Dauer zu entlasten von der Drangsal subjektiver Motivationen und fallweiser Entscheidungszumutungen. Seine Institutionen treten mithin als „große Vereinfacher" auf, indem sie ihm soziale Sicherheit verheißende Verhaltenskodizes andienen, um sodann vom Kalkül ausschließlichen Nutzerfolges für das Individuum abzusehen und endlich es auf invariante Aktionsformen zu verpflichten, deren Außengaranten sie sind. Die Institutionen einer Gesellschaft also sind es, die als haltgebende Mächte und Stabilisierungsgefüge des instinktverunsicherten Menschen fungieren und auf der Basis des Eingewöhnten und Genormten die Regeln stiften, nach welchen seine Antriebe sich zu artikulieren haben.

Die permanente Außenverpflichtung und gleichsam apodiktische Bereitstellung kulturell vorgeformter Verhaltensmuster wird als „natürlich" erfahren und begründet von nun an die Unaufhebbarkeit institutioneller Selbstentfremdung des vergesellschafteten Menschen im Schonverständigtsein seiner gleichförmigen Handlungsriten. Die unter Kulturbedingungen gesetzten Bedürfnisinteressen werden äußeren Verteilungsinstanzen überantwortet, hierdurch gestaltbestimmt und als erste aus der eigenen Motivationsebene eliminiert. Die von Gehlen eingeführte analytische Trennung von formal-anthropologischen Zwecksetzungen und lebensweltlich hypostasierten Motivationsspielräumen findet ihr Erklärungsprinzip sowohl in der instinktanalogen Hintergrundserfülltheit menschlicher Grundbedürfnisse als auch im appellativ sich auftuenden Normgehalt der Institutionen, so daß ein konzeptioneller Widerspruch (bzw. eine spezifische „Dialektik") in der Vermittlung von Bios und Nomos bei Gehlen erkennbar wird.

Das Ensemble gesellschaftlicher Institutionen nämlich schickt sich in der Weiterführung Gehlens an, in die „Selbständigkeit des Eigenauthentischen" einzutreten: „Das Umschlagen von Handlungsverläufen und Gewohnheiten in die Eigengesetzlichkeit, ihre Emanzipation von ersten Bedürfnissen und ihre Selbststeigerung zum Eigenwert ist ... auf die Herausarbeitung neuer Aspekte und Eigenschaften der Sachen selbst bezogen, mit denen die Handlung umgeht. Solche produktiven Verhaltensweisen, ineinander verschränkt, verselbständigen sich zu einer überpersönlichen Ordnung, und diese schlägt im Bewußtsein der Beteiligten zu einer eigenauthentischen Gültigkeit, zum ‚Selbstwert im Dasein' um."[25] Gehlen versagt es sich daher offenkundig, den kurzschlüssigen Funktionalismus seiner elementaren Anthropologie in die kulturanthropologische Institutionenlehre eingehen zu lassen, deren adäquate Praxisform (aufgrund des „ersten" Handlungsbegriffs) sonst im bedingungslosen Herstellen praktisch-technischen Verfügenkönnens läge und die Weltdinge lediglich zum

25. Ebd., S. 59.

bloßen Werkzeuggebrauch ansetzte. Demgegenüber wird jetzt eine der Tendenz nach positive Ontologie der Institutionen ausgebreitet. Hierbei fällt das Subjekt zugunsten der res extensa als res cogitans aus, wird die Anstrengung und „reflexe Selbstaufstufung" (Th. Litt) des Bewußtseins verworfen.[26] Zum anderen will Gehlen die Verselbständigung und Autonomie, die allein den Institutionen zukommen soll, aus der Natur des Menschen deduzieren, die seine Selbsttätigkeit als lebensnotwendig erzwang. Dieses Unterfangen aber kann nur um den Preis einer Revision der elementaren Anthropologie gelingen und begibt sich weithin ihrer Grundbestimmungen, wenn diese sich nicht mehr anders öffnen darf, da die Sinnverarbeitungsregeln mehr oder weniger „festliegen". Die aufgezeigte Aporie fällt indes nicht ins Gewicht, wenn man einem puren Objektivismus huldigt, was wir Gehlen im weiteren durchaus unterstellen können.[27]

Die Institutionen gehen in eine ultrastabile Selbstwertgeltung über und konstituieren die für den einzelnen nicht mehr hintergehbare Grenze seines Verfügenkönnens nach der Maßgabe, ihn daseinssicher zu behausen wie die Einheitlichkeit (oder Kontinuität) der von ihnen erbrachten oder dekretierten Festlegungsleistungen zu wahren bzw. „auf Dauer zu stellen". Die geforderte institutionelle Selbstentfremdung des Menschen wird als ein „Sachzwang" mit hoher Eigendynamik interpretiert, und Gehlen kommt es auf die Antithese von Handeln und Reflexion nunmehr prinzipiell an, so daß ihm jedwedes Sinn-Verständnis als ein nur noch derivatives gilt. Der Mensch versichert sich keinesfalls seines ichhaften Wesens durch Selbstreflexion, vielmehr weiß er nicht einmal um seine eigentliche Rolle in der Konstruktion von „Welt".[28] Die Institutionengenese bleibt seinem Bewußtsein abgesperrt, da er ihr gesellschaftliches Gewordensein erst in der Außenlage erlebt und ihre Inhalte unbefragt als Leithinsichten in sein Weltverhalten oder „Handelnkönnen" (resp. „Machbarkeitsvertrauen")

26. Vgl. Dietrich Böhler, „A. Gehlen: Die Handlung", in: Josef Speck (Hrsg.), Grundprobleme der großen Philosophen. Philosophie der Gegenwart II, Göttingen 1973, S. 230-277, 265ff.

27. Vgl. hierzu vor allem J. Weiß, Weltverlust und Subjektivität, a.a.O., S. 57ff. und passim.

28. Vgl. dagegen Günter Dux, „Die Natur des Menschen und die Weltanschauung unserer Zeit", in: Walter Kasper (Hrsg.), Unser Wissen vom Menschen. Möglichkeiten und Grenzen anthroplogischer Erkenntnisse, Düsseldorf 1977, S. 52-80: „Die Welt des Menschen ist ein Konstrukt. Aber sie ist ein Konstrukt, in das seine Erfahrungen eingegangen sind. Das sichert ihm die Möglichkeit, das Konstrukt zu verändern und über es hinauszugehen." Siehe ferner: Peter L. Berger, Thomas Luckmann, Die gesellschaftliche Konstruktion der Wirklichkeit, Frankfurt/M. ^{4}1974; Luckmann, Lebenswelt und Gesellschaft, Paderborn u.a. 1980; Alfred Schütz, Der sinnhafte Aufbau der sozialen Welt, Wien ^{2}1960 (Ffm. 1974); ders., Gesammelte Aufsätze, Den Haag 1971/72; Schütz/Luckmann, Strukturen der Lebenswelt, Neuwied u. Darmstadt 1975.

hereinzuholen gezwungen ist. Die institutionalisierten Handlungsimperative kultureller Selbstverständlichkeiten haben eine Apriorifunktion für sein Weltbild und in ihnen ist die Sinnfrage faktisch suspendiert, die allenfalls qua „kontemplative Rückempfundenheit" ins Spiel kommt: „In dem völlig unproblematischen Erlebnis des Vollzugs einer Handlung ist jede Reflexion ausgehängt, man kann nicht gleichzeitig handeln und reflektieren, sondern nur sein Handeln anschauen."[29]

Im Kontext der Vermittlung von Individuum, Außenwelt und Gesellschaft führt Gehlen jetzt das „rituell-darstellende Verhalten" als affirmativen und neuen („zweiten") Handlungstypus ein. Der Ritus ist exemplarisch für darstellendes Verhalten und das „Darstellen" wiederum der gesuchte Gegenbegriff zum „Verfügen" zweckrationaler Handlungen. Allein im rituellen Darstellungscharakter menschlichen Weltverhaltens wird Gesolltes gegenständlich und verobjektiviert sich zum Seienden: der darstellende Ritus wird zum Webmuster oder Prototyp gesellschaftlicher Institutionen.[30]

Die Strukturaffinität und funktionale Interdependenz von darstellendem und institutionalisiertem Verhalten befördert die tätige Identifikation zu einer mimetischen Hinnahme und verklammert sich mit dem Pattern eines institutionsentsprungenen sinnhaft Verbindlichen. Die angemutete Askese als Disciplina oder Stimulans vernünftigen Inderweltseins und das fortan postulierte „Sich-konsumieren-lassen" seitens omnipotenter Institutionen bewirken Gehlen zufolge gerade nicht ein gleichermaßen individuelles und kollektives „Verkümmern" des Menschen, seiner Handlungs- und Phantasiemöglichkeiten, sondern im angeblich produktiven Akzeptieren eines institutionell Aufgegebenen und Unverfügbaren soll die „Geburt der Freiheit aus der Entfremdung" glücken: „Der Mensch kann zu sich und seinesgleichen ein dauerndes Verhältnis nur indirekt festhalten, er muß sich auf einem Umweg, sich entäußernd, wiederfinden, und da liegen die Institutionen. ... Die Institutionen sind die großen bewahrenden und verzehrenden, uns weit überdauernden Ordnungen und Verhängnisse, in die die Menschen sich sehenden Auges hineinbegeben, mit einer für den, der wagt, vielleicht höheren Art von Freiheit als der, die in ‚Selbstbestätigung' bestünde".[31]

29. Gehlen, Urmensch und Spätkultur, a.a.O., S. 26f.

30. Vgl. J. Weiß, Weltverlust und Subjektivität, a.a.O., Kap. II, 3, S. 109f. – Die institutionelle Selbstentfremdung wird zur conditio sine qua non des vergesellschafteten Menschen. Institutionen fungieren als „Instinktersatz" des Menschen und bewirken seine große „Entlastung" – gerade auch von der Bewußtheit seines Handelns. „Institution" ist somit die begriffliche Abstraktion eines in sich geschlossenen und sich selbst regulierenden Handlungssystems. Der rituell-darstellende Verhaltenstypus jedoch ist kein genuin soziales Handeln, da er auf das Nicht-Ich von Institutionen und deren prätendierte Objektivität bezogen ist.

31. Gehlen, „Über die Geburt der Freiheit aus der Entfremdung" (1952), in: ders., Stu-

Es liegt in der Konsequenz der institutionstheoretischen Konzeptualisierungsversuche von Gehlen, daß die Gesellschaft effizient wird als eine bloß äußerliche; der durchwaltende Sachcharakter und die instinktanaloge Sollsuggestion geltender Institutionen und Handlungsfelder verharmlosen oder eskamotieren das Herrschaftsmoment und seine Machtdimension mithin als „versachlichte". Dem Subjekt wird ein der Tendenz nach universelles Herstellen (durch interaktive Handlungs- und sozialkommunikative Lernprozesse) verweigert und die verabsolutierten Institutionen schreiben verbindliche Verhaltensmuster vor, deren „Mitverpflichtung" sie dem Menschen oktroyieren: „Sich von den Instituionen konsumieren zu lassen gibt einen Weg zur Würde für jedermann frei, und wer seine Pflicht tut, hat ein Motiv, das von jedem anderen her unbestreitbar ist."[32] Gehlens Institutionentheorie also handelt von „Entlastung" und sieht die Persönlichkeit als ein rückgekoppeltes System: individuelle Subjektivität und soziale Objektivität werden vermittelt im Über-Ich gesellschaftlicher Institutionen.[33]

Der drohende Ausfällungsbestand eines radikalen Um- und Abbaus der institutionellen Handlungsgerüste ist für Gehlen dagegen ein haltlos übersteigerter oder leerlaufender „Subjektivismus"; das mit einem Zuviel an Differenzierungs- und Entscheidungsdruck belastete Individuum fällt auf sich selbst und letzthin auf die schiere Unmittelbarkeit, Ausartungsbereitschaft und Chaotik seiner „Erstnatur" zurück. Gehlens Institutionenlehre ist im Licht von Emanzipationsbestrebungen des „homo creator" im Grunde eine Theorie verflossener Handlungsmöglichkeiten oder Phantasiepotentialitäten.[34] Menschlich-gesellschaftliches Handeln wird zu rituell-darstellendem Verhalten generalisiert, das sich als Nachvollzug des in Institutionen bereits befaßten Handelns ausdrückt und strenggenommen erst post actum auftritt. Die Institutionen fungieren als Instinktprothesen, ihre Entstehung aber ist auf Bewußtseins- und Willensakte tatsächlich Handelnder nicht mehr zurückzuführen: die Selbst- und Weltdeutung darf sich hieran vielmehr gar nicht erst bewähren.[35] Der alte Dualismus von „Körper" und „Geist" kommt auf der Ebene „instinktanaloges Verhal-

dien zur Anthropologie und Soziologie (Soziologische Texte 17), Neuwied-Berlin 1963, S. 232-246, 245, auch abgedruckt in: Heinz-Horst Schrey (Hrsg.), Entfremdung, Darmstadt 1975, S. 27-41, 40.

32. ders., Moral und Hypermoral. Eine pluralistische Ethik, Frankfurt/M. ^{3}1973 (1969), S. 75.

33. Siehe auch das Streitgespräch zwischen Theodor W. Adorno und Arnold Gehlen: „Ist die Soziologie eine Wissenschaft vom Menschen?", abgedruckt in: Friedemann Grenz, Adornos Philosophie in Grundbegriffen. Auflösung einiger Deutungsprobleme, Frankfurt/M. 1974, S. 225-251.

34. J. Weiß, Weltverlust und Subjektivität, a.a.O., S. 231.

35. Vgl. Dubiel, Identität und Institution, a.a.O., S. 32ff. Siehe auch: Hans Kilian, Das enteignete Bewußtsein. Zur dialektischen Sozialpsychologie, Neuwied-Berlin 1971.

ten – haltlose Subjektivität" erneut zum Vorschein.[36] Demgegenüber entfällt die Frage, wovon und wozu entlastet wird. Der Mensch wird nicht als ein bewußt handelndes oder stellungnehmendes Wesen verstanden, sondern steht nach Ausschaltung der reflexiven Subjektivität als „Tier unter Tieren" zur Diskussion.[37] Er ist demnach nicht nur hinsichtlich seiner unsteten Triebkräfte wiederum zurückgeworfen auf eine „fürchterliche Natürlichkeit", die es ebenso wie jene durch und für den Menschen zu überwinden gilt.[38]

Wenn überdies die historisch-konkrete Besonderheit oder gesamtgesellschaftliche Dimension nur als zu vernachlässigende Residualkategorien in den Blick geraten, dann kann der Institutionsbegriff alles oder nichts bedeuten und wird zum Mythologem eines Menschen an sich.[39] Die gesellschaftlichen Bezüge hat Gehlen indes in vereinseitigender Weise in seiner letzten großen Schrift „Moral und Hypermoral" herausgearbeitet.

1.4. Kulturkritische Akzentuierungen[40]

Gehlen zufolge sind die Instituionen Außenhalte oder Stabilisatoren menschlichen Inderweltseins; sie sind nach außen ein mimetisches Rollenspiel und nach innen der geistige Gehalt von Individualmonaden qua ideatives Bewußtsein. Institutionelle Leitideen wirken als soziale Zentripetalkraft auf das Ich, indem sie die Ratio instrumentellen Bewußtseins in Hemmung nehmen und zum Handlungsmotiv werden für ein „Rituell-darstellendes Verhalten", das auf In-

36. Böhler, a.a.O., S. 276.

37. Vgl. Hagemann-White, a.a.O., S. 9, 126 und öfter.

38. Der Entwurf einer „dialektischen Anthropologie" hätte anzuknüpfen an die sog. „Pariser Manuskripte" von Karl Marx; vgl. ders., Die Frühschriften, hrsg. von Siegfried Landshut, Stuttgart 1971, S. 225ff.; Marx, Frühe Schriften I, hrsg. von Hans-Hoachim Lieber und Peter Furth, Darmstadt 1962, S. 506ff. – Vgl. für unsere Problematik: Klaus Dörner, „Natur, Geschichte und Entfremdung bei Arnold Gehlen", in: Archiv für Rechts- und Sozialphilosophie, Jg. 1965, S. 109ff.; Leo Kofler, „Das Prinzip der Arbeit in der Marxschen und Gehlen'schen Anthropologie", in: Schmollers Jahrbuch 78 (1958), S. 71-86. Instruktiv sind ferner: Jóhann Páll Árnasson, Von Marcuse zu Marx, Prolegomena zu einer dialektischen Anthropologie, Neuwied 1971; Dietmar Kamper, Geschichte und menschliche Natur, München 1973.

39. Vgl. Walter L. Bühl, Evolution und Revolution. Kritik der symmetrischen Soziologie, München 1970, S. 91ff., ders., „Ariel und Kaliban. Zur Theorie der Institutionalisierung", in: Der Staat 9 (1970), S. 365-386.

40. Vgl. von Gehlen insbesondere: Moral und Hypermoral, a.a.O.; Einblicke, Frankfurt/M. 1975. Siehe auch: ders., „Über kulturelle Kristallisation", in: Studien zur Anthropologie und Soziologie, a.a.O., S. 311-328, ders., „Die gesellschaftliche Situation in unserer Zeit" (1961), in: Anthropologische Forschung, a.a.O., S. 127-14-; ders., Die Seele im technischen Zeitalter, Reinbek b. Hamburg [11]1969 (1957); ders., „Über kulturelle Evolutionen", in: Helmut Kuhn, Franz Wiedmann (Hrsg.), Die Philosophie und die Frage nach

stitutionen geht. Die „Verifikation" seiner Hypothesenhierarchie aber will Gehlen allein für archaische, d.h. wenig differenzierte Kulturen gelingen. Das Supremat des Objektiven gegenüber dem Subjektiven verliert sich in der „Spätkultur"; das ideative Bewußtsein stirbt ab und ein instrumentelles wird sozialdominant in einer „Welt", die handlungsrelevant durchforstet und ihren Grundbeständen nach bekannt ist. Die „idées directrices" reduzieren sich auf „bloße Meinungen" oder werden umgemodelt zu organisierten Interessen, die nicht mehr zu institutionellen Gesinnungen verschmelzen können und als konfligierende eine allgemeine Enthemmung von praktischen Ziel- und Zwecksetzungen zur Folge haben.[41]

Der einzelne will es sich nur noch in der „Maschinenkultur" gemütlich machen; das moderne Institutionengeflecht ist bei „höchster Stabilität" insbesondere durch einen Niedergang des „ideativen Bewußtseins" gekennzeichnet und verhindert insgesamt nicht, daß in Gestalt der unbeanspruchten oder freischwebenden „Subjektivität" erneut die dunkle Seite der menschlichen Natur durchbricht. Kurzum: die Zeit der eigentlichen Institutionen ist für Gehlen vorbei, wenn das Lebensnotwendige dem Menschen soziotechnisch bereitgestellt wird und dieser ansonsten seiner „fürchterlichen Natürlichkeit" überlassen bleibt. Der Mensch wird sich aufs neue als ein laszives Bedürfniswesen zum Thema und im gesteigerten Lebensgenuß seiner selbst überdrüssig. Die „posthistoire" (A. Cournot) ist ideengeschichtlich abgeschlossen und das ganze System aus Wissenschaft und Technik wird eo ipso einwandsimmun. Die Emergenz ist beschnitten und das bloße Dasein oder Lebenwollen aller wird zum höchsten Ideal. Die alte Natur wird unterworfen und mit der neuen Kultur korrespondiert für Gehlen eben keine „nova natura", welche sich die Negativität zum Freisetzenden bewahrt.[42]

dem Fortschritt, München 1964, S. 207-220. – Vgl. auch Martin Greiffenhagen, Das Dilemma des Konservatismus in Deutschland, München 1971, S. 316ff.; Wolf Lepenies, Helmut Nolte, Kritik der Anthropologie, München 1972, S. 77-102. Siehe ferner: Jürgen Habermas, „Nachgeahmte Substantialität. Eine Auseinandersetzung mit Arnold Gehlens Ethik", in: Merkur 24 (1970), S. 313-327, aufgenommen auch in: ders., Philosophisch-politische Profile, Frankfurt/M. 1971, S. 200-221; K.H. Tjaden, „Konservative Gehalte soziologischer Theorien", in: Das Argument 50 (= Kritik der bürgerlichen Sozialwissenschaften), Juli 1969 (4. Aufl. März 1972), S. 34-42.

41. Die modernen Institutionen sind sonach defizient, was die Einheitsfunktion, und überdeterminiert, was ihre Stabilität anlangt. Vgl. Jonas, Die Institutionenlehre Arnold Gehlens, a.a.O., S. 76ff.

42. Vgl. Dieter Claessens, Nova natura – Anthropologische Grundlagen modernen Denkens, Düsseldorf 1970. Siehe auch ders., Instinkt, Psyche, Geltung. Zur Legitimation menschlichen Verhaltens. Eine soziologische Anthropologie, Köln und Opladen [2]1970; Bernhard Willms, Planungsideologie und revolutionäre Utopie, Stuttgart 1969, 1. Kap.: „Anthropologische Zukünftigkeit und bürgerliche Dialektik", S. 9-19.

Technische Sachgesetzlichkeiten aber sind von ethischer „Inkommensurabilität" und werden als „Überentlastung" das Fatum einer sich anbahnenden Welt-Industrie–Kultur. Der Mensch wird überfordert aus der falsch angelegten Perspektive, sein moralisches Organ sei überhaupt zuständig für Ereignisse von Weltdimension: „Die Kultur ist das Unwahrscheinliche, nämlich das Recht, die Gesittung, die Disziplin, die Hegemonie des Moralischen. Aber die zu reich, zu differenziert gewordene Kultur bringt eine Entlastung mit sich, die zu weit getrieben ist und die der Mensch nicht erträgt."[43] Der Springpunkt des ethischen Wandels in der Neuzeit ist für Gehlen ein hypertrophes „humanitär-eudaimonistisches" Sozialethos, das sich als elargierte Familienethik oder idealisierte Familiarität vom großfamilialen Anwendungsbereich auf die abstrakte Menschheit erweitert hat und den Anspruch von Innengültigkeiten übersteigert, indem es dem selbstischen Willen der Privatsubjektivität eine öffentliche Priorität zuschreibt gegenüber dem den Institutionen eigentlich angemessenen Dienst- und Pflichtethos des Staates.

Wenn der gruppenegoistisch organisierte „Eudaimonismus" des Massenlebenswertes ethisch durchgreift, sich die Daseinsqualität bloßer oder unterschiedsloser Menschlichkeit als summum bonum in den Vordergrund schiebt, geht der Sinn für das Eigenethos des Staates verloren und jedes Ansinnen konkreter Politik läuft an den Idealen eines abstrakten Humanitarismus auf. In der gegenwärtigen Epoche moralhypertropher Aufgeregtheit im Banne eines gnadenlosen, aggressiven „Humanitarismus" kommt für Gehlen das Janusgesicht der Tugenden zum Vorschein: weltbürgerliche und staatsbürgerliche Pflichtenkreise gelangen in dem noch begriffslosen Gebilde „Gesellschaft plus Staat" nicht zur Einheit. Und die Öffentlichkeitsgeltung des „sozialeudaimonistischen Humanitarismus" signalisiert zugleich einen beispiellosen Sittenverfall: „Wir leben in einer Kultur und Gesellschaft voller Widersprüche, in der kein zentraler Wert existiert, in einer Gemengelage verschiedener Katechismen. Dies erfordert vom einzelnen die Kunst, in Spannungen zu leben, sich die Widersprüche ans Herz zu drücken ohne sie lösen zu können, die Eingewöhnung an mühsame und zähe Wege ohne Leitstern. ... Wir müssen die Last dieser traurigen Zeit ertragen, heißt es im König Lear."[44]

43. Gehlen, „Das Bild des Menschen im Lichte der modernen Anthropologie" (1952), in: ders., Anthropologische Forschung, a.a.O., S. 55-68, 60.

44. ders., „Die ethische Tragweite der Verhaltensforschung", in: Roman Roček, Oskar Schatz (Hrsg.), Philosophische Anthropologie heute, München 1972, S. 103-114, 114. Und das Hauptmerkmal dieser traurigen Jetztzeit ist überall der „Verfall der Disziplin" (ders., Einblicke, a.a.O., S. 55).

2. Der Struktur-Funktionalismus von Talcott Parsons[45]

Wir haben bei Gehlen mit dem (1) „zweckrationalen Instrumentalhandeln" und (2) „rituell-darstellenden Verhalten" diffundierende Handlungsbegriffe ausgemacht, die wir als „ersten" und „zweiten" Handlungsbegriff bezeichnen können. Ähnlich verhält es sich bei der sozialwissenschaftlichen Theorie-

45. Siehe von Talcott Parsons insbesondere: The Structure of Social Action, N.Y.-London [5]1967 (1937); ders., Edward A. Shils, Toward a General Theory of Action, Cambridge, Mass. [5]1962 (1951); Parsons, The Social System, N.Y., London [4]1968 (1951); ders., Robert F. Bales, Shils, Working Papers in the Theory of Action, N.Y., London 1953; Parsons, „An Outline of the Social System", in: Shils, Kaspar D. Naegele, Jesse R. Pitts (Hrsg.), Theories of Society, New York, London 1965, S. 30-79; ders., Politics and Social Structure, New York 1969; ders., Social Systems and the Evolution of Action Theory, New York 1977; ders., Action and the Human Condition, New York 1978 sowie: ders., „Die jüngsten Entwicklungen der strukturell-funktionalen Theorie", in: Kölner Zeitschrift für Soziologie und Sozialpsychologie 16 (1964), S. 30-49; ders., Beiträge zur soziologischen Theorie, hrsg. von Dietrich Rüschemeyer, Neuwied u. Berlin [2]1968; Parsons, Sozialstruktur und Persönlichkeit, Frankfurt/M. 1968; ders., Das System morderner Gesellschaften, München 1972; ders., „Die Entstehung der Theorie des sozialen Systems: Ein Bericht zur Person", in: ders., Shils, Paul F. Lazarsfeld, Soziologie – autobiographisch, Stuttgart 1975, S. 1-68; Parsons, Zur Theorie sozialer Systeme, hrsg. von Stefan Jensen, Opladen 1976; ders., Zur Theorie der sozialen Interaktionsmedien, hrsg. von Stefan Jensen, Opladen 1980.
Zur Darstellung/Kritik vgl.: Joachim E. Bergmann, Die Theorie des sozialen Systems von Talcott Parsons, Frankfurt/M. 1967. – Max Black (Hrsg.), The Social Theories of Talcott Parsons, Englewood Cliffs, N.J. 1961. – Alfred Bohnen, Individualismus und Gesellschaftstheorie, Tübingen 1975, S. 63ff. – T.B. Bottomore, Sociology as Social Criticism, London 1975, S. 29-43. – Alois Günter Brandenburg, Systemzwang und Autonomie. Gesellschaft und Persönlichkeit bei Talcott Parsons, Düsseldorf 1971. – Walter Buckley, Sociology and Modern Systems Theory, Englewood Cliffs, N.J. 1967. – Manfred Clemenz, Soziologische Reflexion und sozialwissenschaftliche Methode, Frankfurt/M. 1970. – Oscar W. Gabriel, „Systemtheorien", in: ders. (Hrsg.), Grundkurs Politische Theorie, Köln-Wien 1978, S. 223ff. – Alvin W. Gouldner, Die westliche Soziologie in der Krise, 2 Bde., Reinbek b. Hamburg 1974, S. 178ff., 210-410, 424ff. – J. Habermas, „Talcott Parsons – Konstruktionsprobleme der Gesellschaftstheorie", Eröffnungsreferat auf dem 20. Deutschen Soziologentag in Bremen vom 16.9.1980. – Heinz Haferkamp, Soziologie als Handlungstheorie, Düsseldorf 1972; ders., Die Struktur elementarer sozialer Prozesse, 1Stuttgart 1973. – Paul Kellermann, Kritik einer Soziologie der Ordnung, Freiburg 1967. – Reinhard Kreckel, Soziologisches Denken, Opladen 1975, S. 149-162. – Heinrich Kunze, Soziologische Theorie und Psychoanalyse. Freuds Begriff der Verdrängung und seine Rezeption durch Parsons, München 1972. – J.J. Loubser, R.C. Baum, A. Effrat, V. Meyer Lidz (Hrsg.), Exploration in General Theory in Social Sciences. Essays in Honor of Talcott Parsons, New York-London 1976. – Niklas Luhmann, „Theoretiker der modernen Gesellschaft. Talcott Parsons – Person und Werk", in: Neue Zürcher Zeitung, Nr. 137, Fernausgabe vom 16./17. Juni 1979, S. 69. – Karlheinz Messelken, Politikbegriffe der modernen Soziologie, Köln u. Opladen [2]1970; ders., „Die struktural-funktionale Konzeption des politischen Systems: Talcott Parsons", in: Wilfried Röhrich (Hrsg.), Neuere politische Theo-

entfaltung durch Talcott Parsons (1902–1979). Sein epistemologischer Standpunkt ist der „analytische Realismus“, d.h. dem formalanalytischen hat ein empirisches System, dem logischen der faktische Zusammenhang zu entsprechen. Die Frage ist, inwieweit die von Parsons eingeführten Kategorien dem Objektbereich überhaupt angemessen und auf welche Weise die Abstraktions- und Realitätsebenen aufeinander bezogen sind.[46]

Im Hinblick auf den zu gewinnenden, gegenstandskonstituierenden Handlungsbezugsrahmen (action frame of reference) sind nach Parsons Zwecke (Ziele), Mittel, Bedingungen und Normen irreduzible Bestandteile des Handelns; sie sind Strukturelemente der Handlungseinheit und können von ihr nicht abgezogen oder aus ihr entlassen werden, ohne den „unit act“ selbst aufzulösen.[47] Es steht dies im Kontext einer von Parsons zunächst beanspruchten „voluntaristischen Handlungstheorie“. Dem interessegeleiteten, zielgerichteten Handlungssubjekt wird gelegentlich seiner Situationseinschätzung und Zweck-Mittel-Orientierung zugleich ein Wahlverhalten unterstellt, das sich nach Eigenprämissen und bestimmten normativen Standards richtet. Allerdings werden hier mögliche Interessen- und Zielkonflikte von Parsons nicht thematisiert. Das antideterministische Postulat der analytischen Unabhängigkeit von Zielen und Normen gegenüber der fiktiven Annahme einer naturgegebenen Interessenidentität aber bezeichnet die Crux der Ordnungsproblematik, die Parsons später mit Hilfe eines „normativen Integrationsansatzes“ zu klären sich vornimmt.[48]

rie. Systemtheoretische Modellvorstellungen, Darmstadt 1975, S. 26-62. – C. Wright Mills, Kritik der soziologischen Denkweise, Neuwied u. Berlin 1963. – William C. Mitchell, Sociological Analysis and Politics. The Theories of Talcott Parsons, Englewood Cliffs, N.J. 1967. – Richard Münch, Theorie sozialer Systeme, Opladen 1976; ders., „Talcott Parsons und die Theorie des Handelns“, in: Soziale Welt 30 (1979), S. 385-409 und ebd. 31 (1980), S. 3-47. – Helmut Nolte, Psychoanalyse und Soziologie. Die Systemtheorien Sigmund Freuds und Talcott Parsons’, Bern-Stuttgart 1970. – Roland Reichwein, „Sozialisation und Individuation in der Theorie von Talcott Parsons“, in: Soziale Welt 21/22 (1970/71), S. 161-184. – Jürgen Ritsert, Handlungstheorie und Freiheitsantinomie, Berlin 1966; ders., Wissenschaftsanalyse als Ideologiekritik, Frankfurt/M. 1975, S. 102ff. – Wolfgang Schluchter (Hrsg.), Verhalten, Handeln und System. Talcott Parsons’ Beitrag zur Entwicklung der Sozialwissenschaften, Frankfurt/M. 1980. – Einhard Schrader, „Handlung und Wertsystem. Zum Begriff der Institutionalisierung in Talcott Parsons’ soziologischem System“, in: Soziale Welt 17 (1966), S. 111-135. – Enno Schwanenberg, Soziales Handeln – Die Theorie und ihr Problem, Bern u.a. 1970. – Gerwulf Singer, Person, Kommunikation, soziales System. Paradigmata soziologischer Theoriebildung, Wien-Köln-Graz 1976. – Zeitschrift für Soziologie 9 (1980), H. 1 = Schwerpunktheft: Talcott Parsons (1902-1979).

46. Vgl. Parsons, The Structure of Social Action, a.a.O., S. 753ff.; Ritsert, Handlungstheorie und Freiheitsantinomie, a.a.O., S. 105ff.

47. Vgl. Parsons, The Structure of Social Action, a.a.O., S. 43ff.; Rainer Prewo, Ritsert, Elmar Stracke, Systemtheoretische Ansätze in der Soziologie, Reinbek b. Hamburg 1973, S. 83ff.

48. Vgl. Clemenz, Soziologische Reflexion und sozialwissenschaftliche Methode, a.a.O.,

Dennoch kann – cum grano salis – festgehalten werden, daß der frühe, mehr phänomenologische Anriß eines allgemeingültigen Aktionsschemas maßgeblich auf das voluntaristische Handlungssubjekt bezogen ist. Der „erste", im „unit act" zentrierte Handlungsbegriff Parsons' meint daher überwiegend noch das subjektiv eingefärbte Handeln eines hypothetischen Akteurs, der sein für sich zielbetontes Handeln an den situativen Umständen der Außenlage irgendwie auszurichten gehalten ist. Unklar indes bleibt, auf welche bestimmte Weise die Aktormonaden schließlich Orientierung gewinnen und inwieweit gesellschaftliche Normen sich mit Richtung und Vollzug des voluntaristischen Handelns integrativ verklammern. Es erwächst Parsons überdies das Dilemma, daß eine genuin voluntaristische Theorie des Handelns Normen als freie Kreationen menschlichen Handelns beansprucht, demgegenüber eine Theorie der normativen Integration sie wenngleich funktionalisiert, so letzthin doch auf bloße Faktizität (des alltäglichen Sinnprozessierens) zu reduzieren versucht ist.[49]

Daß Parsons letzterem zuneigt, wird in der von ihm mitbegründeten „strukturell-funktionalen Systemtheorie" deutlich. Hiernach differenzieren sich die Konfigurationen menschlichen Handelns in ein personales, soziales und kulturelles System[50], wobei letzteres gegenüber den beiden ersten nicht selbst als ein Handlungssystem organisiert ist, vielmehr sowohl als Objekt der Orientierung wie auch als ein der Aktion von vornherein innewohnendes Element oder ihre Komponente wirkt. Aufgrund dieser gedoppelten Signifikanz schreibt Parsons der „Orientierung" nunmehr einen Primat gegenüber der eigentlichen Handlung zu: die tragenden Kulturmuster werden über werthafte Handlungsorientierungen schließlich zu Konstituanten von personalen und Sozialsystemen. Der Bezugsrahmen hat sich vom „unit act" auf das Begriffspaar oder Wechselverhältnis von „Akteur-Situation (Objekt)" verschoben, und die dyadische Interaktion von ego-alter verschränkt sich in der Folge zu einem System neuer Ordnung, das nicht einfach aus „Personen",sondern aus sozialen Beziehungsmustern und typisierten Verhaltensformen besteht, die den interaktiven Handlungszusammenhang strukturell ausmachen. Um den gesamtgesellschaftlichen Zusammenhalt zu befestigen, gründet sich die Komplementarität in den Verhaltenserwartungen koagierender Handlungspartner auf ein ihnen gemeinsames Wert- und Normensystem. Zur Integration bedarf es daher wesentlich der Ver-

S. 21-61.

49. Vgl. Haferkamp, Soziologie als Handlungstheorie, a.a.O., S. 49ff.; Schwanenberg, Soziales Handeln, a.a.O., S. 87ff.; Clemenz, a.a.O., S. 51ff.; Edward C. Devereux, jr., „Parsons' Sociological Theory", in: Black (Hrsg.), a.a.O., S. 1-63.

50. Das System des „behavioral organism" (Verhaltensorganismus") sparen wir hier aus, da es von Parsons wohl nur der Vollständigkeit halber hier und da eingebracht, jedoch kaum näher ausgeführt wurde.

innerlichung wie Institutionalisierung von wertbezogenen Handlungs- und Orientierungsmustern, die zudem so konjugiert zu sein haben, daß der Fortbestand selbstgenügsamer oder autarker Sozialsysteme verbindlich abgesichert ist durch funktionale Vorbedingungen oder „Prärequisiten" des Handelns.[51]

Wir bemerken hier eine Handlungsvorgabe aufgrund von Systemerfordernissen, welche die Relationengefüge menschlich-gesellschaftlichen Handelns im Sinne normativer Gebote nach Maßgabe des kulturellen Wertsystems auf Funktionsnotwendigkeiten reduzieren. Außerhalb relativ stabiler, kulturell tradierter und gesellschaftlich befestigter Symbolsysteme ist eine Vervollkommnung menschlicher Handlungssysteme für Parsons nicht möglich.[51] Für unsere Betrachtung ist im Zusammenhang hiermit eine Schwerpunktverlagerung oder Verkehrung des analytischen Blickwinkels herauszustellen, insofern Parsons den „ersten" Handlungsbegriff unter Einschluß der voluntaristischen Subjektivität nunmehr aufzugeben bereit ist zugunsten eines „zweiten" Begriffs des generalisierten oder auch „Systemhandelns" – und zwar unter Aussparung der personalen Ich-Autonomie (Individuation) oder zumindest einer Bedeutungsminderung subjektiver Momente. Diese Verkürzung oder Substanzverschiebung äußert sich vor allem in der systemischen Verschränkung des Rollenbegriffs mit dem des Handlungssubjektes.[53]

Parsons' Theorie des „Social System" zentriert im Phänomen der Institutionalisierung von Wertorientierungsmustern in Rollen. Die „Rolle" (oder auch „Status-Rolle") wird zu einer dem einfachen Handeln übergeordneten Struktureinheit des sozialen Systems erklärt[54], deren vermöge die auf Nonkonformität gerichteten „Bedürfnispositionen" des Persönlichkeitssystems in die individuelle Motivation von Verhaltensweisen übernommen und durch die Verinnerlichung „institutionalisierter Rollenerwartungen" sowohl mit den sie umgreifenden Wertmustern des kulturellen Systems zusammengebracht als auch in das soziale System einbezogen oder „vereinnahmt" werden. Darüber hinaus wird ein hierarchischer Aufbau der Systeme untereinander sichtbar: das

51. Vgl. Nolte, Psychoanalyse und Soziologie, a.a.O., S. 121ff.; Prewo/Ritsert/Stracke, a.a.O., S. 88ff.; Schwanenberg, a.a.O., S. 115ff., 214ff.

52. Vgl. Parsons, The Social System, a.a.O., S. 10ff.; Jürgen Friedrichs, Werte und soziales Handeln, Tübingen 1968, S. 36-66.

53. Vgl. Clemenz, a.a.O., S. 111ff., 130ff.; Haferkamp, Die Struktur elementarer sozialer Prozesse, a.a.O., S. 18; Schwanenberg, a.a.O., S. 107, 113ff.

54. Parsons, The Social System, a.a.O., S. 25. Zur Rollenproblematik vgl. u.a. D. Claessens, Rolle und Macht, München [2]1970. – Uta Gerhardt, Rollenanalyse als kritische Soziologie, Neuwied-Berlin 1972. – J. Habermas, Kultur und Kritik, Frankfurt/M. 1973, S. 118 ff. – Frigga Haug, Kritik der Rollentheorie und ihrer Anwendung in der bürgerlichen deutschen Soziologie, Frankfurt/M. 1972. – Hans Joas, Die gegenwärtige Lage der soziologischen Rollentheorie, Frankfurt/M. 1973. – Bärbel Kirchhoff-Hund, Rollenbegriff und Interaktionsanalyse, Köln 1978.

kulturelle Wertsystem als semantisch-symbolischer Komplex ist maßgeblich an der Prägung oder Bestimmung der sozialrelevanten Normenstrukturen beteiligt, auf die hin sich wiederum (aufgrund der vertikalen Differenzierung) die Bedürfnisdispositionen personaler Systeme zu beziehen haben.

Die wechselseitige Durchdringung (interpenetration) und Hierarchisierung personaler, sozialer und kultureller Systeme wird vornehmlich begrifflich-taxonomisch geleistet. So hat der Prozeß, den Parsons bei sozialen Systemen „Institutionalisierung" nennt, nahezu ausschließlich dem Vorgang der „Internalisierung" von Werten (des kulturellen Systems) und Normen (des sozialen Systems) zu entsprechen.[55] Es folgt hieraus das grundlegende „dynamische Theorem" der institutionellen Integration von Handlungselementen in das soziale System: „Diese Integration eines Satzes gemeinsamer Wertmuster mit der Struktur einer internalisierten Bedürfnisdisposition der konstituierenden Persönlichkeiten ist das zentrale Phänomen der Dynamik sozialer Systeme. Daß die Stabilität jedes sozialen Systems mit Ausnahme des flüchtigsten Interaktionsprozesses von einem Grad solcher Integration abhängig ist, kann als das grundlegende Theorem der Soziologie gelten."[56]

Allgemeiner betrachtet, verbinden sich Handlungskonzept und Systemmodell bei Parsons nahezu problemlos zu einer Einheit, die durch die Überbetonung normativer Komponenten abgesichert ist. Hierbei ist „Institution"[57] der Brükkenbegriff, welcher seiner Gewichtung nach die Kongruenz von „Motivation" und „Wertsystem" fordert und am Basisaxiom der normativen Integration wie der Stabilisierung von Systemstrukturen festgemacht ist. Soziale Normen verdanken ihre Persistenz daher zugleich der Internalisierung im personalen wie der Institutionalisierung im sozialen System und sind beiderseits vom kulturellen Wertsystem abgenommen. Indem Parsons sich auf die normative Integration der Gesellschaft kapriziert, sprengt er seinen voluntaristischen Handlungsrahmen. Werte und Normen allein aber erklären noch nicht den spezifischen Charakter gesellschaftlicher Funktionszusammenhänge. So sind auch die von

55. Parsons, „Einige Grundzüge der allgemeinen Theorie des Handelns", in: Heinz Hartmann (Hrsg.), Moderne amerikanische Soziologie, Stuttgart ^{2}1973, S. 218-226.

56. Parsons, The Social System, a.a.O., S. 42 (zitiert nach Karl Hermann Tjaden (Hrsg.), Soziale Systeme, Neuwied und Berlin 1971, S. 188). Die Aufrechterhaltung dieser Integration wird gewährleistet durch die Mechanismen der „Sozialisation" und „sozialen Kontrolle"; sie gehören hierin aufs engste zusammen. Vgl. Parsons, Neil J. Smelser, Family, Socialization, and Interaction Process, Glencoe, Ill. 1955.

57. Was sein Institutionenkonzept angeht, so spricht Parsons sowohl von „Institution" als auch von „Institutionalisierung". Dies brauchen wir hier jedoch nicht weiter zu beachten; denn damit ist (wie schon bei den Begriffen „Struktur" und „Funktion" bzw. „Status" und „Rolle") zum einen der mehr statische, zum anderen der prozessual-dynamische Aspekt gemeint, die aufeinander verwiesen sind. Da Parsons dazu neigt, diese Unterschiede zu verwischen, kann von einer systematischen Distinktion mithin nicht gesprochen werden.

uns hier eigens dargelegten, vorgeblich „überhistorischen" Systematisierungsversuche Parsons' wie die „pattern variables"[58] und das AGIL-Schema [59] formal-klassifikatorischer Art. Es finden sich bei Parsons jedoch – wenn überhaupt – nur spärlich Kategorien, die das materielle Substrat von Gesellschaft und die in ihr je besonders wirkenden geschichtlich-gesellschaftlichen Prägekräfte zu bezeichnen vermögen.[60]

Die zuerst handlungsorientierte, später systemtheoretisch ausgerichtete Gesamttheorie Parsons' krankt mithin an Formalbestimmungen, die ex post facto mit jedwedem Inhalt aufgefüllt werden können. Soziale Beziehungen erscheinen aufgrund des Fehlens echter Ableitungen als bloße Derivate vorgegebener Wertmuster. Demzufolge wird das sog. hobbesische Problem der Möglichkeit/Notwendigkeit gesamtgesellschaftlicher Ordnung tautologisch formuliert und vorgängig entschieden qua postuliertes Vorhandensein eines verbindlichen Wert- und Normensystems, das den „Flucht- und Angelpunkt" aller Theorieansätze Parsons' bildet.[61] Es werden ferner Entsprechungen zur Institutionenlehre Arnold Gehlens sichtbar. Parsons wie Gehlen entwickeln im Rahmen ihrer theoretischen Bemühungen diffundierende Handlungsbegriffe, die wir als „ersten" und „zweiten" kenntlich gemacht haben. Bei Gehlen sind dies das „zweckrationale Instrumentalhandeln" und der „rituell-darstellende Verhaltenstypus", während Parsons vom „voluntaristischen Handlungsakt" (über das „Orientierungshandeln") zum „verallgemeinerten Systemhandeln" übergeht.[62] Der „zweite" Handlungsbegriff ist gleichermaßen auf Institutionen hingeordnet, die als mehr oder weniger verdinglicht angenommen werden.

Damit erlischt im gleichen Maße auch die Bedeutung oder der Stellenwert des „ersten", noch subjektnahen Handlungsverständnisses, das fortan als hierin

58. Zuerst verwendet in Parsons, Shils, „Values, Motives, and Systems of Action", in: dies., Toward a General Theory of Action, a.a.O., S. 45-275.

59. Erstmals dargelegt in Parsons, Bales, Shils, Working Papers in the Theory of Action, a.a.O., Kap. 3; Parsons, Smelser, Economy, and Society. A Study in the Integration of Economic and Social Theory, London [4]1966 (1956), S. 18ff., 51ff. und öfter.

60. Vgl. David Lockwood, „Probleme des Konflikts systematischer Sozialbeziehungen", in: Tjaden (Hrsg.), Soziale Systeme, a.a.O., S. 173-195, 176ff.

61. Vgl. Bergmann, Die Theorie des sozialen Systems von Talcott Parsons, a.a.O., S. 139f., 167ff. und öfter.

62. Stefan Jensen überspielt das eigentliche Problem, indem er von einer „Drehung an der Schraube des theoretischen Instrumentes" spricht, „mit der das Oberflächenbild zerfließt und sich der Blick auf die tieferliegende Struktur einstellt. Das theoretische Instrument ist natürlich die Systemtheorie selbst, mit deren Hilfe wir unseren Blickpunkt verändern." (ders., Einleitung zu Parsons, Zur Theorie sozialer Systeme, a.a.O., S. 9-67, 31). Es besteht die Vermutung, daß Jensen seine Einleitung unter dem Eindruck Luhmannscher Formulierungskünste konzipiert hat (dazu weiter unten). Sinngemäß dürfte jedenfalls auch für Luhmann gelten, was Jensen für Parsons anführt: „Parsons' Aufgabe ist schwer, weil er immer die ganze Welt auf einmal zum Thema machen muß." (ebd., S. 49)

aufgehoben gilt: Handeln wird zu weithin rezeptivem oder adaptivem Verhalten generalisiert.[63] Auch die Folgen für das (mit Vernunft und Phantasie begabte) Individuum sind die gleichen: seine Persönlichkeit wird zum „mirror image" der gesellschaftlichen Strukturen, die in Institutionen als Rollen- und Normenkomplexe dargestellt und/oder erfahrbar werden und denen es sich mimetisch anzupassen hat.[64] So interessiert Parsons, der hier in Rede steht, vornehmlich die systemadäquate Motivierung der Individuen zur Erfüllung institutionalisierter Erwartungen. Er entwirft das Strukturmodell einer „übersozialisierten" und der Tendenz nach entsubjektivierten Persönlichkeit mit Über-Ich, aber ohne Es; denn allein rollenkonformeVerhaltensmuster werden bei gelungener Internalisierung zu Bedürfnisdispositionen, da zudem auf sozialer Ebene Normkonformität positiv, Abweichung hingegen negativ sanktioniert wird. Aufgrund der Entmaterialisierung der psychischen Konstitution wie des sozialen Handelns aber wird Parsons auch der verselbständigte Charakter gesellschaftlicher Institutionen gegenüber den konkreten Menschen nicht zum Problem.[65]

Integration gibt es für Parsons letztlich nur aufgrund der allgemeinen Anerkennung eines Wertsystems, das der sozialen wie politischen Disponibilität jedoch weitgehend entzogen ist. Die gleichsam in sich legitimierten kulturellen Werte sowie die mit ihnen und untereinander verbundenen sozialen Normen und individuellen Bedürfnisdispositionen sollen zugleich der Ausdruck einer konsensuellen Basis des Gesamtsystems sein, in welchem Herrschafts- und Machtphänomene per se mit dem Charakter des „Rechtmäßig-Institutionalisierten" ausgestattet sind, indem sie Stabilität garantieren.[66] Damit verkürzt sich die strukturell-funktionale Theorie Parsons' der Tendenz nach zu einer „Apologie des status quo"[67] im Zeichen drohender Entropie. Die harmonistische Annahme einer prinzipiellen Identität von Einzelnem und Allgemeinem in einem vorwiegend über Werte und Normen (sowie deren Verinnerlichung resp. Anerkennung und Befolgung) integrierten, institutionell-rollenmäßig befestigten und sanktionell gestützten sozialen System ist wegen der Ausschaltung von (sozialer) „Phantasie" (oder „Handlungskreativität") nicht schlüssig; denn einerseits wird auf verändernde politische Motivationen nicht zu verzichten sein, zum anderen

63. Vgl. Clemenz, a.a.O., S. 130ff.; Schwanenberg, a.a.O., S. 107.

64. Vgl. Brandenburg, Systemzwang und Autonomie, a.a.O., S. 123ff.

65. Vgl. Kunze, Soziologische Theorie und Psychoanalyse, a.a.O., S. 77ff., 95ff., Nolte, Psychoanalyse und Soziologie, a.a.O., S. 186ff., 200ff.; Dennis H. Wrong, „Das Theorem der Übersozialisation in der modernen Soziologie", in: Claus Mühlfeld, Michael Schmid (Hrsg.), Soziologische Theorie, Hamburg 1974, S. 281-291.

66. Vgl. Messelken, Politikbegriffe der modernen Soziologie, a.a.O., S. 23ff., 72ff. – Gouldner bemerkt zur Machtkonzeption bei Parsons: „Niemals haben theoretische Berge so mühsam gekreißt, um winzigere und grauere Mäuse zu gebären." (ders., Die westliche Soziologie in der Krise, a.a.O., S. 355)

67. Bergmann, a.a.O., S. 115.

können die Emanzipationsbestrebungen des Menschen von gesellschaftlich nicht mehr erforderten Zwängen zumindest langfristig auch repressiv nicht verhindert werden. Dies geht jedoch über Parsons hinaus, nach dessen Verständnis individuell-kollektive Interessen und soziale Normen notwendig zusammenfallen. Es ist dies seiner theoretischen Perspektive insgesamt verschuldet, insofern von Persons „das Persönlichkeitssystem primär nach seiner Bedeutung für das Funktionieren sozialer Systeme und nicht nach den gesellschaftlichen Bedingungen seiner Selbstverwirklichung untersucht wird."[68]

3. Der funktional-strukturelle Ansatz von Niklas Luhmann[69]

Niklas Luhmann (geb. 1927) verlegt den ursprünglich von der Einzelhandlung her konzipierten Zweckbegriff auf die Systemebene[70] und besteht gegenüber dem Requisitenfunktionalismus Parsons' auf einem Äquivalenzfunktionalis-

68. Brandenburg, a.a.O., S. 170.

69. Vgl. von Niklas Luhmann insbesondere: Zweckbegriff und Systemrationalität, Tübingen 1968; Soziologische Aufklärung, 2 Bde., Opladen ²1971/1975; Politische Planung, Opladen 1971; Habermas/Luhmann, Theorie der Gesellschaft oder Sozialthechnologie – Was leistet die Systemforschung? Frankfurt/M. 1971; Rechtssoziologie, 2 Bde., Reinbek b. Hamburg 1972; ders., „Politikbegriffe oder die ‚Politisierung' der Verwaltung", in; Demokratie und Verwaltung, Schriftenreihe der Hochschule Speyer, Bd. 50, Berlin 1972, S. 211ff.; Macht, Stuttgart 1975; „Zur systemtheoretischen Konstruktion von Evolution", in: M. Rainer Lepsius (Hrsg.), Zwischenbilanz der Soziologie, Stuttgart 1976, S. 49ff.; „Interpenetration – zum Verhältnis personaler und sozialer Systeme", in: Zeitschrift für Soziologie 6 (1977), S. 62-76; „Handlungstheorie und Systemtheorie", in; Kölner Zeitschrift für Soziologie und Sozialpsychologie 30 (1978), S. 211-227; „Schematismen der Interaktion", ebd. 31 (1979), S. 237-255; Gesellschaftsstruktur und Semantik. Studien zur Wissenssoziologie der modernen Gesellschaft, Bd. 1, Frankfurt/M. 1980.
Zur Darstellung/Kritik vgl.: Heinrich Bußhoff, Systemtheorie als Theorie der Politik, München 1975. – Rainer Döbert, Systemtheorie und die Entwicklung religiöser Deutungssysteme. Zur Logik des sozialwissenschaftlichen Funktionalismus, Frankfurt/M. 1973. – Hans Joachim Giegel, System und Krise. Kritik der Luhmannschen Gesellschaftstheorie (= Theorie-Diskussion, Supplement 3), Frankfurt/M. 1975. – Klaus Grimm, Niklas Luhmanns ‚soziologische Aufklärung' oder Das Elend der aprioristischen Soziologie, Hamburg 1974. – Werner Loh, Kritik der Theorieproduktion von N. Luhmann und Ansätze für eine kybernetische Alternative, Frankfurt/M. 1972. – Franz Maciejewski, „Sinn, Reflexion und System: Über die vergessene Dialektik bei Niklas Luhmann", in: Zeitschrift für Soziologie 1 (1972), S. 138-155; ders. (Hrsg.), Theorie der Gesellschaft oder Sozialtechnologie. Beiträge zur Habermas-Luhmann-Diskussion (= Theorie-Diskussion, Supplement 1/2), Frankfurt/M. 1973/1974. – Gerhard Preyer, Hans Grünberger, „Die Problemstufenordnung in der systemtheoretischen Argumentation Niklas Luhmanns", in: Soziale Welt 31 (1980), S. 48-67. – Volker Ronge, Ulrich Weihe (Hrsg), Politik ohne Herrschaft? Antworten auf die systemtheoretische Neutralisierung der Politik, München 1976. – Günther Schmid, Funktionsanalyse und politische Theorie, Düsseldorf 1974, S. 108-144. – Walter Schmidt, „Aufklärung durch Soziologie", in: Neue Politische Literatur 26 (1971), S. 340-354. – Helmut Thome, Der Versuch die ‚Welt' zu begreifen. Fragezeichen zur Systemtheorie von Niklas

mus[71], seine sodann entfaltete „funktional-strukturelle“ Systemtheorie bedeutet ferner eine Umkehrung oder „Radikalisierung“ der strukturell-funktionalen Konzeption.

Die prominent von Parsons vertretene strukturell-funktionale Theorie „ordnet den Strukturbegriff dem Funktionsbegriff vor. Sie setzt soziale Systeme mit bestimmten Strukturen voraus und fragt nach den funktionalen Leistungen, die erbracht werden müssen, damit die Systeme erhalten bleiben.“[72] Luhmann übt hieran konstruktive Kritik: „Dadurch nimmt die strukturell-funktionale Theorie sich die Möglichkeit, Strukturen schlechthin zu problematisieren und nach dem Sinn von Systembildung überhaupt zu fragen. Eine solche Möglichkeit ergibt sich jedoch, wenn man das Verhältnis dieser Grundbegriffe umkehrt, also den Funktionsbegriff dem Strukturbegriff vorordnet. Eine funktional-strukturelle Theorie vermag nach der Funktion von Systemstrukturen zu fragen, ohne dabei eine umfassende Systemstruktur als Bezugspunkt der Frage voraussetzen zu müssen.“[73] Da jedoch alle funktionale Analyse einen Bezugspunkt voraussetzt, auf den hin eine Funktion erfüllt wird, stellt sich für die funktional-strukturelle Theorie Luhmanns die Frage nach einem Bezugsproblem, das keine system-strukturellen Voraussetzungen mehr impliziert. Es ist dies („das Superding“[74]) „die Welt“ unter dem Gesichtspunkt ihrer Komplexität als Gesamtheit möglicher Ereignisse. In Ermangelung einer Umwelt ist Welt in ihrem Bestand und anders als im Falle von Systemen nie gefährdet: „Solange überhaupt etwas ist, ist auch die Welt.“[75]

Weltkomplexität als das erschlossene Bezugsproblem funktionaler Analysen wird zum Problem der Relation zwischen System und Welt als dessen „letzter“

Luhmann, Frankfurt/M. 1973. – Tjaden, „Zur Kritik eines funktional-strukturellen Entwurfs sozialer Systeme“, in: Kölner Zeitschrift für Soziologie und Sozialpsychologie 21 (1969), S. 752-769. – Sibylle Tönnies, „Reduktion von Komplexität. Zur politischen Theorie Niklas Luhmanns“, in: Röhrich (Hrsg.), Neuere politische Theorie, a.a.O., S. 63-80. – Claus Wagner, „Funktionale Differenzierung und soziales System. Zur Systemtheorie von Niklas Luhmann“, in Soziale Welt 21/22 (1970/71), S. 306-320. – J. Weiß, „Legitimationsbegriff und Legitimationsleistung der Systemtheorie Niklas Luhmanns“, in: Politische Viertelsjahresschrift 18 (1977), S. 74-85. – B. Willms, „Niklas Luhmanns Funktionalismus und das Problem der Demokratietheorie“, in: ders., Funktion – Rolle – Institution. Zur politiktheoretischen Kritik soziologischer Kategorien, Düsseldorf 1971, S. 11-40.

70. Luhmann, Zweckbegriff und Systemrationalität. Über die Funktion von Zwecken in sozialen Systemen, Tübingen 1968.

71. ders., „Funktion und Kausalität“, in: Soziologische Aufklärung 1, a.a.O., S. 9-30.

72. ders., „Soziologie als Theorie sozialer Systeme“, ebd., S. 113-136, 113.

73. Ebd., S. 114.

74. Wolf-Dieter Narr, Dieter H. Runze, „Zur Kritik der politischen Soziologie“, in: Supplement 2, hrsg. von F. Maciejewski, a.a.O., S. 7-91, 39.

75. Luhmann, „Soziologie als Theorie sozialer Systeme“, a.a.O., S. 115.

Umwelt, insofern sie auf ein Ausmaß zu reduzieren ist, in dem menschliches Erleben und Handeln sich orientieren kann, und nur durch sinnvermittelte Selektion können Systeme sich eine Welt konstituieren; denn: „Sinn dient der Erfassung und Reduktion von Weltkomplexität und erst dadurch der Orientierung des Erlebens und Handelns."[76] Der von Luhmann in Ansatz gebrachte Sinnbegriff allerdings wird mehr als ein Medium verstanden und bleibt inhaltlich unbestimmt, insofern letzthin nicht die Entstehung, sondern die Funktion von Sinn zur Orientierung des Erlebens und Handelns in Rücksicht auf die Erhaltung reduktionsfähiger Komplexität von Belang ist, ohne die jeweils geltenden Kommunikations-, Selektions- und (stabilisierenden) Retentionsregeln darüber hinaus auch nur ansatzweise zu problematisieren. Die Sinnfrage wird folglich von Luhmann funktionalistisch überspielt.[77]

Das besagt auf der Systemebene weiter: „Soziale Systeme haben die Funktion der Erfassung und Reduktion von Komplexität. Sie dienen der Vermittlung zwischen der äußersten Komplexität der Welt und der sehr geringen, aus anthropologischen Gründen kaum veränderbaren Fähigkeit des Menschen zu bewußter Erlebnisverarbeitung."[78] Und „Gesellschaft ist ... jenes Sozialsystem, das letzte, grundlegende Reduktionen institutionalisiert."[79] Die Eigenkomplexität der Systeme aber schließt mehr Möglichkeiten aus als die Komplexität der Welt (Komplexitätsgefälle) und die Grenzen ihrer Welt sind Sinngrenzen: die Reduktion von Komplexität erfolgt durch Sinn- resp. Systembildung. Soziale Systeme also sind sinnhaft identifizierbare Systeme und dienen der Reduktion von Komplexität durch Stabilisierung einer Innen/Außen-Differenz.[80] Die „Erfassung und Reduktion von Komplexität" ist ständige Systemaufgabe auf allen Ebenen der Gesellschaft. Sie ist die „Zauberformel" und der „mystische Schleier" aller weiteren Überlegungen und Untersuchungen Luhmanns, so daß der diagnostizierende Vorwurf einer offenbaren „Monomanie" nicht ganz unberechtigt ist.[81]

76. Ebd. S. 116.

77. Vgl. Bußhoff, Systemtheorie als Theorie der Politik, a.a.O., S. 58ff., ders., „Zur neueren Diskussion des Sinnproblems. Einige politik-theoretische Bemerkungen", in: Kölner Zeitschrift für Soziologie und Sozialpsychologie 26 (1974), S. 715-741. Diesem Defizit wird jetzt näherungsweise abgeholfen in: Luhmann, Gesellschaftsstruktur und Semantik, a.a.O.

78. Luhmann, „Soziologie als Theorie sozialer Systeme", a.a.O., S. 116.

79. ders., „Moderne Systemtheorien als Form gesamtgesellschaftlicher Analyse", in: Habermas/Luhmann, Theorie der Gesellschaft oder Sozialtechnologie, a.a.O., S. 7-24, 16.

80. Ebd., S. 11. Vgl. auch Luhmann, „Komplexität", in: ders., Soziologische Aufklärung 2, a.a.O., S. 204-220.

81. Vgl. Walter L. Bühl, „Theorie und Paratheorie", in: Günter Albrecht, Hans Jürgen Daheim, Fritz Sack (Hrsg.), Soziologie. Sprache – Bezug zur Praxis – Verhältnis zu anderen Wissenschaften, Festschrift für René König, Opladen 1973, S. 48-67, hier S. 54, 57f.

Soziale Systeme gewinnen ihre gegen die Umwelt abgrenzbare Einheit(Innen/Außen-Differenz) vor allem durch Sinnbeziehungen zwischen Handlungen.[82] Die reziproke Verhaltensabstimmung innerhalb einer sinnhaft konstituierten und deswegen hochkomplexen wie kontingenten Welt[83] jedoch wird angesichts der Überfülle und des Reichtums der weiter angezeigten anderen Möglichkeiten problematisch, da die „Erwartungserwartungen" in der zwischenmenschlichen Interaktion allenthalben einem hierdurch „potenzierten Enttäuschungsrisiko" ausgesetzt sind. Es ist daher für Luhmann die Frage, ob über Sinn ein gesellschaftlicher Konsensus überhaupt herzustellen ist, wenn das Aktualisierungspotential oder die Fassungskraft des Einzelbewußtseins derart und permanent überfordert wird. Hier greift für die allgemeine Attributionsproblematik der Mechanismus der Institutionalisierung von Verhaltenserwartungen ein: „Durch Institutionalisierung werden die minimalen, natürlich-begrenzten Chancen zu aktuellem Konsens ausgeweitet. Ähnlich wie schon durch die Sprache, die bei Bejahung gleicher Werte Konsens suggeriert, wird durch Institutionalisierung der Konsenswert aktuellen Erlebens im Hinblick auf Erwartung von Verhaltenserwartungen überzogen. Man könnte auch formulieren: Institutionalisierung dient dazu, Konsens erfolgreich zu überschätzen."[84]

Der generelle Konsens in Gestalt oftmals unartikulierter oder kommunikationslos angenommener „Selbstverständlichkeiten" dient als Grundlage der Erwartungsbildung: „Diese Verfestigung unterstellten Konsenses läuft über das Erwarten von Erwartungen."[85] Die Erwartbarkeit von Erwartungen ist das unabdingbare Erfordernis einer jeden sinnhaft gesteuerten Interaktion und hier ist der Fokus „regulativer Sinnsynthesen". In diesem Zusammenhang überrascht zunächst die Aussage Luhmanns: „Eine formulierte idée directrice —

82. Luhmann, „Institutionalisierung – Funktion und Mechanismus im sozialen System der Gesellschaft", in: H. Schelsky (Hrsg.), Zur Theorie der Institution, a.a.O., S. 27-41, 29: „Sinn ermöglicht Konstitution der Welt als eines permanent vergegenwärtigten ‚Woraus' der Selektion von Erleben und Handeln – als reduzierbare Komplexität, die in der Reduktion als Reservoir von Möglichkeiten zugleich erhalten wird. Sinn impliziert daher stets mehr Möglichkeiten weiteren Erlebens und Handelns, als bewußt aktualisiert werden können, und steuert das menschliche Verhalten von daher durch Überforderung und Selektionszwang."

83. Zum Doppelproblem der Komplexität und Kontingenz führt Luhmann aus: „Unter Komplexität wollen wir verstehen, daß es stets mehr Möglichkeiten gibt, als aktualisiert werden können. Unter Kontingenz wollen wir verstehen, daß die angezeigten Möglichkeiten weiteren Erlebens auch anders ausfallen können, als erwartet wurde ... Komplexität heißt also praktisch Selektionszwang und Notwendigkeit des Sicheinlassens auf Risiken." (ders., Rechtssoziologie 1, a.a.O., S. 31, vgl. auch ders., „Sinn als Grundbegriff der Soziologie", in: Habermas/Luhmann, a.a.O., S. 25-100, 32)

84. Luhmann, „Institutionalisierung, a.a.O., S. 30.

85. Ebd., S. 31.

das ist schon der Anfang vom Ende einer Institution."[86] Das Problem liegt nach Luhmann in der Ausdehnung oder Übertragung der in situativen Kontakten unterstellten Selbstverständlichkeiten und Selbstfestlegungen auf relevante, potentielle resp. anonyme Dritte bis hin zu „jedermann", wodurch die Konsensgeneralisierung aufgrund ungleicher Verteilung strittig wird. Die Institutionalisierung bedarf daher eines Prozesses der Institutionalisierung selbst, d.h. sie wird reflexiv.[87]

Institutionen – das sind die Produkte von Institutionalisierungen – müssen auf einige wenige realisierbare Problemlösungen heruntergestuft werden, insofern nicht alles möglich ist. Der Abstand des Möglichen vom Wirklichen, die Differenz von Entscheidungsbedarf und Enttäuschungslast ist nur zu überwinden, wenn man sich auf Bindungen der Freiheit einläßt: „Nicht das Recht auf Selbstbestimmung, sondern das Faktum konkret festlegender Selbstverstrikkung in den sozialen Prozeß ist die ‚Natur' des Menschen – das von selbst ihm Zuwachsende."[88] Und erst im Laufe der geschichtlich-gesellschaftlichen Entwicklung kommt es dazu, weiterreichende Freiheiten in Institutionen einzubauen, die eingespielten Selbstverständlichkeiten des alltäglichen Lebens durch den Entwurf neuer Normierungen zu übergreifen. Extrapoliert heißt das, daß Strukturen prinzipiell variabel und daher vom (mehr oder weniger konkret apperzipierten) „Möglichkeitshorizont" (= „Selektion aus einer Komplexität des noch immer Möglichen") her offenzuhalten sind.[89] Diese Freiheit zur künftigen Disposition präsent gehaltener, zukunftsoffener Unbestimmtheiten und/oder heutiger Vorläufigkeiten gegenüber dem gesellschaftlichen Darstellungszwang als Bewertungsstütze in der perennierenden Gegenwart liegt für Luhmann hierin beschlossen: „institutionalisierbar muß sein die Erwartung der Kontinuität Komplexität reduzierender Systeme."[90] Es ist dies ein gesell-

86. Ebd., S. 32.

87. Vgl. hierzu Luhmann, „Reflexive Mechanismen", in: Soziologische Aufklärung 1, a.a.O., S. 92-112. Wir sind übrigens der Ansicht, daß der funktional-strukturelle Konstruktionsversuch von Luhmann gewissermaßen die „reflexive" Form des Struktur-Funktionalismus von Parsons ist; vgl. auch Schmid, Funktionsanalyse und politische Theorie, a.a.O., S. 135.

88. Luhmann, „Institutionalisierung", a.a.O., S. 37.

89. Siehe hierzu Giegel, System und Krise, a.a.O., S. 152: „Luhmann kann zwar Alternativen für die existierenden Verhältnisse sich ausdenken, er kann aber nicht mehr bestimmen, ob diese vorgestellten Möglichkeiten praktisch realisierbar sind." Vgl. auch Luhmann, Gesellschaftssruktur und Semantik, a.a.O., S. 17f., 33; siehe auch den Begriff der „Limitationalität": „Damit ist gemeint, daß gegen an sich Denkmögliches Grenzen (Horizonte) gesetzt werden müssen, damit Operationen produktiv werden können und nicht in die Leere eines ewigen Und-so-weiter auslaufen." (Ebd., S. 40) Zur „Grenzproblematik" vgl. Bußhoff, Systemtheorie der Politik, a.a.O., passim.

90. Luhmann, „Institutionalisierung", a.a.O., S. 39.

schaftliches Evolutionsprogramm und nach Luhmann zugleich die Chance der Selbststabilisierung sozialer Systeme in der Zeit.[91]

Was das politische System angeht, so ist dieses ein Subsystem der Gesamtgesellschaft. Es erwächst und/oder stellt sich dar als gesellschaftliche Ausdifferenzierung bestimmter Handlungsbereiche (auf der Rollenebene durch Träger politisch-administrativer Funktionen) und ist hierin autonom: das politische System ist funktional auf die Herstellung bindender Entscheidungen spezifiziert und von seiner systemischen Leistung her auf die Erzeugung gesellschaftlicher Macht bezogen. In Anlehnung an Talcott Parsons und David Easton[92] heißt es bei Luhmann: „Das politische System wird ... durch Ausdifferenzierung und durch die Bedingungen hoher Systemautonomie in die Lage versetzt, entscheiden zu können, und die spezifisch politische Funktion wird auf der Ebene konkreter Interaktion dadurch erfüllt, daß diesen Entscheidungen bindende Wirkung verschafft wird.“[93] Zur Stabilisierung des ausdifferenzierten und funktional spezifizierten politischen (Sub-)Systems ist zugleich die (reflexive und/oder selbstreferentielle) Erhaltung einer „Eigenkomplexität“ auf einem Niveau erfordert, das der Komplexität seiner gesellschaftlichen Umwelt entspricht oder ihr zumindest nahekommt: „Unter Komplexität soll die Gesamtheit möglicher Ereignisse verstanden werden – als Weltkomplexität die Ereignisse der Welt, als Systemkomplexität die Ereignisse, die mit der Struktur eines Systems vereinbar sind. Hohe Eigenkomplexität bedeutet demnach Zulassung von Alternativen, Variationsmöglichkeiten, Dissens und Konflikt im System. Dazu muß die Systemstruktur in gewissen Grenzen unbestimmt, widerspruchsreich und änderbar institutionalisiert sein. Sie muß gegen die

91. Ebd., S. 40f. Vgl. auch Luhmann, Gesellschaftsstruktur und Semantik, a.a.O., S. 41ff.; ders.: „Geschichte als Prozeß und die Theorie sozio-kultureller Evolution“, in: Karl-Georg Faber, Christian Meier (Hrsg.), Historische Prozesse, München 1978, S. 413-440. Siehe ferner Klaus Eder, „Komplexität, Evolution und Geschichte“, in: Supplement 1, a.a.O., S. 9-42; ders., Die Entstehung staatlich organisierter Gesellschaften. Ein Beitrag zu einer Theorie sozialer Evolution, Frankfurt/m. 1976; Elmar Koenen, Karl Steinbacher, „Die Wahrheitsfähigkeit von Evolutionstheorien und die Evolutionsabhängigkeit von Wahrheit“, in: Supplement 2, a.a.O., S. 92-129.

92. Vgl. David Easton, A Systems Analysis of Political Life, New York u.a. ^{2}1967, ders., „Categories for the Systems Analysis of Politics“, in: ders. (Hrsg.), Varieties of Political Theory, Englewood Cliffs, N.J. 1966, S. 143-154; ders., „Grundkategorien zur Analyse des politischen Systems“, in: Klaus Türk (Hrsg.), Handlungssysteme, Opladen 1978, S. 258-272. Zur Kritik an Easton vgl. u.a. Ulrich Buczylowski, „Das ‚politische System‘ David Eastons“, in: Röhrich (Hrsg.), Neuere politische Theorie, a.a.O., S. 110-124; Michael Th. Geven, Systemtheorie und Gesellschaftsanalyse, Darmstadt u. Neuwied 1974, S. 68-97; Wolf-Dieter Narr, „David Eastons Systemanalyse“, in: Politische Vierteljahresschrift 8 (1967), S. 424-444.

93. Luhmann, „Soziologie des politischen Systems“, in: Soziologische Aufklärung 1, a.a.O., S. 154-177, 158f.

natürliche Tendenz zur Sinnverdichtung und zur Beseitigung aller Ungewißheiten künstlich offengehalten werden und unterspezifiziert bleiben."[94]

Für das politische System ist zudem die eigene Komplexität i.d.R. geringer als die des umgebenden Gesellschaftssystems: „Diese Lage zwingt das politische System zu einem selektiven Verhalten in der Gesellschaft, und zwar zu einer Selektivität eigenen Stils. Das politische System kompensiert seine geringere Komplexität durch Macht."[95] Kurzum: „Das politische System der Gesellschaft übernimmt die Erzeugung, Verwaltung und Kontrolle der Macht für die Gesellschaft."[96] Es steht dies vor dem Hintergrund pauschaler Anerkennung und Entscheidungsermächtigung: „Ein politisches System muß in seiner gesellschaftlichen Umwelt relativ generell anerkannt sein, als System gleichsam politischen Kredit genießen, der nicht auf spezifischen Entscheidungsaussagen beruht, also nicht jeweils tauschförmig zustande kommt, und auch nicht bei jedem Mißerfolg zurückgezogen wird."[97] Und: „Macht ist die Möglichkeit, durch eigene Entscheidung für andere eine Alternative auszuwählen, für andere Komplexität zu reduzieren."[98] Hieraus folgt: Legitimität ist Systemvertrauen in die Rationalität des politischen Systems; denn: „Legitim ist eine verbindliche Entscheidung des politischen Systems, deren kritiklose Anerkennung institutionalisiert ist, das heißt sozial erwartet und nicht persönlich zugerechnet wird."[99] Den Individuen, die komplementäre Publikumsrollen einnehmen, verbleibt dann nur „ein nahezu motivloses, selbstverständliches Akzeptieren bindender Entscheidungen."[100]

4. *Versuch einer Bilanz in bezug auf Phantasie*[101]

Die Vernachlässigung des „menschlichen (subjektiven) Faktors"[102] und die „Verfestigung von Phantasie" in den institutionstheoretischen Ansätzen von Gehlen, Parsons und Luhmann bedürfen noch der näheren Explikation. Gehlen

94. Ebd., S. 160.
95. Ebd., S. 169.
96. Luhmann, Macht, a.a.O., S. 49.
97. ders., „Soziologie des politischen Systems", a.a.O., S. 157.
98. Ebd., S. 162.
99. Luhmann, Politische Planung, a.a.O., S. 61.
100. ders., „Soziologie des politischen Systems", a.a.O., S. 159.
101. Vgl. zur Phantasieproblematik insgesamt: J.J. Chambliss, Imagination and Reason in Plato, Aristotle, Vico, Rousseau, and Keats. An Essay on the Philosophy of Experience, The Hague 1974. – Denis Donoghue, Imagination, University of Glasgow Press 1974. – Yona Friedman, Machbare Utopien. Absage an geläufige Zukunftsmodelle, Frankfurt/M. 1977. – Edmund James Furlong, Imagination, London-New York 1961. – Ronald D. Laing, Das Selbst und die Anderen, Köln 1973, S. 15ff. – Oskar Negt/Alexander Kluge, Öffentlichkeit und Erfahrung, Frankfurt/M. 1972, S. 66ff. – Dieter Petzold, J.R.R. Tolkien. Fantasy Literature als Wunscherfüllung und Weltdeutung, Heidelberg 1980. – Jerome L.

und Parsons verwenden in ihrer, von uns rekonstruierten Gesamtkonzeption zwei diffundierende Handlungsbegriffe. Hierbei ist der „zweite" Handlungsbegriff („rituell-darstellender Verhaltenstypus" bzw. „verallgemeinertes Systemhandeln") an Institutionen orientiert oder festgemacht, die als mehr oder weniger verdinglicht oder „eigenauthentisch" angenommen werden. Im gleichen Maße erlischt auch die Bedeutung des „ersten", noch subjektnahen Handlungsverständnisses („zweckrationales Instrumentalhandeln" bzw. „unit act"), das von nun an als hierin aufgehoben gilt: „Handeln" wird im Rahmen und nach Maßgabe der Institutionsgefüge zu rezeptivem oder adaptivem „Verhalten" funktionalisiert. Die „Institutionalisierung" erweist sich konzeptionell als ein „generalisiertes Mißtrauen" gegenüber den mit Phantasie begabten konkret handelnden Menschen. Der individuell wie kollektiv handlungsfähige Mensch wird in seinen Existenzbezügen und Lebensbeziehungen zum „mirror image" gesellschaftlicher Strukturen, seine vielfältigen Sehnsüchte, Triebe und Hoffnungen werden von den Institutionen „konsumiert", die ihn „entlasten" und umhegen.

Gegenüber dem „Verdinglichungszirkel" bei Gehlen und Parsons ist an den für sozialen und politischen Wandel konstitutiven „Veränderungszirkel" zu erinnern: „Das auf die Produktionen, Typifikationen, Verteilungen und Verinnerlichungen folgende soziale Handeln kann eine Wiederholung vergangenen Handelns sein. Bei dauernden Wiederholungen handeln die Akteure immer in vorgegebenen Handlungsbahnen. Sie erkennen nicht mehr die Wirklichkeit als eine von ihnen geschaffene und daher auch zu verändernde. Wir nennen diesen Zusammenhang Verdinglichungszirkel. – Andererseits besteht die ursprüngliche Produktivkraft fort. Sie läßt neue Zusammenhänge von Produktionen, Typifikationen, Verteilungen und Verinnerlichungen entstehen. Wir nennen diesen

Singer, Kenneth S. Pope (Hrsg.), The Power of Human Imagination. New Methods in Psychotherapy, New York, London 1978. – D.W. Winnicott, Vom Spiel zur Kreativität, Stuttgart 1973.

102. Mit dem „menschlichen (subjektiven) Faktor" ist hier nicht der „subjektive Faktor" gemeint, wie er von Bernd Guggenberger, Die Neubestimmung des subjektiven Faktors im Neomarxismus. Eine Analyse des voluntaristischen Geschichtsverständnisses der Neuen Linken, Freiburg/München 1973, traktiert wird. Vielmehr ist an den Begriffshintergrund bei Fritz Vilmar gedacht: „Der Marxismus bewirkt durch seine Überbetonung der Eigengesetzlichkeit gesellschaftlicher Prozesse eine verhängnisvolle Unterschätzung und Unterbewertung des ‚subjektiven Faktors'. Der Satz, daß die ökonomische Basis den politisch-geistigen Überbau bestimme, degradiert politisches Bewußtsein und Politik zur abhängigen Variablen der Produktionsverhältnisse. D.h. der Marxismus leugnet die Möglichkeit, daß Menschen durch bewußtes, nicht durch ökonomische Zwänge präformiertes politisches Handeln aktiv gestaltend in die gesellschaftlichen und besonders die ökonomischen Verhältnisse eingreifen können." (ders., Strategien der Demokratisierung, Bd. I: Theorie der Praxis, Darmstadt und Neuwied 1973, S. 213)

Zusammenhang Veränderungszirkel."[103] Für unseren Argumentationszusammenhang ist ferner entscheidend: „Obwohl sich Institutionen gerade dadurch auszeichnen, daß sie uns im Alltagsleben als selbstverständlich und unveränderlich erscheinen, sind sie – wissenschaftlich gesehen – keineswegs als statische Gegebenheiten zu betrachten; sie sind vielmehr einem fortlaufenden Prozeß der Institutionalisierung und Entinstitutionalisierung unterworfen."[104]

Die Fähigkeit des Menschen, Produktionen auf einer anderen Ebene zu repräsentieren und darauf hinzuhandeln, unterscheidet ihn von allen anderen Wesen. Dieser Abstraktionsprozeß vervollkommnet sich in der Sprache und ist auf die „Produktivkraft Phantasie" angewiesen. Institutionalisierungs- und damit verbundene Entinstitutionalisierungsprozesse sind in diesem Zusammenhang wieder verstärkt vom „ersten" Handlungsbegriff her in den Blick zu nehmen und/oder in Gang zu bringen; denn allgemein gilt: „Institutionen der Gesellschaft, gleich welcher Art, unterliegen einem ständigen Reformpostulat, sollen sie nicht dazu beitragen, historisch-politische Zustände zu petrifizieren, die dem jeweils aktuellen Potential einer Gesellschaft schon nicht mehr angemessen sind."[105]

Auch der allgemeinen Systemtheorie Luhmanns gilt das Motivations- und Interessensubstrat interagierender Subjekte als peripher[106]; denn die Reproduktion hochkomplexer Gesellschaft ist zuvörderst Steuerungsaufgabe des ausdifferenzierten politischen Teilsystems.[107] Jürgen Habermas stellt in seiner Ausein-

103. H. Haferkamp, Die Struktur elementarer sozialer Prozesse, a.a.O., S. 197.

104. W.L. Bühl, Art. „Institution", in: Lexikon zur Soziologie, hrsg. von Werner Fuchs, Rolf Klima, Rüdiger Lautmann, Otthein Rammstedt, Hanns Wienhold, Opladen 1973, S. 302f., 303.

105. M.Th. Greven, Systemtheorie und Gesellschaftsanalyse, a.a.O., S. 35.

106. Vgl. hierzu Klaus Horn, Johann August Schülein, „Politpsychologische Bemerkungen zur Legitimationskrise", in: Peter Graf Kielmansegg (Hrsg.), Legitimationsprobleme politischer Systeme (=Politische Vierteljahresschrift, Sonderheft 7), Opladen 1976, S. 123-178.

107. Siehe auch Helga Gripp, „Die Suche nach einem Neuen Lebensstil – ein sinnvoller Ausweg aus einem gesamtgesellschaftlichen Dilemma?", in: Karl Ernst Wenke, Horst Zilleßen (Hrsg.), Neuer Lebensstil – verzichten oder verändern? Auf der Suche nach Alternativen für eine menschlichere Gesellschaft, Opladen 1978, S. 248-289, 260: „Eine Theorie, die das Individuum als eigenständig handelndes Subjekt aus ihrem Objektbereich hinauskatapultiert, in der statt dessen der Selektionszwang von komplexen Handlungssystemen an die Stelle von im Individuum zu verortenden motivationsbildenden Wertsystemen tritt, eine solche Theorie kennt im Grunde kein gesamtgesellschaftliches Dilemma. Sie kennt nur Steuerungsdefizite, für die sie allerdings ‚Heilmittel' anzubieten weiß. Da die Existenz hochkomplexer Gesellschaften von dem ausdifferenzierten Steuerungssystem, dem politischen Teilsystem abhängt, ist es wichtig, daß dieses System seine Entscheidungen autonom treffen kann, vor der allgemeinen Krisenbildung also weitgehend abgesichert ist. Partizipation, Demokratisierung über diskursive Willensbildung sind diesem Konzept zufolge nur Störfaktoren, die es zu eliminieren gilt."

andersetzung mit Luhmann daher die Frage, „ob diese Theorie nicht geeignet ist, in einem auf Entpolitisierung einer mobilisierten Bevölkerung angewiesenen politischen System die herrschaftslegitimierenden Funktionen zu übernehmen, die bisher von einem positivistischen Gemeinbewußtsein erfüllt worden sind."[108] Habermas führt dies näher aus: „Hinter dem Versuch, Reduktion von Weltkomplexität als obersten Bezugspunkt des sozialwissenschaftlichen Funktionalismus zu rechtfertigen, verbirgt sich die uneingestandene Verpflichtung der Theorie auf herrschaftskonforme Fragestellungen, auf die Apologie des Bestehenden um seiner Bestandserhaltung willen. Luhmann erneuert auf subtilere Weise den Irrationalismus der Lebensphilosophie, indem er die kritiklose Beugung der Gesellschaftstheorie unter die Zwänge der Reproduktion der Gesellschaft selber bereits im methodologischen Selbstverständnis der Theorie verankert. Damit wird sie für den technokratischen Gebrauch reserviert. Revolutionärer Mißbrauch ist ausgeschlossen. Und der Subjektivismus findet durch die Bindung der Systemforschung an die Imperative der Bestandserhaltung in der Tat sein Korrektiv."[109]

Dem Argumentationsgang des nach eigenem Bekunden mehr forschungs- oder problemorientierten Diskussionsbeitrages von Karl Otto Hondrich[110] folgend, ist insbesondere der Ausfall des „konstitutiven Reflexionssubjektes" zu kritisieren; denn Luhmann schreibt: „Der Sinnbegriff ist primär, also ohne Bezug auf den Subjektbegriff zu definieren, weil dieser als sinnhaft konstituierte Identität den Sinnbegriff schon voraussetzt."[111] Und die soziologische Theorie sozialer Systeme will nach Luhmann „den Menschen nicht mehr als Teil des sozialen Systems, sondern als dessen problematische Umwelt"[112] erfassen. Hondrich setzt dagegen, daß der Mensch sowohl Teil des sozialen Systems als auch dessen Umwelt oder Bezugseinheit als Person-System ist. Es ist daher die entscheidende Schwäche des Ansatzes von Luhmann, „das personale System als Bedürfnissystem nicht explizit als Bezugseinheit für die Konstruktion sozialer Systeme eingesetzt zu haben".[113]

108. Habermas, „Theorie der Gesellschaft oder Sozialtechnologie? Eine Auseinandersetzung mit Niklas Luhmann, in: Habermas/Luhmann, a.a.O., S. 142-290, 144.

109. Ebd., S. 170.

110. Vgl. Karl Otto Hondrich, „Systemtheorie als Instrument der Gesellschaftsanalyse", in: Supplement 1, a.a.O., S. 88-114.

111. Luhmann, „Sinn als Grundbegriff der Soziologie", in: Habermas/Luhmann, a.a.O., S. 25-100, 28.

112. ders., „Komplexität und Demokratie", in: ders., Politische Planung, a.a.O., S.35-45. 36.

113. Hondrich, „Systemtheorie als Instrument der Gesellschaftsanalyse", a.a.O., S. 98. Siehe auch ders., „Systemanalyse, Politische Ökonomie, Bedürfnistheorie", in: Kölner Zeitschrift für Soziologie und Sozialpsychologie 24 (1972), S. 232-247, 243: „Der Systemtheorie als einem allgemeinen, asozialen Denkinstrument fehlt das Verständnis für spezifi-

Wir wollen schließlich noch auf die Affinität der „Zauberformel" Luhmanns: „Reduktion (und Steigerung) von Komplexität" mit dem Gehlen zentralen Begriff der „Entlastung" (des „Mängelwesen" Mensch) aufmerksam machen, wenngleich Luhmann diese bestreitet.[114] Wir sehen eine Differenz jedoch allein darin, daß Gehlen sich auf „Handlungs-Institutionen" kapriziert, Luhmann hingegen den Selektionsleistungen der „Systeme" vertraut, wie stets also von der Systemebene redet: Theoriesubjekt bei Luhmann ist allerwegen das System, „der Mensch" eine („agrargeschichtliche"?) Residualkategorie.[115] Dieser „Subjektivierung des System(begriff)s" entspricht „eine nahezu totale Entsubjektivierung konkreter Subjekte".[116] Günther Schmid hat dies auf einen kurzen Nenner gebracht: „Luhmanns Komplexitätsphilosophie weist zahlreiche Analogien zur Anthropologie Arnold Gehlens auf. ... Als Konsequenz folgt bei beiden Ansätzen, daß Institutionen bzw. Systeme qua Selektionsleistung, d.h. durch ihre notwendige Voraussetzung für menschliches Handeln und Überleben, Eigenwert bzw. ontologischen Status erhalten."[117]

Dies genau ist nach unserer Ansicht der kritische Punkt aller Institutionentheorien, die den „menschlichen Faktor" über Gebühr vernachlässigen. Wir kön-

sche soziale Probleme. Wenn es darum geht, die Gesamtheit des sozialen Handelns in Handlungssysteme aufzugliedern, wobei Handlungsaspekte (= Rollen) Systemelemente sind: woher dann die Problemgesichtspunkte nehmen, unter denen sich Rollen und damit Handlungselemente sinnvoll voneinander abgrenzen lassen? Versuche, diese Gesichtspunkte aus der Systemtheorie selbst zu entwickeln, müssen fehlschlagen; weder ‚Gleichgewicht' noch beliebig in Sozialsysteme hineininterpretierte andere Ziele noch Niklas Luhmanns ‚Reduktion von Komplexität' sind als Bezugsprobleme hinreichend inhaltlich bestimmt und differenziert, um die Totalität des Sozialen zu umfassen und systematisch zu ordnen. Mit anderen Worten: Die Konzepte der Systemanalyse reichen nicht aus, um ein theoretisches Ordnungsprogramm im Hinblick auf den spezifischen Gegenstand der Sozialwissenschaft: ein als Gesellschaft verstandene Gesamtheit von aufeinander bezogenen sozialen Handlungen, zu entwerfen. Sie sind auf Ergänzungen durch andere Theorie-Ansätze angewiesen." Die Ergänzung sieht Hondrich vor allem durch eine „Theorie der Bedürfnisse" vor, die gegenüber dem sozialen das personale System und hierbei die historische Perspektive ins Spiel bringt; vgl. ders., Demokratisierung und Leistungsgesellschaft, Stuttgart u.a. 1972; ders., Menschliche Bedürfnisse und soziale Steuerung, Reinbek b. Hamburg 1975. Siehe auch Bernhard Badura, Bedürfnisstruktur und politisches System, Stuttgart u.a. 1972.

114. Vgl. Habermas/Luhmann, a.a.O., S. 156ff., 161ff. und 306f. mit dortiger Anmerkung 29.

115 Horn/Schülein, a.a.O., S. 142 mit dortiger Anm. 13. – Luhmann hat inzwischen einige Modifikationen vorgenommen, ohne daß sich am grundsätzlichen Ansatz etwas geändert hätte. Siehe auch ders., Gesellschaftssruktur und Semantik, a.a.O., S. 31f., 241, 246 (im Zusammenhang mit dem Begriff der „Temporalität").

116. Narr/Runze, a.a.O., S. 58. – Man könnte auch formulieren: Luhmann hat in seinen systemtheoretischen Ansatz derart viel „Phantasie" investiert, daß er von nun an alles Schöpferische nur noch von diesem selbst erwartet.

117. G. Schmid, Funktionsanalyse und politische Theorie, a.a.O., S. 129.

nen uns insoweit auf Karl R. Popper beziehen, dessen Erkenntnistheorie und „ihre Folgen" wir hier jedoch nicht erörtern wollen.[118] In seiner Streitschrift „Das Elend des Historizismus" – ähnliche Passagen lassen sich unschwer in anderen seiner mehr gesellschaftstheoretisch orientierten Darlegungen aufzeigen[119] – nämlich heißt es: „Wir finden also, daß selbst die besten Institutionen nicht vollkommen betriebssicher sein können ... Institutionen sind wie Festungen, sie müssen nach einem guten Plan entworfen *und* mit einer geeigneten Besatzung versehen sein ... Der menschliche, persönliche Faktor wird immer *das* irrationale Element in den meisten oder vielleicht sogar in allen institutionellen Sozialtheorien sein ... In ihm haben wir wirklich das Element vor uns, daß letztlich von den Institutionen nicht vollkommen beherrscht werden *kann* ... Denn jeder Versuch es vollständig zu beherrschen, muß zur Tyrannei führen, und das bedeutet: zur Allmacht des menschlichen Faktors – der Launen von ein paar Menschen, vielleicht sogar eines einzigen."[120] Letzteres wäre nach unserem Dafürhalten die Pervertierung des „menschlichen Faktors", die mit seiner Vernachlässigung/Eliminierung in den hier vorgestellten sozialwissenschaftlichen Modellen im Grunde schon gegeben ist.[121] So hat sich die am weitesten entfaltete Form, nämlich die funktional-strukturelle Systemtheorie Luhmanns, nicht nur von Vernunft und Herrschaft, sondern auch vom Menschen ‚emanzipiert'"[122], insofern Luhmann, so die Kritik, es durchgängig unternimmt, „Systemstruktu-

118. Vgl. Karl R. Popper, Logik der Forschung, Tübingen ^{6}1976; ders., Conjectures and Refutations. The Growth of Scientific Knowledge, New York-San Francisco-London 1965 (1962); ders., Objektive Erkenntnis. Ein evolutionärer Entwurf, Hamburg 1973; ders., Paul Artur Schilpp (Hrsg.), The Philosophy of Karl Popper, The Library of Living Philosophers, Vol. XIV, 2 Bde., La Salle, Ill. 1974. Zur Kritik vgl. Bußhoff, Kritische Rationalität und Politik, München 1976; Helmut F. Spinner, Popper und die Politik, Bd. 1, Berlin-Bonn 1978. Siehe auch Paul K. Feyerabend, Wider den Methodenzwang. Skizze einer anarchistischen Erkenntnistheorie, Frankfurt/M. 1976.

119. Vgl. Popper, Die offene Gesellschaft und ihre Feinde, 2 Bde., Bern-München ^{3}1973 (^{6}1980), Bd. I: Der Zauber Platons, S. 170ff., 177f., 216f., Bd. II: Falsche Propheten. Hegel, Marx und die Folgen, S. 118, 124.

120. ders., Das Elend des Historizismus, Tübingen ^{3}1971 (^{5}1979), S. 123f., vgl. auch ebd., S. 52f.

121. Vgl. Willi Oelmüller, „Zur Begründung von freiheitsfördernden Handlungszielen und Entscheidungskriterien", in: Franz Böckle, Ernst-Wolfgang Böckenförde (Hrsg.), Naturrecht in der Kritik, Mainz 1973, S. 277-303.

122. Vgl. unsere Anm. 112 sowie Luhmann, „Systemtheoretische Argumentationen. Eine Entgegnung auf Jürgen Habermas", in: Habermas/Luhmann, a.a.O., S. 291-405, 401: „Die Systemtheorie hat sich von Vernunft und Herrschaft emanzipiert. Für sie ist Vernunft kein Kriterium und Herrschaftsfreiheit eine schlichte Selbstverständlichkeit des Denkens, die weder postuliert noch idealisiert werden muß. Vernunft und Herrschaft sind für sie weder im Sinne der alteuropäischen Lehrtradition kongruent gesetzte, noch im Sinne der dagegen reagierenden Aufklärungstradition kontradiktorische Begriffe; sie sind überhaupt keine brauchbaren Begriffe mehr."

ren damit zu rechtfertigen, daß sie helfen, chaosträchtige Komplexität zu beherrschen ... ohne Prüfung, ob sie einer vernünftigen und gerechten Gesellschaft dienen."[123] Die systemische Erhaltung einer inhaltsleeren „Variabilität an sich"[124] hilft dem keineswegs ab. Es ist daher zu postulieren, daß Menschen nicht nur Umwelt für Systeme, vielmehr diese auch „problematische Umwelt" für jene sind.[125]

Wir halten daher das in die angeführten Institutionentheorien eingegangene „generalisierte Mißtrauen" gegenüber den Entwicklungs- und Entfaltungsmöglichkeiten menschlicher Kräfte außerhalb der durch den theoretischen Ansatz selbst gesetzten „Spielregeln" oder Rahmenbedingungen sozialen Handelns für verfehlt. Darüber hinaus begründet die funktionale Verwertung von Subjektivität bzw. ihre theoretisch-analytische Unterwerfung unter Systemlogiken eine „Verfestigung (Kasernierung) von Phantasie", die es durch und für den Menschen zu überwinden gilt.

Die faktische Ambivalenz der Phantasieproblematik in fortgeschrittenen Industriegesellschaften hat vor allem Herbert Marcuse aufgewiesen.[126] Die „eindimensionale Gesellschaft" habe das Verhältnis zwischen dem Rationalen und dem Irrationalen grundlegend verändert: „Vor dem Hintergrund der phantastischen und wahnwitzigen Aspekte ihrer Rationalität wird der Bereich des Irrationalen zur Stätte des wirklich Rationalen ... Das wirkliche Gesicht unserer Zeit zeigt sich in Samuel Becketts Romanen; ihre wirkliche Geschichte wird in Rolf Hochhuths Stück ‚Der Stellvertreter' geschrieben. ... Das bewußte Spiel mit phantastischen Möglichkeiten, die Fähigkeit, mit gutem Gewissen zu handeln, contra naturam, mit Menschen und Dingen zu experimentieren, Illusionen in Wirklichkeit zu verwandeln und Erdichtetes in Wahrheit, bezeugen das Ausmaß, in dem die Einbildungskraft ein Instrument des Fortschritts geworden ist. Ein Instrument freilich, das, wie andere Instrumente in den bestehenden Gesellschaften, methodisch mißbraucht wird. Indem sie Schrittmacher der Politik wird und deren Stil bestimmt, geht die Einbildungskraft im Umgang mit den

123. Tönnies, „Reduktion von Komplexität. Zur politischen Theorie Niklas Luhmanns", a.a.O., S. 80.

124. Vilmar, Strategien der Demokratisierung, Bd. I: Theorie der Praxis, a.a.O., S. 50.

125. Vgl. auch Bußhoff, „Zur neueren Diskussion des Sinnproblems", a.a.O., S. 728.

126. Vgl. Herbert Marcuse, Der eindimensionale Mensch. Studien zur Ideologie der fortgeschrittenen Industriegesellschaft, Neuwied und Berlin [6]1968, S. 258ff.; ders., Triebstruktur und Gesellschaft. Ein philosophischer Beitrag zu Sigmund Freud, Frankfurt/M. 1968, S. 140ff. Siehe auch: Martin Jay, Dialektische Phantasie. Die Geschichte der Frankfurter Schule und des Instituts für Sozialforschung 1923-1950, Frankfurt/M. 1976; David Kettler, „Herbert Marcuse", in: Anthony de Crespigny, Kenneth Minogue (Hrsg.), Contemporary Political Philosophers, New York 1975, S. 1-48.

Worten weit über ‚Alice in Wonderland' hinaus und verkehrt Sinn in Unsinn, Unsinn in Sinn."[127]

Die Phantasie ist gegenüber dem Verdinglichungsprozeß nicht immun geblieben; sie fällt in den technokratischen Verblendungszusammenhang. Den verwalteten und (auch in ihrer Einbildungskraft) „verstümmelten Individuen" empfahl Marcuse daher die „große Verweigerung". Ohne seine politisch-philosophischen „Handlungsanweisungen", insbesondere an „marginale Gruppen", hier näher zu erörtern, ist für die gegenwärtige Sinn- und Legitimationskrise, die zu einem Dauerproblem westlicher Demokratien geworden ist, vor allem an Marcuses Postulat einer „Befreiung der Phantasie" anzuknüpfen: „Rational ist diejenige Phantasie, die zum Apriori werden kann, das darauf abzielt, den Produktionsapparat umzubauen und umzudirigieren in Richtung auf ein befriedetes Dasein, ein Leben ohne Angst. Und das kann niemals die Phantasie jener sein, die von den Bildern der Herrschaft und des Todes besessen sind. Eine Befreiung der Phantasie, die es vermöchte, ihr alle Ausdrucksmittel zu gewähren, setzt die Unterdrückung von vielem voraus, was jetzt frei ist und eine repressive Gesellschaft verewigt. Und ein solcher Umschlag ist nicht Sache der Psychologie und Ethik, sondern der Politik in dem Sinne, wie dieser Begriff hier durchweg (von Marcuse, A.W.) benutzt wurde: diejenige Praxis, in der die grundlegenden gesellschaftlichen Institutionen entwickelt, bestimmt, aufrechterhalten und verändert werden. Sie ist die Praxis von Individuen, ganz gleich, wie sie organisiert sein mögen."[128]

Gegenüber den „Hexenmeistern der Sozialwissenschaft"[129], die auch die Phantasie institutionalisieren wollen, genügt indes keine „anarchistische" (oder „dadaistische") Erkenntnis- und Wissenschaftstheorie, wie sie von Paul Feyerabend vorgetragen wird.[130] Auch kann der notwendige Bewußtseins- und Wertwandel[131] zum Beispiel nicht auf die neuen sozialen Gruppen der Bürgerinitiativ-, Ökologie- und Alternativbewegung beschränkt sein.[132] Aber es sind dies ohne Zweifel gesamtgesellschaftlich relevante Anzeichen oder Versuche dafür, wieder verstärkt vom „ersten" Handlungsbegriff her zu denken, mit neugewon-

127. Marcuse, Der eindimensionale Mensch, a.a.O., S. 258f.

128. Ebd., S. 261.

129. Siehe Stanislav Andreski, Die Hexenmeister der Sozialwissenschaften. Mißbrauch, Mode und Manipulation einer Wissenschaft, München 1974.

130. Vgl. Paul Feyerabend, Erkenntnis für freie Menschen, Frankfurt/M. ²1979 (mit einer Hinwendung zu „Bürgerinitiativen").

131. Vgl. u.a. Helmut Klages, Peter Kmieciak (Hrsg.), Wertwandel und gesellschaftlicher Wandel, Frankfurt/M. - New York 1979.

132. Siehe hierzu meinen Aufsatz „Wertwandel als Zukunftsentwurf. Theoretische Konzepte induktiven Vertrauens im Kontext von Bürgerinitiativen", in: Die Mitarbeit. Zeitschrift zur Gesellschafts- und Kulturpolitik 29 (1980).

nener Spontaneität und sinnlich-phantastisch gefaßtem Vorstellungsvermögen sozialkommunikative Lernprozesse einzuleiten und exemplarisch-lebenspraktisch zu handeln.[133]

Wie bei jedem zukunftsoffenen Spiel mit Phantasie gilt auch hier, daß wir über das konkrete Ergebnis – auch in bezug auf Institutionen – nur wenig wissen. Jedoch gehört diese „handlungsproduktive Unsicherheit" zu den Essentials „offener" Gesellschaften, die im Rahmen pluralistisch strukturierter Meinungs-, Willensbildungs- und Entscheidungsfindungsprozesse auf die Lernfähigkeit aller und ihr Phantasiepotential vertrauen. Zumindest eines steht fest: „Das Paradigma unserer Kultur verändert sich."[134]

133. Siehe auch Agnes Heller, Das Alltagsleben. Versuch einer Erklärung der individuellen Reproduktion, hrsg. u. eingel. von H. Joas, Frankfurt/M., 1978, S. 318: „Das ‚sinnvolle Leben' ist das Füruns des Alltagslebens in einer ‚offenen' Welt, für die die unendliche Entwicklungsmöglichkeit, das Auftreten immer neuer Konflikte charakteristisch ist. Wer ein sinnvolles Leben führt, gestaltet seine Welt zu einer Welt für uns, indem er sie – und zugleich sich – ständig verändert. Das Individuum mit sinnvollem Leben ist kein Monolith, keine Monade, sondern eine sich entwickelnde Größe, die den neuen Konflikten der Welt Rechnung trägt, auf sie antwortet und sich selbst (unter anderem auch) in diesen Konflikten entfaltet."

134. Alain Touraine, Einführung zu ders., Hans Peter Dreitzel, Serge Moscovici, Richard Sennett, Rudi Supek, Norman Birnbaum, Jenseits der Krise. Wider das politische Defizit der Ökologie, Frankfurt/M. 1976, S. 7-17, 12. Ebd., S. 14, 17: „Ja, die Gesellschaft hat kein eigenes Dasein mehr. Sie ist nicht mehr als das Produkt ihrer Handlungen. Aber diese Fähigkeit der industrialisierten Gesellschaften, sich aus sich selbst heraus zu produzieren, löst die großen Konflikte und Ideologien keineswegs auf, sondern verallgemeinert bloß das Feld der Politik und bringt in allen gesellschaftlichen Lebensbereichen die Herrschaftsapparate, die ihr Monopol auf die schöpferische Veränderung durchzusetzen suchen, in einen Gegensatz zu den Kräften in der Bevölkerung, die ihr biologisches, psychologisches und gesellschaftliches Sein gegen die Macht verteidigen und für die Bewahrung von Kommunikation und menschlichen Beziehungen kämpfen, die sich gegen die hierarchische, mechanisierte Ordnung wenden, gegen die Regeln und Kategorien, gegen Interpretation und Ausschließung. ... Vielleicht gelangen wir kraft unserer Todesangst, kraft einer wahnsinnigen Phantasie und eines Wunsches, der sich mit keinem bloßen Objekt zufrieden gibt, in den Raum jenseits der Krise; ohne Plan, aber voller Leidenschaft und mit der ungewissen Hoffnung, eine neue Gesellschaft zu erfinden."

Alfred Lorenzer

WAS IST EINE „UNBEWUSSTE PHANTASIE"?

Die Psychoanalyse hat von Anbeginn an ein zwiespältiges Verhältnis zum Problem der Phantasie gehabt. Sicherlich, die große methodische Wende der neuen Seelenkunde (1, 2), das Ernstnehmen der Einfälle der Patienten erschloß der Phantasie mit einem Male den Zugang zum ehrbaren Geschäft der Wissenschaft. Es wurde den Patienten erlaubt alles zu sagen, was ihnen durch den Kopf ging, ja eben dies war gefordert, war zur „Grundregel" des Verfahrens erhoben worden. Erlaubnis und Forderung standen ursprünglich jedoch unter einer Annahme, die ausdrücklich gegen die „Phantasie" gerichtet war. Die Mitteilungen wurden argwöhnisch darauf abgetastet, ob und inwieweit sie verläßliche Zeugen des faktisch Vorgefallenen, zuverlässig Erinnerten seien. So schreibt Freud 1896:

> Die Bedenken gegen die Echtheit der infantilen Sexualszenen aber kann man bereits heute durch mehr als ein Argument entkräften. Zunächst ist das Benehmen der Kranken, während sie diese infantilen Erlebnisse reproduzieren, nach allen Richtungen hin unvereinbar mit der Annahme, die Szenen seien etwas anderes als peinlich empfundene und höchst ungern erinnerte Realität. Die Kranken wissen vor Anwendung der Analyse nichts von diesen Szenen, sie pflegen sich zu empören, wenn man ihnen etwa das Auftauchen derselben ankündigt; sie können nur durch den stärksten Zwang der Behandlung bewogen werden, sich in deren Reproduktion einzulassen, sie leiden unter den heftigsten Sensationen, deren sie sich schämen und die sie zu verbergen trachten, während sie sich diese infantilen Erlebnisse ins Bewußtsein rufen, und noch, nachdem sie dieselben in so überzeugender Weise wieder durchgemacht haben, versuchen sie es, ihnen den Glauben zu versagen, indem sie betonen, daß sich hiefür nicht wie bei anderem Vergessenen ein Erinnerungsgefühl eingestellt hat.
>
> Letzteres Verhalten scheint nun absolut beweiskräftig zu sein. Wozu sollten die Kranken mich so entschieden ihres Unglaubens versichern, wenn sie aus irgend einem Motiv die Dinge, die sie entwerten wollen, selbst erfunden haben? (3)

Im Rückblick aus dem Jahre 1924 beurteilt Freud selbst die damalige Stellungnahme so:

> „All dies ist richtig, aber es ist zu bedenken, daß ich mich damals von der Überschätzung der Realität und der Geringschätzung der Phantasie noch nicht frei gemacht hatte." (3)

Der Grund der ursprünglichen Vorbehalte gegen die Phantasie ist einzusehen: Der Wissenschaftler Freud, der ungern genug Abschied genommen hatte von der damals die Medizin beherrschenden naturwissenschaftlichen Forschung wollte (und konnte) nichts anderes anstreben als deren Erkenntnisregeln in die ärztliche Sprechstunde zu übertragen. Es ging um Diagnostik als Suche nach der Ursache des Leidens, um wissenschaftlich begründete Therapie. Jedoch, eben diese eindeutige Parteinahme eines naturwissenschaftlich qualifizierten Untersuchers bereitete den Triumph der Phantasie vor. Eben weil Freud nicht bei den ersten Widerständen im Umgang mit dem sperrigen Erkenntnisgegenstand die Suche nach dem unzweideutigen „Faktenzusammenhang" zwischen Krankheitssymptom und verursachendem Ereignis aufgab, eröffnete sein Scheitern die Einsicht in einen neuen, nicht von kruder Faktizität beherrschten Wirkungszusammenhang: die Bestimmung der Realität durch Phantasie. Die unerbittliche Strenge mit der sich Freud auf der Linie einer Psychologie auf physiologischer Grundlage verstand, schloß nämlich den Respekt vor der Eigenart des Untersuchungsgegenstands ein. Der Forscher war Willens, den fruchtbaren Widerspruch auszuhalten zwischen dem Erkenntnisstreben, das der alte Freud in seinem Rückblick – 1938 – noch so umriß

> Während man in der Bewußtseins-Psychologie nie über jene lückenhaften, offenbar von anderswo abhängigen Reihen hinauskam, hat die andere Auffassung, das Psychische sei an sich unbewußt, gestattet, die Psychologie zu einer Naturwissenschaft wie jede andere auszugestalten. Die Vorgänge, mit denen sie sich beschäftigt, sind an sich ebenso unerkennbar wie die anderer Wissenschaften, der chemischen oder physikalischen, aber es ist möglich die Gesetze festzustellen, denen sie gehorchen, [...] Es kann dabei nicht ohne neue Annahmen und die Schöpfung neuer Begriffe abgehen, aber diese [...] haben Anspruch auf denselben Annäherungswert wie die entsprechenden intellektuellen Hilfkonstruktionen in anderen Naturwissenschaften, [...] Es entspricht dann auch ganz unserer Erwartung, daß die Grundbegriffe der neuen Wissenschaft, ihre Prinzipien (Trieb, nervöse Energie u.a.) auf längere Zeit so unbestimmt bleiben wie die der älteren Wissenschaften (Kraft, Masse, Anziehung). (4)

und dem Gegenstand, von dessen Eigenwilligkeit er früh schon sagte:

> Ich bin nicht immer ein Psychotherapeut gewesen, sondern bin bei Lokaldiagnosen und Elektrodiagnostik erzogen worden wie andere Neuropathologen, und es berührt mich selbst noch eigentümlich, daß die Krankengeschichten, die ich schreibe, wie Novellen zu lesen sind, und daß sie sozusagen des ernsten Gepräges der Wissenschaftlichkeit entbehren. Ich muß mich damit trösten, daß für dieses Ergebnis die Natur des Gegenstandes offenbar eher verantwortlich zu machen ist, als meine Vorliebe; Lokaldiagnostik und elektrische Reaktionen kommen bei dem Studium der Hysterie eben nicht zur Geltung, während eine eingehende Darstellung der seelischen Vorgänge, wie man sie vom Dichter zu erhalten gewöhnt ist, mir gestattet, bei Anwendung einiger weniger psychologischen Formeln doch eine Art Einsicht in den Hergang einer Hysterie zu gewinnen. (5)

Dieser Widerspruch ist die Grundlinie, um die herum sich die Erkenntnisfortschritte der Psychoanalyse – so weit sie Freud organisierte – bewegten. Er ist wirksam bis hin zu den mystifizierten Grundfiguren von Eros und Todestrieb (6), den zutreffend falschen Einsichten in Totem und Tabu (7) und der traumhaft verborgenen Allegorik im „Mann Moses". Auch und gerade die Spannung zwischen Erlittenem und Erlebtem und im Erlebten die Spannung zwischen Erinnerung und Imagination, leben von diesem Widerspruch. Lassen wir Freud ausführlich zu Wort kommen:

Wenn die durch die Analyse zutage geförderten infantilen Erlebnisse jedesmal real wären, hätten wir das Gefühl, uns auf sicherem Boden zu bewegen, wenn sie regelmäßig gefälscht wären, sich als Erfindungen, als Phantasien der Kranken enthüllten, müßten wir diesen schwankenden Boden verlassen und uns auf einen anderen retten. Aber es ist weder so noch so, sondern der Sachverhalt ist nachweisbar der, daß die in der Analyse konstruierten oder erinnerten Kindererlebnisse einmal unstreitig falsch sind, das andere Mal aber ebenso sicher richtig und in den meisten Fällen aus Wahrem und Falschen gemengt. Die Symptome sind also dann bald die Darstellung von Erlebnissen, die wirklich stattgefunden haben, und denen man einen Einfluß auf die Fixierung der Libido zuschreiben darf, und bald die Darstellung von Phantasien des Kranken, die sich zu einer ätiologischen Rolle natürlich gar nicht eignen. Es ist schwer, sich darin zurechtzufinden. [...]
Nach einiger Überlegung verstehen wir leicht, was uns an dieser Sachlage so verwirrt. Es ist die Geringschätzung der Realität, die Vernachlässigung des Unterschiedes zwischen ihr und der Phantasie. Wir sind in Versuchung beleidigt zu sein, daß uns der Kranke mit erfundenen Geschichten beschäftigt hat. Die Wirklichkeit erscheint uns als etwas von der Erfindung himmelweit Verschiedenes, und sie genießt bei uns eine ganz andere Einschätzung. Denselben Standpunkt nimmt übrigens auch der Kranke in seinem normalen Denken ein. Wenn er jenes Material vorbringt, welches hinter den Symptomen zu den Wunschsituationen führt, die den Kindererlebnissen nachgebildet werden, so sind wir allerdings anfangs im Zweifel, ob es sich um Wirklichkeit oder um Phantasien handelt. [...] Für den Vorschlag, Phantasie und Wirklichkeit gleichzustellen und sich zunächst nicht darum zu kümmern, ob die zu klärenden Kindererlebnisse das eine oder das andere seien, hat er [der Kranke A.L.] lange Zeit kein Verständnis. Und doch ist dies offenbar die einzig richtige Einstellung zu diesen seelischen Produktionen. Auch sie besitzen eine Art von Realität; es bleibt eine Tatsache, daß der Kranke sich solche Phantasien geschaffen hat, und diese Tatsache hat kaum geringere Bedeutung für seine Neurose, als wenn er den Inhalt dieser Phantasien wirklich erlebt hätte. Diese Phantasien besitzen *psychische* Realität im Gegensatz zur *materiellen*, und wir lernen allmählich verstehen, daß *in der Welt der Neurosen die psychische Realität die maßgebende ist.* (8)

Wir sehen, Freud stellt sich freimütig der Zweideutigkeit der Sache. Auf der einen Seite sind Erlebnisse Imaginationen, Einbildungen, fiktive Realitäts-vorgaben, Realitätsentwürfe. Auf der anderen Seite sind sie doch auch Realitäts-abzüge. Denn auch nach der Preisgabe der Theorie vom sexuellen Trauma[1], nach der Entdeckung also, daß Psychoanalyse keine Ereignisanalyse, sondern eine Erlebnisanalyse ist, hat Freud an der Realitätsverankerung der Erlebnisfiguren festgehalten: „Denn das Kind kann wie auch der Erwachsene Phantasie nur produzieren mit irgendwo erworbenem Material" (9). Erleben ist eine Niederschrift der realen *„Szenen"*, von denen Freud schon in der frühen vorstehend zitierten Arbeit von 1896 sprach. Erlebnisse sind Niederschriften, die bis in den

1. Freud hatte, wie sich in dem schon zitierten Nachtrag von 1924 andeutet, in den ersten Jahren konkretistisch unmittelbar die infantile Sexualproblematik seiner Patienten auf Sexualattacken der Eltern (oder anderer Erwachsener) zurückgeführt. Die Widerlegung dieser Annahme führte zu der erwähnten Neueinschätzung der Eigenrealität von Phantasie.

Bereich der Familie und weiter noch bis in die Mutter-Kind-Einheit zurückreichen. Diese „sozial-psychologische" Sicht des psychoanalytischen Gegenstandes deutete freilich die kindlichen Bildungsprozesse nicht soziologisch platt im Sinne einer Rollenübernahme, sondern verstand sie von Anbeginn an als *„Einschreibung"* in den Körper, als Amalgam eines Reizes von außen und eines Körpergeschehens, dessen energetisch-dynamisches Wesen Freud so sah:

> Wir haben nämlich die Kausalverkettung längst über die Verdrängungen hinaus verfolgt bis zu den Triebanlagen, deren relativen Intensitäten in der Konstitution und den Abweichungen ihres Entwicklungsganges. Nehmen Sie nun an, es wäre uns etwa auf chemischem Wege möglich, in dieses Getriebe einzugreifen, die Quantität der jeweils vorhandenen Libido zu erhöhen oder herabzusetzen oder den einen Trieb auf Kosten eines anderen zu verstärken, so wäre dies eine im eigentlichen Sinne kausale Therapie, für welche unsere Analyse die unentbehrliche Vorarbeit der Rekognoszierung geleistet hätte. (10)

Der Gegensatz von Realität und Fiktion gewinnt mit solcher Beachtung der Leiblichkeit eine neue Schärfe. Dem Fiktiv-Phantastischen steht das Ineinander, die Einheit von Realitätseinwirkung und Körpergetriebe gegenüber. Die Erkenntnis von „Vorgänge(n), wie man sie vom Dichter zu erhalten gewöhnt ist", kontrastiert mit der „Naturwissenschaft vom Seelischen". Doch zugleich wird an der Einheit des Erkenntnisgegenstandes festgehalten, denn Naturanalyse und Sinninterpretation stehen nicht säuberlich separiert (wie in der Neukantianischen Trennung von Natur- und Kulturwissenschaft) nebeneinander. Ob wir das Freudsche Beharren auf der Einheit zentriert sehen um „Triebe und Triebschicksale" oder um die Bedeutung der Verklammerung der frühkindlichen Bildungsschritte mit den „erogenen Zonen" – der Punkt der Einheit ist stets die *leibliche Einschreibung von Sinn*. Das körperliche Getriebe wird zugleich als Gefüge von bedeutungsvollen Situationsspuren begriffen. Energie und Inhalt, *Trieb und Vorstellung* bilden eine Einheit. Und zwar schon im Kern der Persönlichkeit im Unbewußten:

> Ein Trieb kann nie Objekt des Bewußtseins werden, nur die Vorstellung, die ihn repräsentiert. Er kann aber auch im Unbewußten nicht anders als durch die Vorstellung repräsentiert sein. Würde der Trieb sich nicht an eine Vorstellung heften oder nicht als ein Affektzustand zum Vorschein kommen, so könnten wir nichts von ihm wissen. Wenn wir aber doch von einer unbewußten Triebregung oder einer verdrängten Triebregung reden, so ist dies eine harmlose Nachlässigkeit des Ausdrucks. Wir können nichts anderes meinen als eine Triebregung, deren Vorstellungsrepräsentanz unbewußt ist, denn etwas anderes kommt nicht in Betracht. (11)

In der Arbeit über „Hysterische Phantasien und ihre Beziehung zur Bisexualität" stellt Freud die Einheit von Sinngefüge und Körperdynamik am Punkt der „unbewußten Phantasie" folgendermaßen vor:

> Die unbewußte Phantasie steht nun in einer sehr wichtigen Beziehung zum Sexualleben der Person; sie ist nämlich identisch mit der Phantasie, welche derselben während einer Periode von Masturbation zur sexuellen Befriedigung gedient hat. Der masturbatorische (im weitesten Sinne: onanistische) Akt setzte sich damals aus zwei

Stücken zusammen, aus der Hervorrufung der Phantasie und aus der aktiven Leistung zur Selbstbefriedigung auf der Höhe derselben. Diese Zusammensetzung ist bekanntlich selbst eine Verlötung. Ursprünglich war die Aktion eine rein autoerotische Vornahme zur Lustgewinnung von einer bestimmten, erogen zu nennenden Körperstelle. Später verschmolz diese Aktion mit einer Wunschvorstellung aus dem Kreise der Objektliebe und diente zur teilweisen Realisierung der Situation, in welcher diese Phantasie gipfelte. Die hysterischen Symptome sind nichts anderes als die durch „Konversion" zur Darstellung gebrachten unbewußten Phantasien ..." (12)

Mühelos ließe sich aus den Freudschen Schriften eine Abfolge von Zitaten zusammenstellen, die unter verschiedenen Perspektiven die Verwobenheit von Phantasie und Körpervorgängen beleuchten. Bemerkenswert ist, daß diese Verknüpfung nirgends auf Kosten der einen oder der anderen Seite oder mit Hilfe jener Problemverflachung vonstatten geht, die den neueren psychoanalytischen Positivismus kennzeichnet. „Phantasie" ist stets

- inhaltsbestimmt,
- szenisch entfaltet in lebenspraktisch dramatischen Figuren,
- Teil eines Körperprozesses und
- auf reale Lebenspraxis bezogen.

Es geht jedoch nicht nur um die Verklammerung von Körpergeschehen und „Psyche" (in der gleichermaßen offenen wie bestimmten Behauptung des Triebes als einem „Grenzbegriff zwischen Seelischem und Somatischem" (13), Psychoanalyse präsentiert sich nicht nur als Naturwissenschaft *und* hermeneutisch-interpretierende „Seelenwissenschaft". Ihr Erkenntnisgegenstand sind vielmehr im genauen und strengen Sinne „soziale" Figurationen. Das Herauswachsen der „psychischen Realität" aus der Lebenspraxis, die regulative Bedeutung der Phantasien, ihre „szenische" Entfaltung der Erlebnisse, in denen „immer schon der Andere als Vorbild, als Objekt, als Helfer und als Gegner in Betracht kommt" (14) – all diese Momente verdeutlichen, daß Freuds „Naturwissenschaft vom Seelischen" bis in den Kern hinein zugleich Sozialwissenschaft ist, „Sozialpsychologie ... in diesem erweiterten aber durchaus berechtigten Sinne". (15)

Verlieren wir aber auch da nicht den Angelpunkt aller psychoanalytischen Erkenntnisse (bei Kranken *und* Gesunden) aus dem Auge: Die *körperliche „Inschrift"*, die Einschreibung des Sinnes – des sozialen Sinns also – in den Körper. Der Bezug der Erlebnisinhalte zum „Leib" ist *das* herausragende Merkmal der Freudschen Psychologie: Psychoanalyse ist Wissenschaft von der Sozialität des Natürlichen und der Natürlichkeit des Sozialen.

Freilich, bei Freud ist diese Einheit von Erlebnisinhalt und Lebenstätigkeit, von szenischem Entwurf der Lebensgestaltung und Trieb, von Phantasieren und Hantieren Resultat eine *„Verlötung"* – Zusammenschluß von *ursprünglich Getrenntem.* Das ist der innere Riß, der durch den Freudschen Entwurf hindurchgeht – ein unvermeidlicher Riß, wie auf den ersten Blick erscheinen mag, gilt es doch die Zusammengehörigkeit zu erkennen, ohne die beiden Pole – „Natur und Kultur", dieses von Freud seit 1908 unermüdlich thematisierte Gegensatzpaar – ineinander aufzulösen oder wechselseitig abzuwerten. Die Betonung von *Triebnatur* und *Inhaltlichkeit* des Erlebens soll das Gegensatzpaar nicht neutralisieren, indem einerseits Trieb zur *inhaltsleeren* Lebenskraft, zum Energiepotential wird und andererseits die Inhaltlichkeit des Erlebens sich auf oberflächlich kulturistisch-environmentalistische Familientheorie reduziert. Es soll auf beiden Positionen jene Tiefe gewahrt bleiben, die Freud nur in mythischen Begriffen beschwören konnte: eben jener lebensbestimmenden „Naturdialektik" von Eros und Todestrieb auf der einen Seite und „dem Ungebändigten und Unzerstörbaren in der Menschenseele, dem Dämonischen" (16) auf dem Grund des Erlebens, hinab bis zum Unbewußten, den „Urphantasien" (17), die – nach Freud – „phylogenetischer Besitz" aus der menschlichen Urzeit sind, also archaische Würde haben:

> Das Individuum greift in ihnen über sein eigenes Erlebens hinaus in das Erleben der Vorzeit, wo sein eigenes Erleben allzu rudimentär geworden ist. Es scheint mir sehr wohl möglich, daß alles, was uns heute in der Analyse als Phantasie erzählt wird, die Kinderverführung, die Entzündung der Sexualerregung an der Beobachtung des elterlichen Verkehrs, die Kastrationsdrohung – oder vielmehr die Kastration, – in den Urzeiten der menschlichen Familie einmal Realität war, und daß das phantasierende Kind einfach die Lücken der individuellen Wahrheit mit prähistorischer Wahrheit ausgefüllt hat. Wir sind wiederholt auf den Verdacht gekommen, daß uns die Neurosenpsychologie mehr von den Altertümern der menschlichen Entwicklung aufbewahrt hat als alle anderen Quellen. (17)

Beide Positionen, die Vertiefung der Trieblehre zum Gegensatzpaar von Eros und Thanatos, wie auch die Überhöhung des Inhalts zum archaischen Erbe sind von den verschiedenen Seiten her kritisiert worden. Man muß sich angesichts solcher Kritik aber klar machen, daß im falschen Schluß eine fruchtbare Irritation steckt, die Freud noch gegenüber der Mehrzahl seiner Kritiker auszeichnet. Letzten Endes geht es um folgendes Problem: Weil die Psychoanalyse „Erlebnisanalyse" ist, kann sie die Reichweite des Erlebens erkennend nicht überschreiten. Als Analyse von Erlebnisinhalten rekonstruiert die Freudsche Methode Erlebnisprofile, nicht Ereignisse, (die sich in den Erlebnissen nur andeuten). Diese Sachlage begründet ein psychoanalytisches Erkenntnisdilemma:

- im Aufspüren der Beschädigungen der Menschen müßte Psychoanalyse die sozialen Beschädigungsprozesse dingfest machen können,
- als „Erlebnisanalyse" kann sie selbst und allein den Ausgriff in die „sozialen Prozesse" aber nicht leisten. Zur Analyse der subjektiven Struktur muß – von außen – eine Analyse der objektiven Struktur der gesellschaftlichen Gesamtzusammenhänge hinzutreten.

Bei der Überwindung dieses Problems, das so leicht lösbar erscheint durch eine Allianz psychoanalytischer und sozialwissenschaftlicher – etwa familiensoziologischer Befunde – kommt erneut das Grundthema der „leiblichen Einschreibung des sozialen Sinns" einer billigen Harmonisierung in die Quere. Die Vermittlung von sozialem Sinn und Persönlichkeitsstruktur darf nicht auf der Ebene der Ich- und Überich-inhalte vermutet werden, sondern muß jenseits des Erlebbaren in der Tiefe der Einheit von Körpergeschehen und Sinngefüge aufgesucht werden:

– in der Einheit von Biologischem und Kulturellem *im* Trieb, *als* Trieb,
– in der Basis des Erlebens, *vor* dem Erleben also und vorindividuell „jenseits des Lustprinzips".

Diese Tiefe spiegelt sich in der Freudschen Archaik wieder.

Indem Freud seine Zuflucht zu mythischen Formeln nahm, hat er das Problem respektiert und unverkürzt einer späteren kritischen Erschließung bewahrt.

Löst man die Ontologie der Freudschen Naturdialektik, die Metaphysik seines „jenseits des Lustprinzips" und den Mythos vom phylogenetischen Erbe auf, so zeigt sich die Berechtigung der Freudschen „Spekulationen" (so nannte er es selbst) schlagend: in der mythisch-spekulativen Fassung kommt angemessen zum Ausdruck, daß es hier um psychoanalytisch-nicht-mehr-erkennbare Sachverhalte geht. In seinen Fundamenten reicht der psychoanalytische Erkenntnisgegenstand, reichen die lebenspraktischen Handlungsanweisungen und Deutungsmuster im Individuum in eine „Tiefe" unterhalb der „Subjektivität" hinab. Sie sind verankert im *Vor*individuellen der Individuen, in der Verschmelzung der „biologischen" und der „sozialen" Wirklichkeit als „Basis" der Individuen. Gewiss, die ontologische Verzerrung der Eros-Thanatos-Naturdialektik muß aufgelöst werden, zugleich aber muß die Einsicht festgehalten werden, daß damit die Grenze zum „überindividuellen Jenseits" der Subjektivität, zur Basis der Subjektivität in organismischen Prozessen überschritten wird. Freilich, die „Grundprinzipien" unterhalb von Subjektivität, von Bewußtsein und Erleben sind nicht metaphysische Entitäten als „der ewige Eros" (19), sondern sind Grundstrukturen der „überindividuell" organisierten menschlichen Praxis, die in jeder Ontogenese in den Körper eingeschrieben werden, genauer: als Körper niedergeschrieben werden. Die Grundformen der Persönlichkeit, die Kategorien zur „Unterbringung von Lebenseindrücken" (19), diese Schemata der Lebenspraxis werden nicht in einem verborgenen Fluß von Generation zu Generation weitergetragen, sie sind nicht phylogenetisches Erbe, sondern werden in jeder Ontogenese produziert und zwar als Niederschlag konkreter Interaktionen (beginnend bei den ersten pränatalen organismischen Reiz-Reaktions-Verläufen). Wohl aber sind diese basalen Erfahrungsformeln vorsubjektiv, denn sie reichen hinter die ersten Ansätze des Bewußtseins und auch des Erlebens zurück. Und sie sind *„kollektives Erbe"*, denn es ist das „Kollektiv", das über eines seiner Teile – die Mutter – die Erlebnisbasis, die körperlichen Aktions- und Reaktionsformeln *vor*gibt. Aber nicht wie Prägestempel, sondern als Element der praktisch-dialektischen Auseinandersetzung der Mutter-Kind-Einheit mit den

Möglichkeiten der inneren Natur des Kindes. Dieses kollektive Erbe sind die Formeln der gesellschaftlichen Praxis, die ihrerseits in Auseinandersetzung mit geschichtlich Überkommenem, kulturellen Mustern stehen, insofern ist das kollektive Formenrepertoire „*kulturelles* Erbe". Weitergegeben wird es aber in konkret-aktuellen Praxisformen und in konkret-realen Interaktionen. Die Grundformen der Persönlichkeit sind schon im ersten physischen Entwicklungsansatz Niederschlag realen Zusammenspiels, Niederschriften von Szenen, Einzeichnungen sozialen Sinns in den Körper. Sie sind Direktiven der Funktionsspiele des werdenden Menschen.

Diese Funktionsspiele sind damit nicht nur subjektiv, sondern auch *vormateriell* in einem Sinn, der klar werden wird, wenn wir die Punkte unserer bisherigen Neudarstellung rekapitulieren: der embryonale Organismus „materialisiert" sich niemals nur-biologisch in einem geschichtslos-ungesellschaftlichen Raum, er entfaltet sich auch nicht monadisch-autonom, vielmehr steht er von Anfang an in einem Zusammenspiel, in dem die „Möglichkeiten" Schritt für Schritt realisiert werden (müssen). Das besagt aber: die Form folgt der Funktion. Die „materielle Gestalt" des werdenden Menschen ist das Resultat eines konkreten (schon intrauterinen) Zusammenspiels mit dem mütterlichen Organismus (und d.h. der mütterlichen Praxis). Die gesellschaftliche Einwirkung tritt nicht „von außen" an den Körper heran. Der Körper selbst, dieses „Getriebe" ist Produkt gesellschaftlicher Praxis via Zusammenspiel in der Mutter-Kind-Einheit.

Wenn wir die Freudschen Mythen der Eros/Thanatos-Lehre und des phylogenetischen Erbes so aufgelöst haben, dann erübrigt sich auch das Theorem der „Verlötung" von Inhalt und Energie in den Grundelementen der Persönlichkeit, den unbewußten Phantasien, diesen „Verschmelzungen von Wunschvorstellungen und Aktionen". Es erübrigt sich vor allem aber der Begriff der „Triebbesetzung". Dieser Begriff sollte die Inhaltlichkeit der Triebprozesse und – vice versa – die Körperlichkeit der Urphantasien sichern ohne die Natürlichkeit des Triebes zu verwässern oder die Gebundenheit des Erlebens an soziale Lebenspraxis aufzulösen. Die Archaik sollte die überindividuelle präsubjektive Bedingtheit des Erlebens aussagen – wir dechiffrieren sie als das „Jenseits" in der objektiven Vorgeschichte. Halten wir also entschieden fest: der Kern des Unbewußten liegt nicht *vor* der Geschichte – wie das Freud annahm,

> Den Inhalt des Ubw kann man einer psychischen Urbevölkerung vergleichen. Wenn es beim Menschen ererbte psychische Bildungen etwas dem Instinkt der Tiere analoges gibt, so macht dies den Kern des Ubw aus. (20)

sondern hat seinen Platz in den aktuellen geschichtlichen Situationen. Die Urphantasien sind nicht phylogenetisches Erbe, sondern Sediment der ersten Bildungsschritte in der Ausformung des menschlichen Organismus in der Ontogenese *vor* den ersten Ansätzen des Erlebens und einer im Erleben gründenden Individualität.

Das gilt für das Herauswachsen der Gegenstandserfahrungen aus der organismischen Interaktion, es gilt ebenso auch für den Trieb. „Trieb“ das sind die Körperprozesse, die der Befriedigung jenes Lebensbedarfes dienen, der sich nicht innerorganismisch stillen läßt, wobei beim Menschen die Bedarfsdeckung an bestimmte Formen des Interagierens gebunden ist, auf die sich die Organismen, nämlich der mütterliche und der kindliche Organismus geeinigt haben. Das Resultat dieser „Einigung“ ist imperativ: Der Körperbedarf muß in eben diesen einsozialisierten Formen befriedigt werden; der Organismus ist in seiner Systembalance auf historisch-kulturell-gesellschaftliche Formen eingestimmt. Aus dem Körper*bedarf* bilden sich so die Körper*bedürfnisse* als Erwartungsformeln der Triebbefriedigung. *Körperbedürfnisse und Triebprofile* entstehen so in wechselseitiger Entsprechung. Und d.h. für die Selbsterfahrung: der körperliche Drang wird in „bestimmten“ Erfahrungsmodellen – in bestimmten „unbewußten Phantasien“ erlebt. Sowohl der Nahrungsdrang wie der Gesellungsdrang, der Hunger wie die Liebe also sind zusammengesetzt aus einsozialisierten Interaktionsformen. Gebildet tief unterhalb des Bewußtseins in körperlichen Erfahrungsformeln, die den unauslotbaren Grund der „Phantasien“ abgeben.

Ein solches Verständnis von der ursprünglichen *Einheit von Trieb und Phantasie in Körperprozessen*, verlangt freilich die Klärung des folgenden Rätsels: wie gewinnen die anfänglich „nur-organismischen“ Körpererfahrungen allmählich Erlebnisqualität und schließlich Bewußtsein? wie tritt zu den sinnlich bewußtlosen Erfahrungskomplexen, den leiblichen Verhaltensformeln das Bewußtsein hinzu?

Für eine genauere Diskussion muß auf frühere Darstellungen verwiesen werden (21), hier kann nur soviel in aller Kürze gesagt werden: Bewußtsein wird gewonnen durch die Zufügung von Wortniederschriften zu den leiblichen Erfahrungsniederschriften. Im Akt der „Spracheinführung“ werden die jeweiligen Interaktionen zwischen Mutter und Kind (oder einer Ersatzfigur und dem Kinde) mit einem „Namen“ versehen. Üblicherweise mit dem Namen „Mama“. Dieselbe Situation wird also doppelt registriert, nämlich zum einen in den Körperinschriften der Interaktionsformen, die wir „sensomotorische Interaktionsengramme“ nennen können, zum anderen in Lautengrammen, registriert im System des Hörens und Sprechens. Ein Lautengramm wird gebildet und mit dem Interaktionsengramm verknüpft. Zur Situationsniederschrift tritt die Wortniederschrift. Beide zusammen bilden das „Symbol“[2] für die reale Situation. Die leibliche Erfahrungsgestalt, die wir – Freud folgend – als „unbewußte Phantasie“ bezeichnet haben, wird bewußt, wobei nach Bildung einer symbolischen Interaktionsform „probehandelnd“ (23) in Kopf und Körper das Verhalten durchgespielt werden kann.

2. Die ersten vorsprachlichen Symbolbildungen – die Verknüpfung von zwei Situationsinschriften zu „Bildsymbolen“ müssen hier übergangen werden. Siehe dazu (22)

Die Operation mit den Sprachfiguren (über die der hörend-sprechende Mensch verfügt) erlaubt es, unabhängig von realen Geschehnissen „Situationsspuren" zu evozieren, die verschiedenartigsten Komplexe miteinander zu verbinden und so in der – nun bewußten – „Phantasie" Szenen nachzubilden, vorzubilden und neu zusammenzustellen. Grundlage des Vermögens aber sind die „unbewußten Phantasien", diese seit Beginn des intrauterinen Lebens – erfahrungsbildend, leibbildend, persönlichkeitsbildend – eingeschriebenen Lebensspuren.

Dieses Modell, das hier nur in seinen Grundzügen (und ohne auf die Besonderheit der Symbolbildung und der Desymbolisierung in der Neurose einzugehen) abgehandelt werden kann, läßt sich in Beziehung setzen zu einem alten Entwurf Freuds, der sich in der (vorstehend schon zitierten) Arbeit über das Unbewußte findet. Freud stellt dort (im Zuge seiner Psychosedeutung) folgende Unterscheidung an:

> Was wir die bewußte Objektvorstellung heißen durften, zerlegt sich uns jetzt in die *Wortvorstellung* und in die *Sachvorstellung*, die in der Besetzung, wenn nicht der direkten Sacherinnerungsbilder, doch entfernterer und von ihnen abgeleiteter Erinnerungsspuren besteht. Mit einem Male glauben wir nun zu wissen, wodurch sich eine bewußte Vorstellung von einer unbewußten unterscheidet. Die beiden sind nicht, wie wir gemeint haben, verschiedene Niederschriften desselben Inhaltes an verschiedenen psychischen Orten, auch nicht verschiedene funktionelle Besetzungszustände an demselben Orte, sondern die bewußte Vorstellung umfaßt die Sachvorstellung plus der zugehörigen Wortvorstellung, die unbewußte ist die Sachvorstellung allein. Das System *Ubw* enthält die Sachbesetzungen der Objekte, die ersten und eigentlichen Objektbesetzungen; das System *Vbw* entsteht, indem diese Sachvorstellung durch die Verknüpfung mit den ihr entsprechenden Wortvorstellungen überbesetzt wird. Solche Überbesetzungen, können wir vermuten, sind es, welche eine höhere psychische Organisation herbeiführen und die Ablösung des Primärvorgangs durch den im *Vbw* herrschenden Sekundärvorgang ermöglichen. (24)

Um den Freudschen Entwurf dem hier vorgestellten Diskussionsstand anzunähern, müssen wir einige Korrekturen vornehmen:

1. Die erste betrifft das vorstehend schon erörterte Problem der „Besetzung". Wir halten dagegen: der Trieb tritt nicht an Erlebnisinhalte heran, an unabhängig von Triebimpulsen entwickelte *„Sacherinnerungsbilder"*, Trieb und Objekt bilden eine ursprüngliche Einheit. Parallel zur Verwandlung des Körperbedarfs in spezifische Körperbedürfnisse, die in bestimmter Form zu erfüllen der Mensch ange-„trieben" wird, spezifizieren sich die dazugehörigen Wunschadressen als „Objekte" aus. Das „Objekt" ist der immer schon konkrete Inhalt des Triebes und der Trieb ist das immer schon aktuelle Energiepotential der Wunschbilder, der unbewußten Phantasien.

2. Der Begriff der *„Sach*vorstellung" verfällt damit zugleich einer weiteren Kritik. Er suggeriert eine „Gegenständlichkeit", die als Sache einem Ich gegenübertritt. Natürlich ist das eine adultomorphe Verzerrung der ursprünglichen Zusammenhänge. Ich und Nichtich, Selbst und Objekt falten sich erst im Laufe

der Entwicklung auseinander. Anfänglich gibt es im Erleben (und, wie wir sahen, noch vor der Erlebnisfähigkeit in den basalen „Erfahrungen" des Embryonen) nur die Einheit der „Interaktion" des Reiz-Reaktions-Bogens. *Diese* Einheit – auf die der Begriff „Interaktionsform" abhebt – wird mit der „Wortvorstellung" verbunden; die Wortvorstellung wird als Name nicht mit Sach-vorstellungen verknüpft, sondern mit unaufgespaltenen Situationserfahrungen, das heißt mit „Interaktionsformen".

3. Und noch ein dritter Kritikpunkt liegt im Begriff der „Sach*vorstellung*" – bzw. Wort*vorstellung*. Schon um die Vielfalt der Erfahrungsqualitäten und deren leibliche Engrammatik zur Geltung zu bringen, ist es nötig, den Begriff „Vorstellung" auszutauschen gegen den schon von Freud benutzten, treffenderen Terminus der „Erinnerungsspur". Das Freudsche Modell, wie es im oben stehenden Zitat vorgestellt wurde, läßt sich dann so formulieren: unbewußte Phantasien sind Situationsspuren, die – in der Spracheinführung – mit Wortspuren verknüpft werden, um zusammen die Bausteine des bewußten Erlebens zu bilden. Das „bewußte Erleben" gehört deshalb zwei „Regelsystemen" zu – dem handlungsanweisenden System der Sprache und dem vorsprachlich einsozialisierten System der Situationsspuren (also Interaktionsformen). Beide Systeme bilden vielschichtige Gefüge von Handlungs- und Deutungsmustern, die das bewußte Erleben von zwei Seiten her bestimmen. Diese Doppelbestimmung kann zum psychischen Konflikt werden und deren Folgen bedingen: im „psychischen Konflikt" kann die Einheit dieses Handlungskomplexes wieder aufgelöst werden. Das einsozialisierte „sprachsymbolisch" entwickelte Verhaltensmuster kann seinen Wortanteil wieder verlieren, die „symbolische Interaktionsform" kann *desymbolisiert* (25) werden. Formulieren wir es in Abwandlung des Freud-Modells: eine versprachlichte Situationsspur kann „die Verknüpfung mit den ihr entsprechenden Wort"-komplexen wieder verlieren, sie wird wieder „unbewußte" Phantasie, sprachlose leibliche Inschrift.

Wie aber kommt die desymbolisierte „unbewußte Phantasie" zum Ausdruck? Nun zunächst im „Symptom", im „Agieren" – und in Träumen, Tagträumen, also jenen „Phantasien", wie sie das Alltagsverständnis meint. Der Begriff „Phantasie" hat da von vornherein eine andere Bedeutung als die vorstehend diskutierte und behält diese Bedeutungsdifferenz auch bei, wenn innerhalb der Psychoanalyse von „Phantasieren" die Rede ist.

Die Inhalte dieses Phantasierens stehen zwar mit den unbewußten Phantasien in Beziehung, sind aber nicht mit ihnen identisch: Unbewußte Phantasien, die z.B. im Schlaf zum Ausdruck drängen, müssen einen Erkenntnisweg durchlaufen, sie müssen vom reflexionsfähigen Ich aufgegriffen, verarbeitet, zugerichtet werden, um – zunächst einmal – in Bild-Symbole gefaßt werden zu können. Diese bildhaften Traumsymbole stehen zwischen den „unbewußten Phantasien", also leiblichen Situationsspuren und den sprachsymbolisch entwickelten Erlebnissen, „bewußten Phantasien" z.B.. Sie teilen diese Zwischenstellung mit jenen anderen sinnlich-unmittelbaren Symbolen, deren objektive Repräsentanten wir als Kunstwerke bezeichnen – einschließlich der dichterischen „Phantasie".[3]

Alle 3 Ebenen von Phantasie – die unbewußten Phantasien, die bildhaften Phantasien (sinnlich-symbolischen Interaktionsformen) und die bewußten Phantasien und Begriffe (sprachsymbolische Interaktionsformen) aber gründen auf leiblichen „Situationsspuren". Hat ein Begriff seinen Zusammenhang zu diesem Fundament in der Tiefe der Erfahrung verloren, so ist er zum leeren Zeichen verkommen.

Literatur

(1) Alfred Lorenzer, Über den Gegenstand der Psychoanalyse oder: Sprache und Interaktion, Frankfurt 1973, Kap. II
(2) Alfred Lorenzer, Die Wahrheit der psychoanalytischen Erkenntnis, Frankfurt 1974, Kap. IV
(3) Sigmund Freud, Ges. Werke I, S. 140
(4) Sigmund Freud, Ges. Werke XVII, S. 80f
(5) Sigmund Freud, Aus den Anfängen der Psychoanalyse, Frankfurt 1950
(6) (1) Kap. III
(7) Alfred Lorenter, Kindheit in: Kindheit 1. Jahrgang Heft 1
(8) Sigmund Freud, Ges. Werke XI, S. 318ff
(9) Sigmund Freud, Ges. Werke XII, S. 84
(10) Sigmund Freud, Ges. Werke XI, S. 452
(11) Sigmund Freud, Ges. Werke X, S. 275f
(12) Sigmund Freud, Ges. Werke VII, S. 393f
(13) Sigmund Freud, Ges. Werke X, S. 214
(14) Sigmund Freud, Ges. Werke XIII, S. 73
(15) Sigmund Freud, Ges. Werke II, S. 619
(16) Sigmund Freud, Ges. Werke XI, S. 380
(17) Sigmund Freud, Ges. Werke XI, S. 386
(18) Sigmund Freud, Ges. Werke XIV, S. 506
(19) Sigmund Freud, Ges. Werke XIV, S. 200
(20) Sigmund Freud, Ges. Werke X, S. 294
(21) Alfred Lorenzer, Zur Begründung einer materialistischen Sozialisationstheorie, Frankfurt 1973
(22) Alfred Lorenzer, Das Konzil der Buchhalter, Frankfurt 1981, Kap. V
(23) Sigmund Freud, Ges. Werke XIV, S. 14
(24) Sigmund Freud, Ges. Werke X, S. 300
(25) Alfred Lorenzer, Sprachzerstörung und Rekonstruktion, Frankfurt 1972

3. Zu der Ebene der Kunstwerke u.d.h. der sinnlich-symbolischen Interaktionsformen siehe (22)

SACHREGISTER

Anschriften der Verfasser

Dr. phil. Dr. jur. Amandus Altmann
Gohrenstr. 4, 8000 München 40

Prof. Dr. Günther Bittner
Institut für Pädagogik I der Universität Würzburg, Lehrstuhl I
Am Hubland, 8700 Würzburg

Prof. Dr. Wolfhart Henckmann
Institut für Philosophie im Fachbereich 10 der Universität München
Geschwister-Scholl-Platz 1, 8000 München 22

Prof. Dr. Dietmar Kamper
Institut für Soziologie im Fachbereich I für Philosophie und Sozialwissenschaften der Freien Universität Berlin
Königin-Luise-Straße 49, 1000 Berlin 33

Alfred Kessler MA
Wissenschaftlicher Mitarbeiter am Institut für Philosophie, Lehrstuhl II der Universität Würzburg
Residenzplatz 2, 8700 Würzburg

Prof. Dr. Alfred Lorenzer
Lehrstuhl für Sozialisation und Sozialpsychologie im Fachbereich Gesellschaftswissenschaften der Johann-Wolfgang-Goethe-Universität
Senckenberganlage 15, 6000 Frankfurt a.M.

Dr. Henning Ottmann
Geschwister-Scholl-Institut für Politische Wissenschaft der Universität München
Ludwigstr. 10, 8000 München 22

Prof. Dr. Annemarie Pieper
Institut für Philosophie im Fachbereich 10 der Universität München
Geschwister-Scholl-Platz 1, 8000 München 22

Peter Prechtl
Wissenschaftlicher Mitarbeiter am Institut für Philosophie, Lehrstuhl II der Universität Würzburg
Residenzplatz 2, 8700 Würzburg

Prof. Dr. Alfred Schöpf
Institut für Philosophie, Lehrstuhl II, der Universität Würzburg
Residenzplatz 2, 8700 Würzburg

Dr. Arno Waschkuhn
Wissenschaftlicher Mitarbeiter am Institut für Politische Wissenschaft der Universität Würzburg
Wittelsbacher Platz 1, 8700 Würzburg

Elisabeth Zeil-Fahlbusch MA
Clemensstr. 70, 8000 München 40

ZUR PHILOSOPHIE DER

MATHEMATISCHEN ERKENNTNIS

Herausgegeben von

Egon Börger – Donatella Barnocchi – Friedrich Kaulbach

160 Seiten, Efalin

ISBN 3-88479-022-6

Leitendes Ziel der in diesem Band mitarbeitenden Philosophen und an der mathematischen Forschung aktiv beteiligten Mathematiker ist es, einen Beitrag zur Philosophie der Mathematik zu leisten, der aus den traditionellen Formen der Grundlagendiskussion ausbricht. Dies geschieht durch den Aufweis, daß eine den grundlegend neuen Ergebnissen und Methoden der Mathematik der letzten hundert Jahre gerecht werdende Diskussion wieder das zum Ausgangspunkt ihrer Erörterung machen muß, was schon in der Antike den Griechen als Hauptproblem der mathematisch-philosophischen Grundlagendiskussion galt: nämlich die Frage nach den erkenntnistheoretischen Voraussetzungen der Anwendbarkeit mathematischer Erkenntnisse.

Inhaltsübersicht

Verlag Königshausen + Neumann – Würzburg